大数据环境下的信息管理技术与服务创新

武汉大学信息资源研究中心资助出版

情景感知计算及其应用研究

Research on Context Aware Computing and Its Applications

李枫林　陈德鑫　梁少星　毛展展　李娜　著

图书在版编目(CIP)数据

情景感知计算及其应用研究/李枫林等著.—武汉：武汉大学出版社,2023.3

大数据环境下的信息管理技术与服务创新

ISBN 978-7-307-21574-0

Ⅰ.情…　Ⅱ.李…　Ⅲ.人机界面—程序设计　Ⅳ.TP311.1

中国版本图书馆 CIP 数据核字(2020)第 096434 号

责任编辑:韩秋婷　　责任校对:李孟潇　　版式设计:韩闻锦

出版发行：**武汉大学出版社**　(430072　武昌　珞珈山)

(电子邮箱：cbs22@ whu.edu.cn　网址：www.wdp. com.cn)

印刷:武汉市金港彩印有限公司

开本:720×1000　1/16　印张:18.75　字数:276 千字　插页:2

版次:2023 年 3 月第 1 版　2023 年 3 月第 1 次印刷

ISBN 978-7-307-21574-0　定价:60.00 元

目　录

1 绪 论

1.1 研究背景与研究意义

近年来，普适计算一直受到科研工作者的重视，西方发达国家的政府和一些大型企业也投入巨资进行研发，期望该技术能得到迅速发展，从而改变或引导我们的生活或工作方式。

1991年美国 Xerox PAPC 实验室的 Mark Weiser 首次提出了普适计算（Pervasive Computing 或 Ubiquitous Computing）。它是一种超越传统桌面计算的全新计算模式，通过在物理环境中提供多个传感器，嵌入设备、移动设备和其他任何有计算能力的设备，从而使用户在不察觉的情况下进行计算、通信，并提供各种服务。该计算模式建立在分布式计算、通信网络、移动计算、嵌入式系统、传感器等技术基础上，体现了信息空间与物理空间的融合，反映了人们希望随时、随地、自由地获取计算能力和信息服务的高要求，使人类生活的物理环境与计算机提供的信息环境之间的关系发生了革命性改变。

美国是最早投入研究的国家。2000年，美国国防部的研究机构 DARPA 就同时资助了5个相关的科研大项目：MIT 的 Oxygen，CMU 的 Invisible Computing(Aura)，OGI 和 GIT 的 InfoSphere，UC Berkeley 的 Endeavor，以及

University of Washington 的 Portolano，而美国国家标准与技术研究院 NIST 则联合各大型企业研究机构专门针对普适计算制订了详细的研究计划，并由其下属的 ITL 实验室专门负责协调、制定标准、测试等工作。同时，欧盟也大力资助了一系列的相关研究计划，如 Disappearing Computer 计划、TEA 计划、Equator 计划等。

2004 年，日本总务省就提出了从“电子日本”(e-Japan)向“普适日本”(u-Japan)转变的国家战略，把实现全民可以舒适利用网络服务作为 IT 产业的目标。例如，从 2009 年 1 月下旬至 2009 年 3 月上旬在东京实施的东京普适计划——银座验证项目，就是利用手持普适通信终端，根据到银座观光的外国游客个人需要，提供导航、观光、购物、饮食以及灾害时避难引导等综合信息服务。

自 1997 年开始，国际上就出现了专门的学术期刊 *Personal and Ubiquitous Computing* 及各种形式的国际会议，为研究者提供交流的机会。2011 年 9 月，该领域的顶级国际会议——第 13 届 ACM 普适计算国际会议 UbiComp 首次在中国召开。这次大会的成功举办大大提高了中国在该领域的国际参与度，也使我们感受到了国际上一浪高过一浪的发展潮流。

由于各个研究团体的背景和侧重点各异，围绕普适计算进行的相关研究衍生出很多各自相对完备的研究领域，主要包括：智能空间(Smart Space)、情景感知计算(Context Aware Computing)、可穿戴计算(Wearable Computing)等。普适计算需要提供一种新的交互模式，能够自动感知情景中与交互任务相关的情景，并据此作出决策和自动提供相应的服务，这就是情景感知计算需要研究的内容。① 情景感知计算是实现普适计算的基础，也是普适计算的核心技术，主要完成用户情景信息的感知和通信。

情景感知计算的研究历史可以追溯到 1992 年由 Want 等人介绍的 Active Badge 定位系统，该系统采用红外线技术来定位用户当前的位置，从而快速

---

① Ebling M R. Pervasive computing and the internet of things[J]. IEEE Pervasive Computing, 2016, 15(1): 2-4.

地将来电转接到距离该用户最近的电话，被认为是早期情景感知应用的典型案例之一。[①] 此后几年，许多学者和行业专家研究和开发了一系列基于当时先进移动技术的情景感知原型系统，为该领域的研究作出了杰出的贡献。

尽管情景感知的术语在 Schilit 和 Theimer 的文献中就已出现，但到目前为止，学术界对情景感知的定义仍缺乏一个统一的标准。不同的人有不同的解释，Schilit 和 Theimer 把情景感知定义为位置和周边的人，[②] Brown 把情景感知定义为计算机所能知道的关于用户的环境因素，[③] Hull 等人则把情景感知泛指为周边的情况，[④] Ryan 等人认为情景感知指的是感知用户的位置、环境、身份和时间。[⑤] 这些定义都显得太宽泛，各有各的道理，一直无法形成一个学术界普遍可以接受的关于情景感知的定义。直到 Dey 和 Abowd 对其定义后，人们才普遍认同该定义。[⑥] 此后，情景感知计算领域涌现出了大量的文献与应用，涵盖情景感知系统架构、感知数据分类、情景信息描述、情景建模、情景推理、不一致检测、系统设计框架等众多方面。[⑦]

当前，随着物联网、移动网络、社交网络的快速发展，人们对信息和服务的需求越来越趋向于个性化和多元化。考虑到人们各自的行为习惯、偏好和当前环境状况等情景信息，为其提供量体裁衣式的个性化信息和服务变得

---

① Want R, Hopper A, Falcao V, et al. The active badge location system[J]. ACM Transactions on Information Systems (TOIS), 1992, 10(1): 91-102.

② Schilit B N, Theimer M M. Disseminating active map information to mobile hosts[J]. Network, IEEE, 1994, 8(5): 22-32.

③ Brown P J. The stick-e document: A framework for creating context-aware applications[J]. Electronic Publishing-chichester, 1995(8): 259-272.

④ Hull R, Neaves P, Bedford-Roberts J. Towards situated computing[C]//ISWC'97: Proceedings of the 1st IEEE International Symposinmon Wearable Computers, 1997: 146-153.

⑤ Ryan N, Pascoe J, Morse D. Enhanced reality fieldwork: The context aware archaeological assistant[J]. Bar International Series, 1999(750): 269-274.

⑥ Abowd G D, Dey A K, Brown P J, et al. Towards a better understanding of context and context-awareness[C]//Handheld and Ubiquitous Computing, Berlin Heidelberg: Springer, 1999: 304-307.

⑦ Perera C, Zaslavsky A, Christen P, et al. Context aware computing for the internet of things: A survey[J]. Communications Surveys & Tutorials, IEEE, 2014, 16(1): 414-454.

越来越重要。情景感知计算具有感知用户所处环境中所有可用情景信息(包括用户自身的偏好、行为习惯、模式等个人信息)并有效利用的能力，使信息和服务的个性化提供成为可能。

情景感知应用通过了解用户当前的情景，包括用户的位置、环境、当前活动、偏好、社会关系等，利用传感器识别当前的环境特征，推理算法可以根据传感器采集到的数据推断用户当前的活动和意图，最后由系统做出适当的行为并向用户呈现适当的信息。随着技术发展的不断成熟，情景感知计算为人类的生产生活及工作带来越来越多的便利。

综上所述，研究情景感知感知计算不仅具有深远的理论意义，同时具有重要的现实意义。可以预见，下一个时代将是情景感知计算发挥重要作用的时代。① 然而，就目前来说，普适计算还没有真正的普及，情景感知计算的研究也尚处于初级阶段，仍然存在很多亟待解决的问题。在此背景下，本书以情景感知计算为主要研究对象，以本体技术作为主要手段，针对情景感知计算中情景信息管理若干关键流程、技术以及应用展开研究，期望能促进情景感知计算研究的发展。

1.2 研究现状与问题

在建立情景感知计算概念后，学者们开始了情景感知计算的理论研究和应用研究。到21世纪初，学者们提出了情景的图结构模型、② 面向对象

① Snidaro L, García J, Llinas J. Context-based information fusion: A survey and discussion[J]. Information Fusion, 2015(25): 16-31.

② McFadden T, Henricksen K, Indulska J, Mascaro P. Applying a disciplined approach to the development of a context-aware communication application[C]//3rd IEEE International Conference on Pervasive Computing and Communications (PerCom), IEEE Computer Society, 2005: 300-306.

模型①和基于本体的模型等情景建模技术和方法,② 但在情景推理方面大多是将传统的推理技术应用到情景推理中来，如基于规则的推理和基于贝叶斯网络的推理等。在情景信息管理方面的研究主要集中在信息的存储和查询上，未能就情景信息质量建模、评价和管理形成一个较为完整的理论框架。现在，学术界对情景感知计算的研究越来越火热，相关的学术论著逐年递增，研究的方法也趋于多元化。与早期相比，许多学者研究的视角不断开阔，研究内容也呈现出学科交叉和融合的态势。

与此同时，传感技术的日益成熟与大规模应用大大降低了物理环境中情景信息获取的代价，为情景感知计算由学术研究向商业实践的转变奠定了基础。③ 现在，情景感知计算开始应用于各种移动场景中，实现了在任何时间、任何地点的应用，并逐步融入人们生活的诸多方面。目前，在教育、医疗、紧急救援、文化、娱乐等领域的情景感知应用已经取得了较好的成绩。

例如，基于情景感知的移动学习通过感知周围环境信息，辅助学习者做出学习决策，提供学习建议,④ 使学习者所利用的数字世界与现实世界相互融合。⑤ 基于情景感知的医疗信息系统可以记录病人的基本信息和病历，为医生提供实时、准确的病人信息，使医生可以更准确地对病人情况做出诊断。⑥

---

① Cheverwt K, Daviesn, Mitchell, et al. Developing a context aware electronic tourist guide: Some issues and experiences[C]//Proceedings of the SIGCHI Conference on Human Factors in Computing Systems, 2000.

② P Moore, B Hu, J Wan. Smart-context: A context ontology for pervasive mobile computing[J]. Computer Journal, 2010, 53(2).

③ Argany M, Mostafavi M A, Gagné C. Context-aware local optimization of sensor, network deployment[J]. Journal of Sensor & Actuator Networks, 2015, 4(3): 160-188.

④ Sampson D G, Zervas P. Context-aware adaptive and personalized mobile learning systems[M]//Ubiquitous and Mobile Learning in the Digital Age, New York: Springer, 2013: 3-17.

⑤ Castro G G, Dominguez E L, Velazquez Y H, et al. MobiLearn: Context-aware mobile learning system[J]. IEEE Latin America Transactions, 2016, 14(2): 958-964.

⑥ Solanas A, Patsakis C, Conti M, et al. Smart health: A context-aware health paradigm within smart cities[J]. IEEE Communications Magazine, 2014, 52(8): 74-81.

情景感知门禁系统可以自动识别进入者的身份,① 并自动锁定或解锁，既提高了办公空间的安全性，也减少了工作人员出入的手续。情景感知导游系统根据游客的位置信息,② 在游客旅行过程中提供导游、讲解、酒店、景点、特色小吃等多种便捷服务，大大增加了旅行过程中的信息获取途径。情景感知家庭看护系统可以辅助老年人和慢性疾病者的长期监护,③ 医护人员通过情景感知看护系统可以及时获得老年人和病人的各项生理监测指标，作为长期护理和慢性病治疗的依据，使医疗服务及诊断准确性得到进一步提高。情景感知在购物领域也有很好的应用,④ 商店可以通过信息系统记录每一位消费者的喜好和购买习惯，并结合当前商店的实际销售情况为消费者推荐相关的商品信息，获得更高的销售额。⑤

总的来看，现有的情景感知计算存在的主要问题是理论研究不够系统和深入，且大多数系统只是根据某一应用而设计情景模型。这种模型不仅随着用户的变化而变化，也随着不同场景的变化而变化，这种系统设计只能应用于特定的需求。在实践上，设计者往往侧重于系统的集成、软件自适应以及开发利用各种各样的新型传感设备，而非聚焦于情景感知计算。

---

① Wardhana Y, Hardian B, Guarddin G, et al. Context aware door access control on private room using fuzzy logic: Case study of smart home[C]//2013 International Conferenceon Advanced Computer Science and Information Systems (ICACSIS), 2013: 155-159.

② Meehan K, Lunney T, Curran K, et al. Context-aware intelligent recommendation system for tourism [C]//2013 IEEE International Conference on Pervasive Computing and Communications Workshops (PERCOM Workshops), 2013: 328-331.

③ Logan A G. Transforming hypertension management using mobile health technology for telemonitoring and self-care support[J]. Canadian Journal of Cardiology, 2013, 29(5): 579-585.

④ Xiao B, Benbasat I. Research on the use, characteristics, and impact of e-commerce product recommendation agents: A review and update for 2007-2012[M]//Handbook of Strategic e-Business Management, Berlin Heidelberg: Springer, 2014: 403-431.

⑤ Pahlavan S, Hajizadeh M, Azadkhah A, et al. Design context aware activity recommender system for iranian customer mind activism in online shopping[J]. The Journal of Family Planning and Reproductive Health Care/Faculty of Family Planning & Reproductive Health Care, Royal College of Obstetricians & Gynaecologists, 2015, 27(2): 69-72.

当前的问题集中在如下几个方面：

①情景建模的理论和方法不够完善。从早期的键值对建模到目前流行的基于本体的建模，都只是构建了一种概念模型，缺少理论基础、建模方法等深入的探讨。

就目前来看，基于本体的建模是解决情景复用和共享的主要方法，① 但本体构建理论和方法本身也在发展过程中，如何有效地构建情景本体的是基于本体建模所面临的主要问题。

②缺乏针对情景感知的推理机理研究。目前情景推理方法都是基于传统的推理模式，如基于逻辑的推理、基于贝叶斯网络的推理等。它们都是基于情景信息是完全的和准确的，因此不适用于不确定性情景信息的推理。如果将感知器分为物理感知、虚拟感知和逻辑感知三个层次，目前情景推理研究领域主要集中在第一层次的物理感知上，后两个层次的研究仍旧较少，且目前没有一个公认最为有效的情景推理方法。②

③社会情景感知计算研究不够。在社交网络快速发展的今天，通过用户社会情景的获取，可以更好地为用户提供个性化服务。此外，社会情景的抽取和获得还可以揭示社会化网络中用户的角色和用户之间的关系，了解用户行为的模式及其对社交媒体带来的影响，具有广泛的应用前景。然而，相比于物理情景，社会情景的感知要复杂得多。这种复杂性主要体现在社会情景理解的非一致性、社会情景的不确定性和社会情景的不易获取性等方面。

④情景信息质量管理缺少理论基础。情景质量作为情景信息的一项重要属性，需要和情景信息一样被表示和管理，但是当前对于情景质量管理的研究较为分散，缺乏有关情景质量评估体系及管理策略的有效标准。如何实现对于来自不同系统平台的异构情景信息质量的有效管理也是情景感知计算面

---

① Bettini C, Brdiczka O, Henricksen K, et al. A survey of context modelling and reasoning techniques[J]. Pervasive and Mobile Computing, 2010, 6(2): 161-180.

② Perera C, Zaslavsky A, Christen P, et al. Context aware computing for the internet of things: A survey[J]. IEEE Communications Surveys & Tutorials, 2014, 16(1): 414-454.

临的一个挑战。①

在各种网络相互融合的今天，情景感知计算在理论研究和应用方面都具有巨大的发展空间。在理论研究上，情景模型的构建方法、社会情景的抽取方法、情景信息质量管理模式的完善是情景感知计算走向普适应用的关键。在应用方面，情景感知系统的模块化、基于组件的设计将为情景感知系统的普及带来便利和效益。未来，情景建模可以用来连接移动、社交、位置、付款或其他的商业活动，可以帮助建立增强现实、模型驱动的安全和集成应用等方面的技能。

1.3 本书内容

情景感知计算包括情景信息的获取与建模、情景信息的存储与查询、情景推理、情景信息管理等多个领域，其中，情景建模和情景信息管理是核心内容。本书将围绕情景建模和情景信息管理来介绍相关的研究内容。

本书共分9章。第1章，绪论。绪论中介绍相关的理论基础。情景建模历经键值对建模、标记语言建模、图形化建模、面向对象建模、基于逻辑的建模和基于本体的建模等几个阶段，就目前来看，由于在模型共享、复用等方面的优势，基于本体的建模成为最流行的建模方法。本书采用本体技术研究情景建模、情景管理及其应用。

第2章，情景感知计算的相关理论。本章对情景感知计算相关研究领域的文献进行回顾，介绍情景、情景感知、情景感知计算、情景感知系统等主要概念；从情景感知系统中情景信息的处理过程分析情景获取、情景建模、情景推理以及情景质量管理等方面的技术框架，并对不同的技术进行对比，

---

① Manzoor A, Truong H L, Dustdar S. Quality of context: Models and applications for context-aware systems in pervasive environments[J]. The Knowledge Engineering Review, 2014, 29(2): 154-170.

分析目前不同情景信息处理流程中存在的技术问题与未来的发展，为本书所研究的内容奠定理论基础。

第3章，本体及其相关理论。通过对情景建模和情景推理技术的对比，认为本体是目前解决情景建模和情景推理最常用和最有效的技术，因此本书将使用本体技术来研究情景建模和情景信息管理。本章从本体概述、本体描述语言、本体构建、典型本体介绍、本体评估几个方面对本体及其基本理论进行介绍。

接下来，介绍如何利用本体构造理论来进行情景建模。情景本体构造分两种情形，一是没有成型的本体，二是已有成型的本体。第4章介绍在没有成型的本体情形下如何构造情景本体，第5章介绍在已有成型的本体情形下如何构造情景本体，并分别给出构造实例。

第4章，基于分层本体的情景建模理论及方法。通过分析情景信息的特点和情景建模方法的研究现状，提出基于分层本体进行情景建模的思路，详细介绍分层本体构建法的实现机制，并提出情景本体评估框架，为情景建模工作的开展提供方法支持。在对情景信息分类和参考已有情景本体的基础上，构建分层本体结构中的领域层本体——情景领域本体，为面向情景感知系统的情景模型的构建提供统一的情景领域知识结构。本章选择以家庭环境下高血压患者进行健康援助作为实验场景，基于分层本体构建法，通过Protégé 软件实现情景建模和情景模型间互联。

第5章，基于本体集成的社会情景建模。本章通过本体集成方法介绍社会情景模型的构建。传统的情景建模主要针对物理情景进行建模，随着社交媒体的快速发展，社会关系等情景的社会属性逐渐成为研究热点。本章首先通过对已有的社会情景感知系统的分析，总结出社会情景描述的五个维度；其次以社交媒体中的社交事件为中心，利用本体集成技术对社会情景进行建模；最后，通过对微信平台中用户社会情景的描述来验证本书所构建的社会情景本体的有效性。

情景建模的主要目的是为应用系统服务。接下来第6、7章介绍情景建模与情景推理和信息推荐系统的融合。

第6章，基于情景感知和规则推理的医药信息推荐服务。通过分析情景推理和基于本体情景推理的研究现状，本章把本体模型与基于 SWRL 规则的推理方法相结合，以抗高血压药物信息服务系统设计为背景，具体阐述基于本体的情景建模以及结合描述逻辑推理与 SWRL 规则推理识别高层的情景信息的形式，提出基于情景的推理优化方法。该优化方法的核心在于设计不同优先级别的推理优化规则以利于向用户推荐合适的抗高血压药物信息。实验结果表明，本体与优化的规则推理相结合能够向用户提供较高质量的个性化健康信息服务。

第7章，基于情景感知和语义关联的个性化信息推荐。本章通过分析国内外基于本体的语义相似度算法的研究现状及存在的问题，提出一种基于语义关联的实例相似度算法。该方法综合考虑了本体中实例之间的路径关联相似度、层次相交关联相似度和属性相交关联相似度，最终改善基于内容推荐中的过于专门化问题。本章在语义关联的实例相似度算法的基础上提出一种基于语义关联和情景感知的推荐方法。该方法首先分别对用户的兴趣偏好和所处情景进行本体建模，建立用户兴趣本体和用户情景本体；其次通过用户兴趣本体与推荐项目之间的语义相似度匹配改善基于内容推荐中的过于专门化问题，通过用户情景本体进行情景感知推荐提高推荐系统的情景敏感性；最后将同时符合用户兴趣和当前情景的项目推荐给目标用户。为了验证本章所提出的相似度算法和推荐方法的有效性，以电影领域为例，建立电影领域本体、用户模型和情绪情景模型，进行基于语义关联和情绪情景的电影推荐。通过对比分析实验结果来证明本章所提出的推荐方法在改善过于专门化问题和提高推荐系统情景敏感性两个方面的有效性。

情景信息管理中对质量的管理和控制是重要的环节，本书的最后介绍了相关的质量元模型和管理策略。

第8章，基于情景本体模型的情景质量评价及管理策略。本章针对情景质量评估体系缺乏标准的问题，提出构建情景质量元模型的思路。该元模型实现了对于情景质量的统一表达和有效评估。同时在基于本体情景模型和情景质量元模型的基础上提出情景质量管理框架，并针对框架中情景信息管理的四个层次提出相应的情景质量管理策略。本章选择以家庭环境下高血压患者进行健康援助作为实验场景。在情景本体模型的基础上模拟四类情景数据，选择三个情景质量评估指标，利用情景质量管理框架，对情景及其质量进行分层管理，并通过 Jena 推理机推导出最终的实验结果。该结果验证了本章提出的情景质量管理框架的可行性。

第 9 章是结语。此章总结本书研究成果的理论贡献与实用价值，同时对本书的局限性进行分析，并提出对未来研究的进一步设想。本书结构框架如图 1-1 所示。

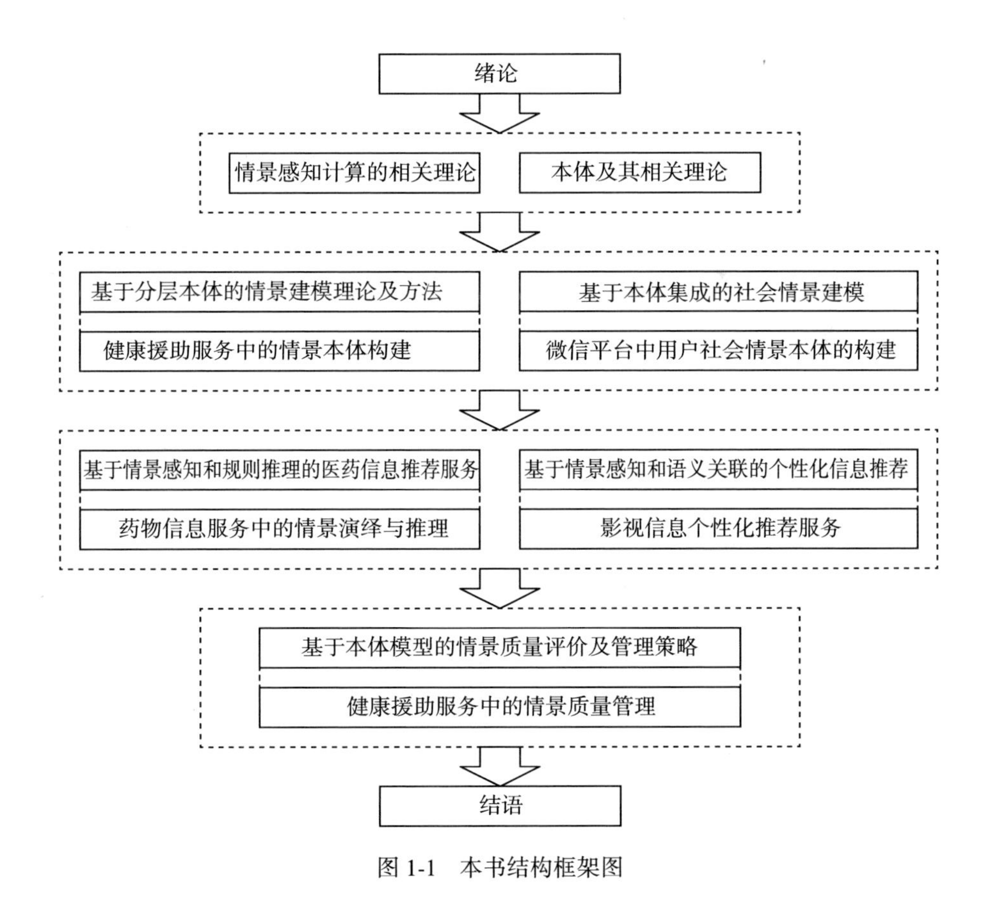

图 1-1　本书结构框架图

2 情景感知计算的相关理论

2.1 情景

2.1.1 情景的概念

20世纪以来，计算模式正在不断地演变和革新。在20世纪40年代，计算机处于稀缺状态。多人使用一台计算机的主机计算模式随之产生。到了20世纪60年代，集成电路、图形用户界面技术和多媒体技术被广泛应用，计算模式逐渐演变成了用户与计算机一对一的桌面计算模式，从而极大地推动了信息技术和产业的发展。

20世纪90年代以后，人们已经不再满足于只是在桌面环境下才能使用计算机，而是希望能够像使用水、电、纸、笔一样方便、随时随地、不需努力地使用计算设备和得到信息服务，桌面计算模式面临巨大的挑战。一方面，计算技术、通信技术和网络技术的相互渗透和结合加速，最终产生了互联网；另一方面，计算能力和存储容量的提高以及嵌入式技术的发展，导致了微型化和智能化的计算设备层出不穷，如智能手机、PDA和PC机等。而传统的"以设备为中心"的主机模式和桌面模式都不太符合人类的使用习惯。它们不仅要求用户守在计算机面前，还要求用户对底层计算技术有较深的了解。于是，普适计算应运而生。计算机科学和通信技术的发展使得计算模式发生了很大变化，计算的智能化程度也越来越高。这样情景感知计算也就应运而生了。

本质上，计算机不理解我们的语言，不理解我们的世界如何运作，无法感知目前形态的信息，至少它不像人能那么容易地做到这些。传统的交互计算里，有一种用户竭力而为的机制：用户努力为计算机提供信息（如利用键盘和鼠标提供信息）。其实，为了让计算机能按我们的意愿工作，我们还必须作翻译，说清要做的事的细节以及该如何做，目前主要是通过键盘和鼠标给计算机清楚地说明这些细节，这样计算机才能执行我们的命令。

计算机不如人，人能够理解情景，根据情景进行判断和得出结论。我们可能会说："我买了一个苹果。"对于计算机来说，"苹果"属于水果类，它会理解为你买了一个可以吃的苹果。但是对于人来说，如果看见对方手里拿了一个苹果手机在展示，就能更清楚地理解对方是在说他买了一个苹果手机，人可以感知这一情景。

情景是情景感知计算的数据源。通过从传感器（物理传感器和逻辑传感器）获得情景数据，经过对情景数据的传输、抽象、解释、存储和检索，原始的粗糙的情景数据被提炼推理为具有丰富语义内涵、可以被应用程序理解的高级情景信息，进而成为指导系统适应性决策的一个直接参数。上述过程即展现了情景感知系统管理情景的一般过程，而情景是系统处理过程中最重要的来源和组成部分。

尽管情景在某些环境中显而易见，如某次谈话中，谈话的时间、地点和氛围等很容易成为交谈双方确知的情景，但要给感知计算中的情景下一个通用的定义却相当困难。情景的英文名称为 Context。许多文献将 Context 译为"上下文"。从某些领域（如编译系统）来看，"上下文"的译法能说明问题，但是对于绝大多数情况而言，"情景"的译法可能更合适些（有些文献也使用"情境"）。本书将统一使用"情景"一词。

1994 年 Schilit 和 Theimer 首次提出了术语"context-aware"，他们将情景

解释为“位置、人和物体周围的标识，以及这些物体的变化”。[①] Brown 等将情景定义为位置、用户周围的人的标识、时间、季节和温度等。[②] Ryan 等在研究中将情景定义为用户的位置、环境、标识与时间。[③] Christiansen 认为情景是我们和别人交互时使用(感知或非感知)的所有“东西”，可以是物理的也可以是社会性的。[④] 前期的情景定义主要是通过枚举和寻找同义词得到的：由于枚举方式的定义让人没法判断这些信息以外的信息是否属于情景信息，当我们想要确定某种信息是否符合情景的定义时，却陷入了模糊不清的两难境地，从而使得情景在实际应用中难以发挥良好的作用；寻找同义词的方式是将情景理解成环境，包括用户所处的环境和计算的应用环境，由于其定义过于抽象，更难以应用到具体的应用中。

之后，Schilit、Adams 等人[⑤]对情景的定义逐渐具有可操作性。Schilit、Adams 等人认为“情景的重要方面包括人的位置，人的同伴和人附近的资源”。该定义虽然表达清楚，但是太过具体。情景应该包括与应用程序和用户本身相关的所有情况，而这些是不可能被详细罗列的。

Schmidt 等人[⑥]在可操作性的基础上，对情景的定义更为概括：“情景描述了设备或用户所处的环境，每个情景可以使用名字来进行唯一地标识，每个情景有一组相关的特征，这些特征的取值范围通过显示或隐式来决定。”他

① Schilit B N, Theimer M M. Disseminating active map information to mobile hosts[J]. IEEE Network, 1994, 8(5): 22-32.

② Hull R, Neaves P, Bedford-Roberts J. Towards situated computing[C]//ISWC'97: Proceedings of the 1st IEEE International Symposium on Wearable Computers, 1997: 146-153.

③ Ryan N, Pascoe J, Morse D. Enhanced reality fieldwork: The context aware archaeological assistant[J]. Bar International Series, 1999, 750: 269-274.

④ Christiansen N. Is there anybody out there: Context awareness in a virtual organization [C]//CHI 2000 conference, Amsterdam: 2000.

⑤ Schilit B, Adams N, Want R. Context-aware computing applications [C]//IEEE Workshop on Mobile Computing Systems and Applications(WMCSA), 1994: 85-90.

⑥ Schmidt A, Beigl M, Gellersen H W. There is more to context than location[J]. Computers & Graphics, 1999, 23(6): 893-901.

在另一篇研究中将情景感知定义为一个三维结构，三维分别为：自身(Self-devicestate，Physiological，Cognitive)，活动(Activity-behavior，Task)和环境(Environment-physical，Social)。[①] Schmidt 等人的定义说明了系统对情景因素的感知，但是忽略了将各种传感设备列入情景考虑的范畴。

Snowdon 和 Grasso 将情景定义为多层结构：个人的(Personal)、项目(Project)、群组的(Group)和组织的(Organization)。[②]

在个人层面，情景包括个体当前活动的信息，诸如他们在哪里，他们读哪些文档，他们和谁在一起。这些信息是个性化的，与协作组以外的人无关。

在项目层面，情景包括项目截止期及与项目协作伙伴有关的所有信息。

在群组层面，情景和每日活动关系稍弱，但关注的是全局、整体和长期的性质。

在组织层面，情景不仅关注战略层也关注相关的其他群组的活动。

Rakotonirainy 等[③]把情景定义扩展为可以对一个实体的态势特征化的信息，这里的实体指的是人、地方、物理或计算客体。

随着人们对情景信息研究的不断深入，它被广泛应用于美学、心理学、教育学、社会学和人工智能等领域。它不仅与具体的知识活动和应用场景密切相关，而且是随时间变化的。为此，Dey 等在前人的基础上给出了情景的经典定义，也是目前大家最常引用的，Dey 试图将情景进行广义的抽象。2000 年，Dey 在其博士论文中将 Context 定义为："情景是可以用于描述实体情况特征的任何信息，该实体是与用户和应用程序间交互相关的人、地点或

---

① Schmidt A, Aidoo K A, Takaluoma A, et al. Advanced interaction in context[C]// Handheld and Ubiquitous Computing, Berlin Heidelberg: Springer, 1999: 89-101.

② Snowdon D, Grasso A. Providing context awareness via a large screen display[C]// Proceedings of the CHI 2000 Workshop on "The What, Who, Where, When, Why and How of Context-Awareness", 2000.

③ Rakotonirainy A, Loke S W, Fitzpatrick G. Context-awareness for the mobile environment[C]//Proceedings of the Conference on Human Factors in Computing Systems, 2000.

物体，当然也包括用户和应用程序本身”(Context is any information that can be used to characterize the situation of an entity. An entity is a person, place, or object that is considered relevant to the interaction between a user and an application, including the user and application themselves)。[①] 该定义为应用程序开发者针对一个具体应用场景进行情景罗列提供了方便。只要信息可以被用于描述交互过程中参与者的情况特征，那么这条信息就是一个情景。由此可见，情景指的是环境以及构成环境的各实体的状态，其中实体既可以是物理实体，也可以是虚拟实体，实体的状态既可以是当前状态，也可以是历史状态，这种抽象式的定义显然能够弥补枚举式定义的缺陷。

在此之后，尽管学者们仍在不断定义情景，但是基本与 Dey 的定义有着相似的内涵，在实际情景感知系统开发中我们需要将通用的情景定义映射到具体的系统中去。本书对于情景的理解也是从 Dey 的定义出发的。

情景信息具有以下特点：

①动态性、时效性。情景信息不是一成不变的，会随着时间空间的转变而发生变化。不同的情景信息有着不同的生命周期。一旦超过情景信息的生命周期，那么该情景也就失去了时效性。因此只有明确不同类型的情景信息的动态性特征，才能合理利用情景的价值。

②异构性、关联性。由于情景信息来源广泛，因此情景信息的表达方式、抽象程度都具有异构性。此外，情景信息存在于开放的平台，若干情景之间可能以某种形式相互关联。正确理解它们的关联对理解当前用户的行为和状态是十分必要的。情景信息的异构性和关联性，要求不同的情景感知系统具有对异构情景的转化能力和关联能力，同时也能正确表示具有不同抽象程度的情景信息间的层次和关联关系。

③进化性。情景信息往往是与用户的状态紧密相连的，而用户的状态会

---

① Dey A K. Providing architectural support for building context-aware applications[D]. Atlanta: Georgia Institute of Technology, 2000.

随时间动态变化，呈现出阶段性。因此，绝大多数情景也在发生着迁移和进化。联系到情景感知应用程序的开发问题，其设计通常不能只支持一个特定的情景，而要在结合用户阶段性变化特点的基础上支持情景的动态定义、扩展、共享和交互。

④不确定性。情景信息从收集开始，就会由于传感器的误差、遵循的技术标准、传播的漏洞等原因导致信息的失真。情景信息的不完美性是其本质特征。它将导致在之后的情景转化、推理和分配等环节出现“牛鞭效应”，影响系统做出正确有效的判断。针对这种情况，需要提供一种机制来对情景信息的质量进行评估和管控，将情景的不确定性降至最小，保证情景应用服务的正常开展。

2.1.2 情景的分类

在 Dey 提出 Context 的概念之后，情景基本有了一个统一公认的定义，但是情景的种类繁多、数量庞大，情景的分类还没有一个固定统一的标准。情景的分类方式有很多种，已经有不同的学者从不同的视角提出了不同的情景分类方法，不同的分类方法应用于不同的场合。常见的分类有如下几种。

(1)从层次结构方面分类

原始情景的获取通常需要某一层次的抽象，比如 GPS 能够确定坐标，即经纬度，但是应用程序需要的可能是更抽象的信息，如城市、街道名称，这时基于坐标的位置信息就需要进行变换来满足应用的要求，在这种视角下情景可划分为低级情景(执行情景)和高级情景(应用情景)。如 Abowd 等人①认为情景应该分为两大类——初级情景和高级情景，其中前者主要包括位置、身份、时间和动作。低级情景通常通过传感器或应用程序日志来收集。可以

① Abowd G D, Dey A K, Brown P J, et al. Towards a better understanding of context and context-awareness[J]. Huc'99 Proceedings of International Symposium on Handheld & Ubiquitous Computing, 1999, 1707: 304-307.

把低级情景看作环境的原子成分，也可称为原子情景，低级情景信息的采集通常是隐含式的、物理式的；高级情景信息源自低级情景，它通过对低级情景的转换、聚合或推理得到。

按照情景采集的方式可以将情景划分为直接情景(感觉情景或已定义情景)和间接情景(从直接情景中推断)。直接情景指直接通过传感器或者软件代理或者用户填写的配置文件等获得的最原始的情景信息，情景的采集不需要任何附加的过程。如果信息通过传感器自动采集，可称为“感觉情景”；如果信息可以明确地采集，可称为“已定义情景”。间接情景指根据直接情景和/或间接情景进行推理或者演绎而得到的情景。直接情景和间接情景之间的关系如图 2-1 所示，所有的间接情景都是在直接情景的基础上得出来的。

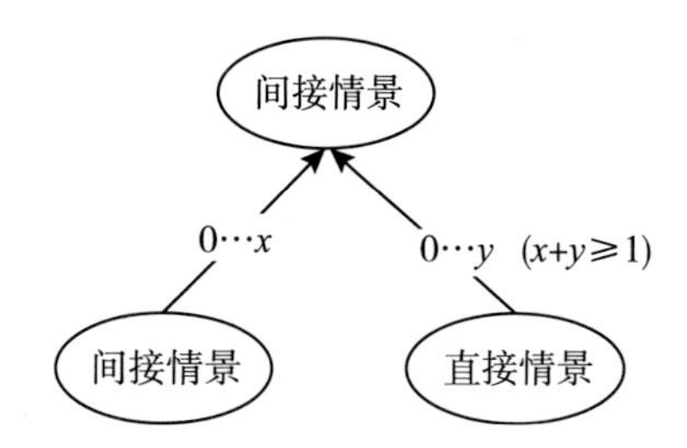

图 2-1　直接情景和间接情景的关系

传感器不是唯一的情景信息的采集途径，应用程序日志也是一种形式，因此，从操作性角度来看，情景可以分为感知情景和衍生情景。① 前者是能够通过传感设备等情景源直接获取的数据，后者则需要经过推理融合得到，即前者的采集途径是基于传感器，而后者是基于应用程序。

在层次结构方面，三种不同角度的情景分类有一定的对应关系。一般低级情景、直接情景和感知情景相对应，高级情景、间接情景和衍生情景相

① Dey A K. Understanding and using context[J]. Personal & Ubiquitous Computing, 2001, 5(1): 4-7.

对应。

(2)从时间方面分类

按照变化频率，情景可以分为静态情景和动态情景。静态情景指那些从不变化或者变化频率很低的情景，比如用户的性别、姓名、生日等；动态情景则指那些以不同的频度变化的情景，比如位置和年龄等。而用户的兴趣偏好在一定时间内是固定不变的，即使变化，其频率也很低，因此，用户的兴趣偏好更倾向于静态情景。对于静态情景，通常可以直接从用户那里获得；但动态情景则不能直接通过用户获得，而应通过传感器或者软件代理来获取。

按照持续时间，情景可以分为瞬时情景和持续情景。瞬时情景的持续时间非常短暂，如移动用户的地理位置；持续情景则固定不变或者很长时间才发生一次变化，如用户性别、生日和兴趣偏好。持续情景一般和静态情景相对应，而瞬时情景一般和动态情景相对应。

按照时效性，情景可以分为当前情景和历史情景。其中，历史情景是挖掘用户的行为模式、偏好和习惯等个性化需求的有力的信息来源，① 对于基于情景的推理融合和智能决策等有着很重要的作用。不过，目前业界对历史情景的研究比较少。

从概念性方面来看，Jang S 等人利用"5W1H"理论，将情景分为 Who(用户情景)、Where(位置情景)、When(时间情景)、What(设备和物理环境情景)、Why(用户意图情景)和 How(服务情景)。② 基于该分类方法的情景模型能够捕获和表达较为全面的情景信息，更好地刻画情景感知环境。

---

① Hong J, Suh E H, Kim J, et al. Context-aware system for proactive personalized service based on context history[J]. Expert Systems with Applications an International Journal, 2009, 36(4): 7448-7457.

② Jang S, Woo W. Ubi-UCAM: A unified context-aware application model[J]. Lecture Notes in Computer Science, 2003, 2680: 178-189.

此外，还可以从情景本身的类型进行分类。Schilit 等人认为位置、和谁一起以及周围的资源是情景最重要的方面，将情景分为用户、计算以及物理上下文三类。① Schmidt 等人②从人因学角度出发，将情景分为与人相关的情景(包括用户信息、用户任务和社会信息)和与物理环境相关的情景(包括位置、物理条件和基础设施)。Chen 等人③在 Schilit 的情景分类基础上进行了扩展，增加了时间情景，并且提出了历史情景(包括过去和未来)的概念。这种分类方法能够在一定程度上满足建模需求，但其所涵盖的上下文种类有限，且可扩展性较差。Chen 的分类没有满足 Dey 给出的情景的定义，根据 Dey 的定义，情景是指任何能够用于描述一个实体的环境特征的信息，这个实体包括用户和应用本身。Chen 和 Schilit 的分类忽略了与应用本身相关的情景信息，而这种情景可以称为业务情景，业务情景描述的是业务参数或者业务状态等信息。

国内也有很多关于情景信息的组成和分类的研究。

岳玮宁等人将情景信息大致分为三大类：自然环境、设备环境和用户环境。④

顾君忠提出了“情景谱系”的概念，⑤ 他认为强调情景实际上反映了从以计算机为中心到以人为中心的转变，应当以人为本，围绕着用户(人)来考虑

---

① Schmidt A, Aidoo K, Takaluomo A, et al. Advanced interaction in context[C]// Proceedings of First International Symposium on Handheld & Ubiquitous Computing, 1999: 89-101.

② Schmidt A, Aidoo K, Takaluomo A, et al. Advanced interaction in context[C]// Proceedings of First International Symposium on Handheld & Ubiquitous Computing, 1999: 89-101.

③ Chen H, Perich F, Finin T, et al. SOUPA: Standard ontology for ubiquitous and pervasive applications[C]. The First Annual International Conference on Mobile and Ubiquitous Systems: Networking and Services, 2004: 258-267.

④ 岳玮宁, 王悦, 汪国平, 等. 基于上下文感知的智能交互系统模型[J]. 计算机辅助设计与图形学学报, 2005, 17(1): 74-79.

⑤ 顾君忠. 情景感知计算[J]. 华东师范大学学报 (自然科学版), 2009(5): 1-20.

情景。情景谱系将情景分成以下几类，如图 2-2 所示。

①计算情景(Computing Context)：网络连接、通信开销、通信带宽和附近资源。

②用户情景(User Context)：用户概要、位置和社会地位。

③物理情景(Physical Context)：亮度、噪声、交通状况和温度。

④时间情景(Time Context)：时、分、日、星期、月份和四季。

⑤社会情景(Social Context)：制度、法律、风俗和习惯。

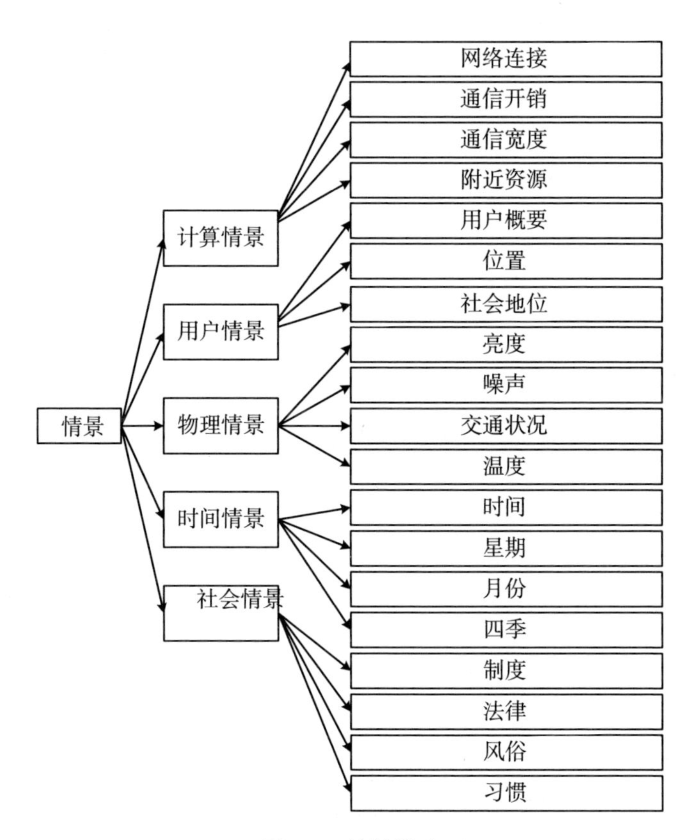

图 2-2　情景谱系

2.2 情景感知

很多的研究者在对情景进行定义的同时也定义了情景感知的含义，其主要包括两种不同的方式：一种是根据情景进行适配，另一种是使用情景。

情景感知的引入可以追溯到 1992 年 Olivetti 公司的 Active Badge 研究项目。1994 年，Schilit 和 Theimer① 首先定义了情景感知的概念，他们对情景感知(Context-Aware)的定义是：情景感知就是指能够根据用户的位置、附近的人员和物体，以及这些信息的变化来运行适配的软件，即情景感知能将情景告知应用而应用能适应情景。很多其他的一些项目都把情景感知定义成能够根据应用和用户情景信息的变化而动态变化或者适配它们行为的软件。②这种定义的方式过于狭隘，如果按照这种定义，一个系统仅仅是显示用户的某些情景信息，并不根据情景而改变其行为，这个系统就不是情景感知系统，但通常这个系统也被认为是情景感知系统。

此外，另外一些研究人员从使用情景的角度来定义情景感知。Ryan、Pascoe 等人③把情景感知定义为计算设备能够对用户的本地环境和计算设备本身进行检测、感知、理解，并作出相应反应的一种能力。Dey 选择用这种方式来定义情景感知，并在其论文及后来的博士学位论文中总结了前人的结果，作了奠基性的工作，他将情景感知定义为：无论是用桌面计算机还是移动设备，普适计算环境中使用情景的应用，都叫情景感知。他把情景感知定

① Schilit B N, Theimer M M. Disseminating active map information to mobile hosts[J]. IEEE Network, 1994, 8(5): 22-32.

② Dey A K. Providing architectural support for building context-aware applications[J]. Elementary Education, 2000, 25(2): 106-111.

③ Ryan N, Pascoe J, Morse D. Enhanced reality fieldwork: The context-aware archaeological assistant[J]. Computer Applications in Archaeology, 1997.

义为一个系统,[①] Dey 的这个定义在一定程度上也得到了大家的认可。

按照 Dey 对情景感知的定义，情景感知可分为主动情景感知和被动情景感知，主要包括以下几种类型：

①直接显示情景：把感知到的一些情景信息显示给用户，比如显示用户当前的位置、环境的气温等。

②基于情景的配置：根据情景信息自动进行一些配置，比如能够自动查找最近的打印机、选择最近的代理服务器或者为用户查找和发现用户需要的业务。

③基于情景的适配：根据情景信息触发某些操作，或者执行某些业务，并且能够根据情景信息适配用户的终端和网络等用户接口，这种情景业务是情景感知最主要的应用类型。

实际上，可把情景感知分为直接的显式感知(输入)和内部的蕴含感知(输入)两类，前者如位置信息、时间信息和设备环境信息等，后者如用户的特点、习惯、知识层次和喜好等。

Giaffreda 等人[②]对情景感知的分类如图 2-3 所示。

情景感知的目的是试图利用人机交互或传感器提供给计算设备关于人和设备环境等情景信息，并让计算设备给出相应的反应。这种获取与反应，应当满足情景适应性(Adaptive)、计算机反应性(Reactive)、情景与反应的响应性(Responsive)、就位性(Situated)、情景敏感性(Context-Sensitive)和环境导向性(Environment-Directed)。

---

① Dey A K. Providing architectural support for building context-aware applications[D]. Atlanta: Georgia Institute of Technology, 2000.

② Giaffreda R, Karmouch A, Jonsson A, et al. Context-aware communication in ambient networks[M]//Wireless World Research Forum, LNCS, Berlin/Heidelberg: Springer, 2005: 2-15.

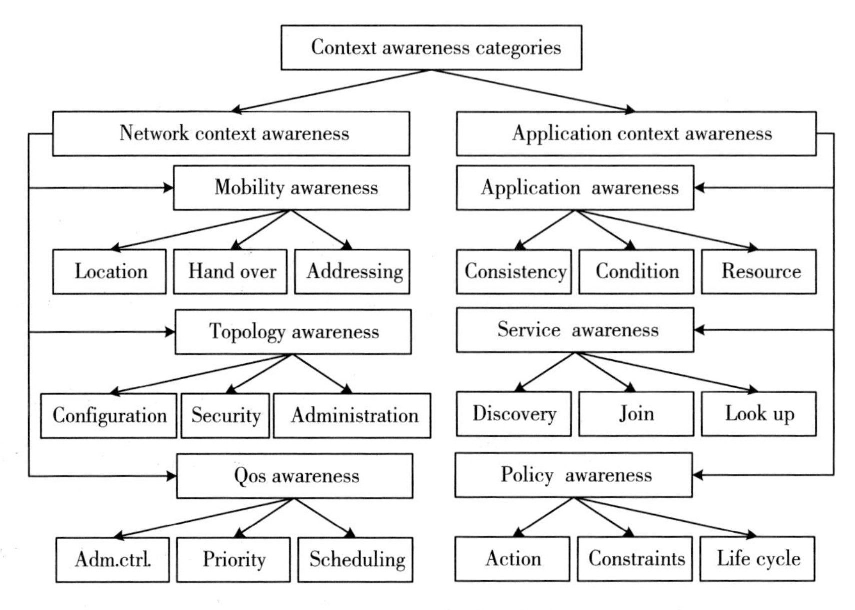

图 2-3 一种情景感知分类方案

2.3 情景感知计算

XEROXPARC 实验室和 Olivetti 公司被认为是情景感知计算最初的探索者。

Morse 等人①认为情景感知计算是给用户提供任务相关的信息和/或服务，无论他们在哪里。三个重要的情景感知行为分别是：用户信息和服务的表示、服务的自动执行，以及标记情景以便以后检索。Barrett 等人②认为情

① Morse D R, Armstrong S, Dey A K. The what, who, where, when, and how of context awareness[J]. Prospects Quarterly Review of Comparative Education, 2000, 2(3): 343-348.

② Barrett K, Power R. state of the art: Context management, M-Zones deliverable1[EB/OL]. [2008-10-02]. http://www.m-zones.org/deliverables/d1 1/papers/4-01-context.pdf.

景感知计算是一种计算形态，它使应用可以发现和使用情景信息，诸如地理位置、时间、人和设备以及用户活动等，特别适用于移动和普适计算。Giaffreda 等人①也作了类似的定义。Moran 和 Dourish② 认为情景感知计算是通过设备获取和利用情景信息来提供服务，服务适用于特殊的人、地点、时间、事件等。Burrell 等人③认为情景感知计算使用环境特征如用户的地理位置、时间、标识和活动告知计算设备，使之能向用户提供和当前情景相关的信息。Razzaque 等人④认为"情景感知"一词来自计算机科学，用于描述带有环境信息的设备，该设备在此类环境里工作并能做出相应反应，情景感知计算包括应用开发与这个环境知识相关的、满足其静态和动态行为的程序。

归根结底，情景感知计算是一种新的计算形态，与普适计算、移动计算和智能计算密切相关。作为一种计算形态，情景感知计算具有适应性、反应性、响应性、就位性、情景敏感性和环境导向性的特征。⑤ 情景感知计算涉及许多东西，典型的如传感器技术(Sensor Technology)、情景模型(Context Model)、决策系统(Decision Systems)、应用支持(Application Support)。

按照 Schilit 等人⑥对情景的分类来认识情景感知计算，情景感知计算包括：

①近似选择(Proximate Selection)，指的是一种用户接口技术，强调邻近

---

① Giaffreda R, Karmouch A, Jonsson A, et al. Context-aware communication in ambient networks[C]. Proceeding of WWRF, Oslo, Norway, 2004.

② Moran T P, Dourish P. Introduction to this special issue on context-aware computing [J]. Human-Computer Interaction, 2001, 16(2-4): 87-95.

③ Burrell J, Gay G K, Kubo K, et al. Context-aware computing: A test case[M]// UbiComp 2002: Ubiquitous Computing, Berlin Heidelberg: Springer, 2002: 1-15.

④ Razzaque M A, Dobson S, Nixon P. Categorization and modeling of quality in context information [C]//Proceedings of the IJCAI 2005 Workshop on AI and Autonomic Communications, 2005.

⑤ Baldauf M, Dustdar S, Rosenberg F. A survey on context-aware systems[J]. International Journal of Ad Hoc & Ubiquitous Computing, 2015, 2(4): 2004.

⑥ Schilit B, Adams N, Want R. Context-aware computing applications[C]//Proceedings of the 1994 First Workshop on Mobile Computing Systems and Applications, 1994: 85-90.

的对象。

②自动情景重构(Automatic Contextual Reconfiguration)，指的是一个处理过程，根据情景的变化，添加一个成分，删去一个现存成分，或改变两个成分间的关联。

③情景化信息与命令(Contextual Information and Commands)，根据情景能产生不同的结构。

④情景触发动作(Context-Triggered Actions)，一般使用简单的If-Then规则说明情景感知系统应当如何适应情景。

情景构成了情景感知计算的基础。情景感知计算主要是围绕情景来展开的，这不仅包括情景的感知，还包括情景的过滤、融合、推断和演化，以及情景的有效利用等。其中，又以情景的感知为前提，以情景的有效利用为归宿。利用情景辅助应用优化性能是情景感知计算最根本的目的。情景的运用显然不能脱离应用的本来目的。如智能教室中情景的应用应该以辅助教学和优化师生协作为主要目标。此外，任何计算都是有代价的，既然情景感知计算以优化性能为目标，就存在代价与收益的平衡，计算的代价必须小于性能优化的收益。

从广义上说，任何对情景加以运用的程序(应用)都可以称为情景感知应用。从这层意义上讲，只要利用应用程序本身所拥有的信息以外的任何其他信息的应用程序，都可以称为情景感知应用，这样一来，现有的许多程序都可纳入情景感知计算的范畴。从狭义上说，则只将其中包含有显著成型的感知计算框架的情景感知计算应用纳入其范畴。显著成型的框架应该具有较完整的感知系统应用接口，具有较好的移植性，可方便地用于多个类似应用。这样定义狭义的情景感知应用是因为情景感知计算的系统框架的形成和确立是情景感知计算独立于其他计算模式的主要标志。本书研究的主要是狭义的情景感知计算，包括情景感知计算框架、情景建模、情景推理和应用等。

2.4 情景感知系统

2.4.1 情景感知系统的概念

Barrett K 等人①认为一个情景感知系统必须能够模拟人的能力，认识和利用环境信息，以便推动其功能性的操作。Ryan N 等人②认为情景感知系统是一个系统，它能主动监视其工作环境或场景，并按照该场景的变化调整其行为。因此，一个情景感知系统必须能够完成以下功能：

①收集环境或用户态势的信息。

②将这些信息翻译成适当格式。

③组合情景信息，生成更高级的情景信息，将其他情景信息归并后导出新的情景信息。

④基于检索到的信息自动采取动作。

⑤使信息能让用户随时存取和易于存取，帮助用户更好地完成任务。

传统计算机系统中，计算机最习惯的是重复做程序规定的动作，与情景无关。用户要扮演一个了解情景变化，从而重新设置输入的角色，以获得期待的输出。换言之，此时情景感知是由人来做的，对情景的适应是由人机交互来实现的。随着技术与应用需求的发展，传统的计算机系统在向情景感知计算演化，使得输入与输出都呈显式化。原来由人来感知环境，根据输出调整输入的过程交给了计算系统本身。计算系统自动感知情景，诸如用户的状态、物理环境的状态、计算系统的状态、人机交互的历史轨迹等，从而给出相应反应。

---

① Barrett K, Power R. State of the art: Context management[J]. M-Zones Research Programme, 2003: 69-87.

② Ryan N, Leusen M van. Educating the digital fieldwork assistant[J]. BAR International Series, 2002, 1016: 401-412.

2.4.2 情景感知系统应用

目前已经存在一些情景感知应用系统，虽然一部分仍然处于原型或者试验阶段，不过对该领域的研究作出了非常重要的实践贡献。归纳起来，现有的情景感知系统在基于位置的服务(LBS)、应急服务、电子商务、信息检索、移动应用、个性化信息推荐、电子旅游等几个方面的应用比较突出，主要是因为这几个方面的应用对周边环境的变化考虑得比较多，采用情景感知的需求比较强烈。

位置信息是最基本也是应用最广泛的情景信息，主要围绕位置信息设计的应用系统就是基于位置的服务，或者也称为定位服务，随着移动设备的GPS接收模块的普及率不断提高，定位服务的需求也明显增加，早期的一些情景感知系统大多属于这一类，① 这些系统都通过一些不同的位置感知设施来采集位置坐标信息，② 并根据一定的算法进行定位，支持定位的手段有GPS卫星、移动基站、附近的标记检测装置、照相、磁卡阅读器、条形码阅读器、RFID标签等，这些感知装置提供了定位的坐标或者近似值，它们的价格和精度也各不相同，采用何种设备取决于实际应用情况。

应急服务也是对情景感知应用具有高需求的一个领域，顾名思义，应急即需要立即采取某些超出正常工作程序的行动，以避免事故发生或减轻事故后果的状态，而且在处理应急情况的过程中，周边环境的变化非常迅速，实时了解这些环境信息，会给应急工作的处理带来事半功倍的效果。以情景感知在医院中的应用为例，在一所现代化的医院中，当发生紧急情况并有若干急救病人送入医院之时，会发现所有的医护人员都处于繁忙的“移动”状态

---

① Burrell J, Gay G K. E-graffiti: Evaluating real-world use of a context-aware system[J]. Interacting with Computers, 2002, 14(4): 301-312.

② Kerer C, Dustdar S, Jazayeri M, et al. Presence-aware infrastructure using web services and RFID technologies [C]//Proceedings of the 2nd European Workshop on Object Orientation and Web Services, Oslo, Norway, 2004.

中，他们需要同时处理好几个病人的手术，并且可能从属于若干个医疗小组而不停地与其他人员进行合作与沟通，同时在合作的过程中会产生一系列的文档。因此，如何统筹安排人员，如何及时地交互中间报告文档等成为备受关注的焦点问题。①

旅游行业应用情景感知也是目前的热点话题之一，旅游行业也被认为是非常适合采用情景感知以及个性化推荐服务的应用领域。严格来说，面向旅游服务的情景感知应用是在基于位置的服务基础上发展起来的。② 一套合适的情景感知旅游辅助系统不仅能够帮助游客做好旅游之前的准备工作，更重要的是在旅行过程中能够随时随地为游客提供一系列任意设备均可接入的位置相关的个性化定制服务，③ 这样的系统也被称为移动导游。

在电子商务领域利用情景感知系统为用户提供有用的信息是目前的一个研究热点。用户在网上购买书籍、食品、服务等项目时，没有足够精力检索、了解它们的所有信息，而处于不同情景条件下(如时间、季节、位置、天气状况等)的用户，需求也不尽相同。情景感知系统能够挖掘用户、相关情形、在线商品、商品提供者之间的潜在关联，将为用户的最终决策提供更有效的支持。④ 这使得电子商务领域成为情景感知系统的主要应用场合。目前，国内外有些企业(如亚马逊、阿里巴巴等)研发了情景感知的(如时间、

① Bardram J E. The java context awareness framework (JCAF): A service infrastructure and programming framework for context-aware applications[M]//Pervasive computing, Berlin Heidelberg: Springer, 2005: 98-115.

② Li Y, Nie J, Zhang Y, et al. Contextual recommendation based on text mining[C]// Proceedings of the 23rd International Conference on Computational Linguistics: Posters, Association for Computational Linguistics, 2010: 692-700.

③ Yap G E, Tan A H, Pang H H. Discovering and exploiting causal dependencies for robust mobile context-aware recommenders[J]. IEEE Transactions on Knowledge and Data Engineering, 2007, 19(7): 977-992.

④ Anh-Thu L N, Nguyen H H, Thai-Nghe N. A Context-aware implicit feedback approach for online shopping recommender systems[M]// Intelligent Information and Database Systems, Berlin Heidelberg: Springer, 2016: 584-593.

位置等)电子商务系统；Palmisano 等人①尝试将设计的情景感知系统应用于网上电子零售系统。

为处于不同情景条件下的用户提供或者推荐适合的 Web 信息，已经成为情景感知的另一个典型的应用点。例如，Cantador I 等人②设计实现了 News@hand 系统，将情景信息同时引入用户偏好提取和推荐生成过程，在给定时间单元为用户提供相关的新闻信息；White R W 等人③提出一种通过网页日志挖掘进行情景相关的用户兴趣建模方法，其中情景因素包括：①交互行为上情景，即浏览此网页之前的最近交互行为；②关联关系情景，即与当前网页存在超链接关系的网页；③任务情景，即与当前网页共享搜索关键词的网页；④历史情景，即用户长期兴趣；⑤社会情景，即访问过当前网页的其他用户的兴趣。

个性化信息推荐是学术界较为关注的热点，也是情景感知系统最主要应用领域之一。例如，CoMeR 系统④是一种支持面向智能手机的多媒体信息推荐、自适应和传送等功能的情景感知媒体推荐平台，其输出的推荐结果与用户使用的移动设备类型以及多媒体信息类型密切关联；CA-MRS 系统⑤较早

---

① Palmisano C, Tuzhilin A, Gorgoglione M. Using context to improve predictive modeling of customers in personalization applications[J]. IEEE Transactions on Knowledge and Data Engineering, 2008, 20(11): 1535-1549.

② Cantador I, Castells P. Semantic contextualisation in a news recommender system [C]//Workshop on Context-Aware Recommender Systems, 2009.

③ White R W, Bailey P, Chen L. Predicting user interests from contextual information [C]//Proceedings of the 32nd International ACM SIGIR Conference on Research and Development in Information Retrieval, ACM, 2009: 363-370.

④ Yu Z, Zhou X, Zhang D, et al. Supporting context-aware media recommendations for smart phones[J]. IEEE Pervasive Computing, 2006, 5(3): 68-75.

⑤ Park H S, Yoo J O, Cho S B. A context-aware music recommendation system using fuzzy bayesian networks with utility theory[M]//Fuzzy Systems and Knowledge Discovery, Berlin Heidelberg: Springer, 2006: 970-979.

地将情景感知系统应用于音乐推荐领域，重点考虑情绪情景；uMender 系统①对音乐内容特征进行两层聚类分析，并根据情景相似性将用户划分到不同的群组，从而生成协同推荐。

目前，由于情景感知推荐系统面临许多问题与挑战，其离大规模商业化应用还有很大距离。近年来，个人数字化、智能家居环境、无线传感器网络、物联网、社交媒体、计算广告学、经济地理信息系统等新技术和应用需求的快速涌现，为情景感知系统的应用研究与实践提供了良好的机会。以物联网为例，它能够把任何物品与互联网连接起来，实现智能化识别、定位、跟踪、监控和管理。② 尝试将情景感知系统应用于物联网领域，将会提高后者的服务质量。同时，社交媒体的快速发展使人们在虚拟世界中留下的社会情景越来越多，如何利用情景的社会属性实施情景感知应用是目前的一个研究方向。此外，广告仍然是互联网企业目前主要的盈利模式之一，为处于不同情景环境下的不同用户展示不同的广告具有鲜明的商业价值，③ 将可能成为情景感知系统的应用实践方向之一。

2.4.3 情景感知系统研究框架

情景感知系统通常是一个异构的、复杂的网络系统，情景的获取、推理、传输、保存以及应用分布于整个系统的各个部分，因此情景感知系统框架的研究成为情景感知应用效果好坏的重要一环。尽管情景的应用非常广泛，但构造情景感知应用并非易事。在早期的系统中，开发人员为了实现一个特定的情景感知应用，需要参与从感知环境建设、情景信息采集到应用编

---

① Su J H, Yeh H H, Yu P S, et al. Music recommendation using content and context information mining[J]. IEEE Intelligent Systems, 2010, 25(1): 16-26.

② Whitmore A, Agarwal A, Xu L D. The internet of things—A survey of topics and trends[J]. Information Systems Frontiers, 2015, 17(2): 261-274.

③ Ahn H C, Kim K J. Context-aware recommender system for location-based advertising [C]//Key Engineering Materials, 2011, 467: 2091-2096.

程的整个过程，而且应用逻辑和情景的采集处理紧密耦合，导致系统的复用性降低。随后很多研究者开始尝试对各种情景感知应用需要的共同功能进行抽象，形成情景感知系统框架。

情景感知系统框架主要负责对设备、情景、物理环境等构成的计算环境进行管理、协调和调度，建立实体对象间互操作(Interoperation)的基础，屏蔽计算环境的复杂、多样和动态性，为应用开发提供统一的框架和应用程序接口。情景感知系统框架通过对情景的感知、采集、过滤、演化等功能的抽象，减低了情景感知应用开发的难度，能较大地缩短开发周期。对情景感知系统框架的研究标志着情景感知计算已经成为一种独立计算模式，同时它也是区分狭义情景感知计算和广义情景感知计算的主要依据。

根据情景感知系统本身的特点，情景感知系统框架应该具备以下特点：

①应当是易于开发情景感知应用的，能够尽可能简单地得到和使用其需要的各种情景，也即情景感知系统框架应当尽可能屏蔽底层网络的差异、屏蔽各种传感器设备数据的差异。

②应当能够准确、实时地把情景信息传递给应用程序。

③应当是分布式的，情景传感设备位于整个系统的各个部分，情景感知应用也分布在系统的各个地方，情景感知系统的框架结构需要支持这种分布式的处理。

④应当是可扩展的，便于将来将更多的传感设备、情景信息、应用程序等添加到情景感知系统中来。

⑤应当有利于情景的共享。

情景感知系统框架的研究相当丰富，当前已存在较多的情景感知计算系统框架。框架的研究者根据应用环境、关注点、研究基础等方面的不同，提出了许多不同的体系结构，大致可以分为如下几种：

(1)与传统操作系统类似框架

这种类型的框架认为情景具有极端重要的地位，其架构非常类似于传统的操作系统，并提供类似传统操作系统的服务。Gaia 是其主要代表，Gaia 构建于通信中间件之上，除了抽象级别不同外，它非常类似于传统操作系统。Gaia 通过将智能空间及所包含的资源抽象为可编程实体，并提供程序执行、IO 操作、文件系统管理、通信、错误检测、资源分配六大传统操作系统所具有的服务，可为方便地构建以用户为中心、多设备、情景感知的移动应用程序提供支持。①

(2) 多代理(Multi-Agent)型

多代理型框架在情景感知计算系统框架中数量最多。Aura 是其典型代表，Aura 是由 CMU 创建的一个基于多代理技术的系统框架。② 当环境、任务或情景改变时，任务管理器将在无需用户干预的前提下进行资源映射并有效使用资源。ACAI 是另一个基于多代理技术的框架，主要包括情景管理器代理、协调者代理和本体代理三个核心代理以及情景提供者代理等。③ 其他基于多代理的框架还有 Berlin Tainment、④ CARMEN 等。⑤ 国内清华大学人机交互与媒体集成研究所开展的普适环境下智能教室的研究也采用类似的

---

① Roman M, Hess C, Cerqueira R, et al. Gaia: A middleware infrastructure to enable active spaces[J]. IEEE Pervasive Computing, 2002, 1(4): 74-83.

② Sousa J P, Garlan D. Aura: An architectural framework for user mobility in ubiquitous computing environments[M]// Software Architecture. New York: Springer, 2002: 29-43.

③ Khedr M, Karmouch A. ACAI: Agent-based context-aware infrastructure for spontaneous applications[J]. Journal of Network & Computer Applications, 2005, 28(1): 19-44.

④ Wohltorf J, Cissée R, Rieger A, et al. BerlinTainment—An agent-based serviceware framework for context-aware services [C]//1st International Symposium on Wireless Communication Systems, IEEE, 2004: 245-249.

⑤ Bellavista P, Corradi A, Montanari R, et al. Context-aware middleware for resource management in the wireless internet[J]. IEEE Transactions on Software Engineering, 2003, 29(12): 1086-1099.

框架。①

(3)客户/服务器型

客户/服务器型也是情景感知计算系统框架中的一种重要类型，这种类型以成熟的客户/服务器模式为基础建立。由于侧重点不同，其框架也各具特点。其中 Active Campus② 就是一个典型的基于客户/服务器架构的框架，该框架的显著特点是支持组件间的职责划分和服务间的高度整合。CAPNET③ 是支持移动多媒体应用的感知计算框架，该框架包括连接管理、组件管理、服务发现、消息等核心组件以及用户接口、媒体、情景和情景存储等。其特点是支持组件移动，组件依据应用对资源的需求，既可以在客户端也可以在服务端启动执行以解决移动终端资源受限的问题。SOCAM ④是一个面向情景感知服务且包含基于本体的情景模型的系统框架，该框架可高效地支持情景的获取、发现、解释和访问等，整个框架主要包含情景提供者、情景解释器、情景数据库、情景感知服务和定位服务等部分。CASM ⑤是另一个面向服务的情景感知框架，它由设计时和运行时两个部分组成，设计时主要包括传感器、环境、用户、任务和服务等的建模，而运行时则包括情景

① Shi Y, Xie W, Xu G, et al. The smart classroom: Merging technologies for seamless tele-education[J]. IEEE Pervasive Computing, 2003 (2): 47-55.

② Griswold W G, Boyer R, Brown S W, et al. A component architecture for an extensible, highly integrated context-aware computing infrastructure [C]//25th International Conference on Software Engineering, IEEE, 2003: 363-372.

③ Davidyuk O, Riekki J, Rautio V M, et al. Context-aware middleware for mobile multimedia applications [C]//MUM'04: Proceedings of the 3rd international conference on Mobile and ubiquitous multimedia, 2004: 213-220.

④ Gu T, Pung H K, Zhang D Q. A middleware for building context-aware mobile services [C]//IEEE Vehicular Technology Conference, 2004, 5: 2656-2660.

⑤ Park N S, Lee K W, Kim H. A Middleware for supporting context-aware services in mobile and ubiquitous environment[C]//International Conference on Mobile Business, IEEE, 2005: 694-697.

管理器、事件通知系统和任务引擎等。

(4)安全型

安全型框架以感知计算中的隐私和安全问题为研究目标，CASA① 就是其中之一，该框架通过采用包含环境角色(Environment Role)的通用角色访问控制模型来提供隐私和安全保证。

(5)其他类型

除以上类型外，还有一些其他类型的框架，如 CAPpella 框架②认为只有终端用户才最清楚其活动、周围环境及隐含知识，因此，该框架试图结合机器学习和 PBD(Programming by Demonstration)来帮助最终用户构建情景感知应用。与此类似的还有 Korpipää 提出的框架，此框架基于黑板模式并能提供终端用户开发支持。③ iCAP ④是支持情景感知应用交互原型快速构建的工具，可用于对情景感知应用进行建模和评估。Topiary ⑤则是另一个类似的工具，但主要面向位置情景感知应用程序。

---

① Wang C D, Li T, Feng L C. Context-aware environment-role-based access control model for web services[C]//International Conference on Multimedia and Ubiquitous Engineering, IEEE, 2008: 288-293.

② Dey A K, Hamid R, Beckmann C, et al. A CAP pella: Programming by demonstration of context-aware applications[J]. Proceedings of Chi, 2003: 33-40.

③ Korpipää P, Malm E J, Salminen I, et al. Context management for end user development of context-aware applications[C]//Mdm'05: International Conference on Mobile Data Management, 2005: 304-308.

④ Sohn T, Dey A. iCAP: An informal tool for interactive prototyping of context-aware applications[C]//Chi'03: Extended Abstracts on Human Factors in Computing Systems, ACM, 2010: 974-975.

⑤ Li Y, Hong J I, Landay J A. Topiary: A tool for prototyping location-enhanced applications[C]// Proceedings of the 17th Annual ACM Symposium on User Interface Software and Technology, ACM, 2004: 217-226.

总的来说，情景感知系统框架要解决的问题主要有三个：

①系统框架所提供的接口和服务。即系统框架提供哪些服务和接口用于情景感知应用的创建。通过这些接口和服务，感知应用的创建者能忽略掉绝大部分情景之间的差异，以一种一致、统一的方式有效地利用情景。

②系统框架与操作系统的交互。通常来说，系统框架一般都是建立在操作系统之上的，加上情景感知中涉及许多非标准硬件，因此，框架必须解决如何与操作系统进行交互的问题。

③框架实体间的交互问题。情景感知计算通常被认为是一种分布式的系统，因此，框架也必须处理实体间如何进行互操作的问题。

在情景感知系统框架设计中，将情景的监测和情景的使用进行区分也是其要解决的一个重要问题。Dey 在情景感知应用系统设计的基本原则的第一条中就指明要将各个设计环节考虑的问题尽可能地分离出来。[①] 基于此原则，Baldauf 等人在总结前人研究的基础上提出了一套情景感知系统概念框架，分为五个层次：感知器层、原始数据获取层、预处理层、存储和管理层、应用层。[②] 目前大多数的情景感知系统设计遵循将情景感知系统各个设计环节分离的原则，并采用了上述概念框架中的若干个层次。

本书借鉴 Baldauf 等人的研究成果，采用其概念框架的若干层次，认为情景感知系统概念框架应该包含情景获取、情景预处理、情景建模、情景推理、情景分发、情景质量管理、安全与隐私七个部分，表 2-1 对七个部分的定义进行了简单描述。在下一小节，我们将指出每个部分存在的若干关键问题，并对这些问题所依赖的若干关键技术进行介绍。

---

① Dey A K, Abowd G D, Salber D. A conceptual framework and a toolkit for supporting the rapid prototyping of context-aware applications[J]. Human-Computer Interaction, 2001, 16(2): 97-166.

② Baldauf M, Dustdar S, Rosenberg F. A survey on context-aware systems[J]. International Journal of Ad Hoc & Ubiquitous Computing, 2007, 2(4): 2004.

表 2-1　　情景感知系统概念框架

服务名称	定　义
情景获取	从情景源收集获取情景数据信息
情景预处理	对原始的情景数据信息进行规范和转化等
情景建模	对情景信息进行统一表达
情景推理	利用已有的情景推理更高级的情景
情景分发	将情景交付给情景感知应用程序接口
情景质量管理	对情景数据本身的质量和信息处理过程中的质量进行测量、评估和管理
安全与隐私	确保情景在产生、使用和传输等过程中的安全和隐私

2.5 情景感知计算关键技术

2.5.1 情景获取

情景在人与人的交互过程中扮演着十分重要的角色，它可以大大提高交互的效率和准确率。在未来普适计算环境下，无处不在的传感器和感知模块完全可以提供这些情景信息，从而为情景感知应用的开发提供便利。但必须注意的是，这些无处不在的传感器和感知模块所感知的通常是原始的情景，它们很少或基本上没有经过处理。表面上看，借助种类丰富的传感器和感知模块就可轻易实现原始情景的感知和采集，但实际上，这其中也存在很多困难，如何从计算环境中提取和形成有效的情景信息就显得非常重要。

传感器的物理位置是本地的还是远程的、可能的用户群体规模大概是多少、用户使用的移动设备的性能如何，这些具体问题都会影响情景感知应用系统决定采用何种情景获取方式。Chen 和 Nath① 在情景信息的获取方面提

① Chen L, Nath R. A framework for mobile business applications [J]. International Journal of Mobile Communications, 2004, 2(4): 368-381.

出了三种比较流行的框架：

①直接从传感器上获取情景数据。这种设计框架主要是运用在移动设备和传感器捆绑在一起的情况下，例如手机自带了GPS接收器，这时候在设备运行上的软件能够直接从手机上获得想要的情景数据，也就是说，在应用软件和传感器之间无需增加额外的层次结构来辅助感知数据的获取。在这种情况下，传感器的驱动程序往往是集成在应用软件中的，因此传感器的重复使用变得比较困难，不太适合一些规模较大的分布式部署，缺乏一种从多个传感器获取情景数据的同步管理机制。

②通过中间件获取情景数据。现代软件设计方法强调通过一系列的封装将软件的业务处理逻辑与图形化用户接口进行分离，在情景获取时采用中间件架构，就是在应用软件和传感器当中再引入一个中间件层，从而将底层的传感器隐藏起来。与直接从传感器获取情景数据相比较，引入中间件后应用系统具有更好的扩展性，任何一方的改变都可以通过调整中间件来进行协调。

③情景服务器架构。比中间件方式更深入一步，情景服务器架构真正做到了对传感器的隐藏，同时也支持多个客户端同时获取情景，应用软件在此情况中无需关心传感器的任何信息，只需要知道情景服务器的地址即可，获取情景并保存情景这一部分的工作，全权委托于情景服务器处理。

此外，情景感知服务器由于有一套自己的软件程序，并且只关心如何从传感器上得到情景数据并将它们发送给需要的客户端，因此这套软件可以做得非常的灵活和高性能。又因为运行这套软件的设备一定是性能卓越的PC机、服务器或者小型机，许多在移动设备上无法实现的功能都可以在此实现，从而大大减轻了前两种模式中运行在移动设备端的软件的负担，使其可以将精力重点放在与用户的人机交互性上。当然，这种架构所带来的额外结果就是对联网的依赖性，以及采用何种恰当的通信协议来进行移动设备与情景服务器之间的数据交换。

由于情景的多样性和异构性，不同情景的获取存在很大的差异，总的来说，包括四种情景的获取途径：

第一种途径也是最简单的途径，即用户手动填写，通常为静态情景。很多情况下，用户需要手工填写一些表项，比如用户的姓名、性别等基本个人信息，以及用户的偏好等。这些信息都被看作用户相关的情景信息，且只能通过手工填写的方式获得。

第二种途径是直接通过硬件传感器获取，这类情景通常为动态情景。得益于现代传感技术的发展，出现了种类繁多的各种传感器，但是这也增加了系统的处理难度，在一个复杂的、异构的、庞大的情景感知系统中，可能存在非常多的传感器，各种传感器获取的数据格式可能互不相同，处理这些庞大的、异构的数据对情景感知服务是一个巨大的负担。因此，通常传感器获取的原始数据都需要进行相应的处理，把它们转换成某些情景感知系统能够识别的格式，再交给情景感知系统使用。比如 GPS 系统获取的位置信息是以经纬度为坐标，一般的软件系统是无法使用这个数据的，它们更加关心的是用户当前在哪个城市、哪条街、哪栋楼。张大强①在其博士论文中对常用的传感设备和其能收集到的情景进行了总结，如表 2-2 所示。

表 2-2 **传感设备类型及其所收集的情景**

传感设备类型	情　　景
声音传感器 视频传感器 运动传感器	噪音、音乐、分贝水平 情感、仪态、行为 用户数量、运动状态
压力传感器 光传感器 加速度传感器	加速度、压力 环境光、室内明亮度 移动、加速度
位置传感器 环境传感器	室内位置、室外位置、绝对位置、相对位置 氧气含量、温度、湿度、风、天气
事件监视器	事件、调度、通知、错误和更新

① 张大强．一种在于情境上下文的普通计算框架[D]．上海：上海交通大学，2010.

第三种途径是通过软件代理的方式进行获取，这些情景通常既有静态情景也有动态情景。软件代理可以是移动的，也可以是非移动的。有些情景信息，比如当前的可用带宽、CPU 占用率、性能状态等信息，都是通过驻留的软件代理或者移动代理经过相关的计算后得出来的。这种软件代理可以是一个单独的软件，比如移动代理；也可以仅仅是在网络系统的某个部件中加入一个情景处理模块，负责收集和上报相关情景信息即可。

第四种途径通过已有情景进行推理和演绎，得出新的情景，这些情景通常都是动态情景，也被称为间接情景。有些情景是不能直接获得的，或者直接获得非常麻烦。事实上情景感知系统常常更加关心这些经过推理和演绎得出来的情景，而有些原始的情景往往是情景感知系统不需要使用的。

前述是四种情景的获取途径，而实现情景获取的方法主要包括以下三种：查询请求、轮询、事件驱动(主动上报)。

查询请求的方式就是通常的请求—响应的模式，多以类似 SQL 查询语句、以分布的形式来进行。情景感知应用程序需要某种情景时，就会向收集节点发送请求，而该收集节点会根据请求来聚合相关的情景，并将结果返回给应用程序。查询情景的方式，避免了传感设备不断将感知结果传给收集节点，从而节省了较多的能源。而且，这种操作方式也容易扩展。Cougar 提出的一种算法能够将查询请求分散到不同的节点上，以最低能源消耗来完成。①SINA 则能将查询请求分散到地理位置比较接近的节点上完成。②

轮询是指情景感知系统或者情景提供商每隔一个时间段逐个查询所管辖的一些传感器或者软件代理，从而获取相应的情景。

事件驱动(主动上报)是指传感设备在检测到事件时立即把它的读取值发

① Bonnet P, Gehrke J, Seshadri P. Querying the physical world[J]. IEEE Personal Communications, 2000, 7(5): 10-15; Bonnet P, Gehrke J, Seshadri P. Towards Sensor Database Systems[M]// Mobile Data Management, Berlin Heidelberg: Springer, 2001: 3-14.

② Jaikaeo C, Srisathapornphat C, Shen C C. Querying and tasking in sensor networks[C]//AeroSense 2000, International Society for Optics and Photonics, 2000.

送给传感器的收集节点。它允许异步通信，但相对消耗能量。它在TinyDB、[①] DSWare[②] 和 Impala[③] 中得到了实现。Pub/Sub 是最典型的事件驱动范型。订阅者订阅服务而无需知道服务提供者的位置，服务提供者检测到事件发生时，就将服务呈送给中间代理，而中间代理则直接通知订阅者。

2.5.2 情景预处理

大多数现有工作假设原始感知数据已经准确地处理和解释完毕，可以直接使用，但是，这种假设并不总是成立。[④] 普适环境下获得的情景是含有噪音和不完全的。[⑤] 噪音是指传感设备读取的值不准确和不完全。例如，Intel 的一个研究表明，传感器只能收集到他们想要的 42%的数据。[⑥] 这主要是因为感知技术还不成熟，且收集到的数据解释情景时容易出错等。情景预处理是情景感知的基本功能，负责预处理原始的情景。由于情景可能由物理的或虚拟的传感设备获得，情景预处理模块也由此派生出针对这两类设备的子功能。情景预处理可由中央控制、分布式或者混合的设计来完成。在中央控制

① Madden S R, Franklin M J, Hellerstein J M, et al. TinyDB: An acquisitional query processing system for sensor networks[J]. ACM Transactions on Database Systems, 2005, 30(1): 122-173.

② Li S, Son S H, Stankovic J A. Event detection services using data service middleware in distributed sensor networks [C]//Information Processing in Sensor Networks, Berlin Heidelberg: Springer, 2003: 502-517.

③ Liu T, Martonosi M. Impala: A middleware system for managing autonomic, parallel sensor systems[M]//ACM SIGPLAN Notices, ACM, 2003: 107-118.

④ Bourguet M L. Handling uncertainty in multimodal pervasive computing applications [J]. Computer Communications, 2008, 31(18): 4234-4241.

⑤ Xu C, Cheung S C, Chan W K, et al. Heuristics-based strategies for resolving context inconsistencies in pervasive computing applications[C]//The 28th International Conference on Distributed Computing Systems, IEEE, 2008: 713-721.

⑥ Jeffery S R, Alonso G, Franklin M J, et al. A pipelined framework for online cleaning of sensor data streams[C]//ICDE'06: Proceedings of the 22nd International Conference on Data Engineering, IEEE, 2006: 140-141.

的设计中，存在一个中央节点或者模块来对所有的情景进行预处理。作为对比，分布式的实现方式则允许传感器过滤和预处理情景。而混合的设计则综合了前两种设计的长处。

在普适计算中，存在着事件驱动和基于查询的情景预处理。实时系统要求及时捕获情景，因此事件驱动比较合适。而在非紧急的应用中，如温度感知中，大多数温度情景是冗余的。因此，传感器可以过滤这些信息并仅仅通知有重大变化的情景。目前已有许多情景预处理的方法。① 这些方法主要是使用 Bayesian Network、Kalman Filter、线性回归以及其他统计和概率的技巧来处理情景。例如，Extensible Sensor Stream Processings（ESP）②是个简单却灵活的预处理算法。它使用声明型和关系型处理数据来处理情景流。在 ESP 中，程序员可以利用高级的声明型查询来得到想要的情景。通过这样的处理，ESP 能够处理简单的传感器读取值，也能处理复杂的读取值，而且它把预处理过程流程化了，提高了处理的并发度。

2.5.3 情景建模

最初的情景感知系统并没有涉及建模的概念，比如 Dey③ 和 Schmidt④ 等人主要考虑如何设计一个系统框架对来自传感器的情景信息进行抽象。但是，随着情景感知技术及其应用的发展，情景感知技术被应用到更加复杂、异构的系统中，情景从采集、传输、保存到使用是在系统的各个部分完成

---

① Elnahrawy E, Nath B. Cleaning and querying noisy sensors[C]//Proceedings of the 2nd ACM International Conference on Wireless Sensor Networks and Applications. ACM, 2003: 78-87; Bonnet P, Gehrke J, Seshadri P. Querying the physical world[J]. IEEE Personal Communications, 2000, 7(5): 10-15.

② Jeffery S R, Alonso G, Franklin M J, et al. Declarative support for sensor data cleaning [M]//Pervasive Computing, Berlin Heidelberg: Springer, 2006: 83-100.

③ Dey A K. Providing architectural support for building context-aware applications[D]. Atlanta: Georgia Institute of Technology, 2000.

④ Schmidt A, Aidoo K A, Takaluoma A, et al. Advanced interaction in context[C]// Handheld and Ubiquitous Computing, Berlin Heidelberg: Springer, 1999: 89-101.

的，为了实现各个部分之间情景信息的共享、保存和统一管理，便需要对情景进行统一的建模。

在过去的十几年之间，全球不断地在进行着对情景建模的研究工作，从最早的键值对模型的建模到如今的本体建模以及混合建模，情景建模的研究进程已经向前迈出了一大步。在智能模型的帮助下，情景感知系统能够尽可能地发挥出情景感知技术的优势，从情景信息的感知、获取到情景信息的存储、融合、处理以及情景感知的查询和使用，都离不开情景建模的帮助。情景建模就是建立情景模型来表示情景。因为情景本身具有高度的复杂性和不准确性，准确客观地描述情景并不是一件容易的事情。

对情景建模应当考虑情景本身的一些特点，它们决定了情景模型的设计需求。Henricksen① 总结了情景的以下四个特点：

①情景信息具有时效性。静态情景从来不随时间变化，但是情景感知系统中占主要地位的是动态情景，这些信息可能每时每刻都在发生变化。通常，情景感知系统还需要考虑情景的历史，包括过去的情景和未来的情景（如活动计划）。

②情景信息是不完整的。包括下列几种情形：如果情景不能正确反映世界的真实状态，那么它就是错误的；如果情景包括了互相矛盾的信息，那它就是不一致的；如果情景的某些方面是未知的，则它是不完全的。产生这些问题的根源是：首先，某些情景是高度动态的，在情景经过获取、传输、保存等一系列过程后，就可能产生时延，应用使用到的情景可能并不是用户当前的情景；其次，情景的感知工具可能发生错误，尤其是那些需要推断才能得出的间接情景可能并没有反映真实的状态；最后，情景的感知、传输、保存等过程中可能发生问题，比如网络错误，导致部分情景完全未知。

③情景信息有很多表达形式。某些情景可以通过多种方式进行描述，比

① Henricksen K, Indulska J, Rakotonirainy A. Modeling context information in pervasive computing systems[M]//Pervasive Computing, Berlin Heidelberg: Springer, 2002: 167-180.

如用户的位置，可以用坐标、地名、小区号等方式描述。不同的传感设备提供的数据格式各异，而不同的应用对数据格式的需求也各异。因此，情景提供商需要能够同时提供多种格式的情景。

④情景信息之间是高度关联的。很多情景信息之间具有关联性，比如用户手机与用户当前使用的通信信道，用户当前的活动可能跟他当前的位置相关。

由于情景信息具有以上特点，情景感知应用程序需要处理的情景信息是在不断更新、发展和迭代的。而作为情景感知计算的重要一环，情景建模的作用是将分散的各类情景信息组织在一起，以抽象且富有表达力的结构表示情景间的联系和约束，从而为接下来高层情景语义信息的处理工作做准备。情景模型都是根据情景感知应用程序的需求而进行构建的。在考虑情景信息固有的特点基础上，对情景进行建模应满足以下需求：

①动态性。在情景感知计算中，由于用户和设备经常移动以及环境不断变化，情景必然也随之而变化。在很多情况下，这会对情景感知计算造成影响，因此，建模方法不仅应对情景本身提供建模支持，还应为方便地表示变化所产生的影响提供支持。所以在人机交互过程中，系统要不断地调整自身的行为，使之对用户的请求做出合适的响应。这时需要研究如何随着底层情景变化建立动态情景模型。

②灵活扩展性。在情景感知计算中，由于设备采集到的情景信息可能处在不同的环境和不同的情形，因此建模方法应该使系统支持不同的类型。由于在情景感知计算中情景信息存在着变化，新的信息要加入系统而过时的信息要离开系统，因此，情景模型应该具有扩展的功能，方便信息的加入，同时系统需求的改变以及扩展只应该影响相应部分的模型。

③复杂性。情景建模的目的是刻画实体所处的环境或情形，去除无关的元素的影响，使系统把更多的记忆力转移到问题的求解方面，而不需要关心情景差异的影响。简单的建模，开发和实现较为方便，但是无法更好地对情景信息进行描述和解决各个不同类型的情景之间的差异；而复杂的建模不仅

很难实现而且会增加上层应用程序与底层情景信息的耦合性，难以实现应用程序的开发。因此，建模方法不应该过于复杂从而妨碍对问题本质的表述。

④可推理性。情景模型还应当是可推理的，能够根据现有的情景方便地推理出其他情景信息。

⑤共享和重用性。情景模型要能够实现知识的重用与共享，从而在减轻模型开发者工作量的同时，有利于实现情景模型间的交互。

⑥可执行性与仿真。并非所有的模型都是可执行的，但如果模型是可执行的，良好的情景建模不仅可以很好地对情景信息进行表示，而且能够对系统的运行结果进行预测，以及对系统的具体运行状态进行仿真。对系统的运行结果进行有预见性的分析，可以进一步降低系统设计与开发风险。

⑦实用性。情景建模的最终目的是让用户使用该模型去建立合适的系统，因此，所建立的模型要能使开发人员理解和使用。不仅如此，情景感知计算系统是一个复杂的系统，建模方法必须能够仔细地处理此问题，建立的模型应该能够适应一个复杂的系统，不当的建模方法很容易使模型变得臃肿、庞大甚至完全超出模型的表达能力，从而丧失建模价值。

⑧成本。建模成本也是需要考虑的问题之一，过高的建模成本隐含着过高的风险，并会降低问题模型化的价值。

情景感知计算包含所有情景，其中位置情景是使用得比较多的情景信息，因此，对位置情景信息进行建模使用得比较频繁，其建模方式主要有坐标位置模型、符号位置模型和混合模型。① 坐标位置模型是将物理空间建立成坐标系统并唯一精确地表示特定位置的方式。如 GPS 可以通过三元组(纬度、经度、海拔)来表示位置信息。符号位置模型则是通过抽象的位置符号(名称)以及位置之间的相对关系来表示位置的一种方式。

混合模型则是结合上述两种模型来表示位置的方式，是对上述两种建模

① 刘晨曦．基于语义 Web 技术的上下文感知系统的设计与实现[D]．北京：北京邮电大学，2007.

方式的结合使用。首先通过位置建模形成经纬度和海拔等信息，然后通过高斯投影将经纬度坐标转换成高斯坐标，进而使用符号模型的方式进行显示，在不同的环境下可以使用不同的模型来对位置信息进行建模。

除位置情景外，情景还包括如温度等物理情景、时间情景、用户情景等，对于此类情景信息建模就不能像位置模型那么简单，它们对建模的要求和表示会更高，因此可以通过键值对、标记配置语言、图模型、面向对象的模型、基于逻辑的模型和基于本体的模型等建模方法对此类情景信息进行建模。

下面是对这些情景建模方法的特性的分析。

(1)键值对情景建模

所谓的键值对情景建模，就是采用 Entry<key，value>键值，对情景信息进行建模。key 经常用作名称声明，value 用来表示该声明的值。举一个简单的例子，一个用户的姓名为 Jack，则可表示为[Name：“Jack”]，其中 Name 为 key，“Jack”是对应的 value。早期的情景建模中经常使用键值对，作为情景建模的首选，它具有建模简单、方便等优点。在早期的普适计算研究中，它被广泛应用于地址和其他服务的表示，① 这样就要检查关键字和值的匹配。但是，键值对模型表达复杂的情景时显得非常繁琐，甚至对于一些情景信息不能进行建模，而且检索效率不高。近些年来，键值对模型已经越来越少地被采纳到新的情景感知计算应用程序中了。

(2)标记语言建模

标记语言建模就是基于标记语言，使用一系列标识和注释来表示情景。这些标识和注释能够控制标记语言模型的结构、格式和各组成部分间的关系，也

---

① Schilit B, Adams N, Want R. Context-aware computing applications[C]//Proceeding of the First Workshop on Mobile Computing Systems and Applications, 1994: 85-90.

能够被设备解释和控制。XML 是最为常见的标记语言之一，大多数用以情景建模的标记模型也都以 XML 为基础设立。如目前最为流行的情景标记语言模型 UAProf(User Agent Profile)和 CC/PP(Composite Capabilities/Preferences Profile)都是用 XML 语言来表述的。UAProf 能够描述无线设备的能力和优先权，CC/PP 不仅能描述设备的能力，还能表达用户在选择设备上的偏好。然而，UAProf 和 CC/PP 及其变种都受限于它们预定义的层次结构和严格的重写层次结构机制。此外，CSCP(Comprehensive Structured Context Profiles)、① Context Extension、② ConteXtML、③ CCML(Centaurus Capability Markup Language)④等是其他几种较为常见的情景建模标记语言模型。但是，这些模型不能准确表示各种各样的情景之间的关系、依赖、时效性。而且，它们对情景不一致性检测、推理等的支持也远远不够。⑤

(3)图形化建模

图形化建模是以图形的方式表示情景，主要有 UML(Unified Modeling Language)、ERM(Entity-Relationship Model)和 ORM(Object-Role Model)。UML 是一种标准化的建模语言，具有很好的普适性。ERM 和 ORM 对设计和查询数据操作提供了强有力的支持。这三种模型语言适合于将情景以图表的

---

① Henricksen K, Indulska J. Modelling and using imperfect context information[C]//Proceedings of the Second IEEE Annual Conference on Pervasive Computing and Communications Workshops, 2004: 33-37.

② Henricksen K, Indulska J. Developing context-aware pervasive computing applications: Models and approach[J]. Pervasive and Mobile Computing, 2006, 2(1): 37-64.

③ Ryan N. ConteXtML: Exchanging contextual information between a Mobile Client and the FieldNote Server[J]. Computing Laboratory, University of Kent at Canterbury, 1999.

④ Kagal L, Korolev V, Chen H, et al. Project centaurus: A framework for indoor services mobile services[C]//Proceedings of the 21st International Conference on Distributed Computing Systems Workshops, ICDCSW, 2001: 195-201.

⑤ Bettini C, Brdiczka O, Henricksen K, et al. A survey of context modelling and reasoning techniques[J]. Pervasive and Mobile Computing, 2010, 6(2): 161-180.

形式来建模和存储。CML(Context Modeling Language)作为ORM的扩展,[①] 是最著名的情景图形化模型之一。[②] 它引入了情景质量这一指标来标识情景的可靠程度，并对情景的依赖、历史和事实约束等方面都提供了支持。总体来说，图形化模型能够以图形的方式表示情景，形象生动且易于分析情景之间的关系。但是，它在实际应用中不太有效。一是因为缺乏通用软件和工具的支持，二是缺乏统一的图形模型标准，不同图形模型内的术语和基本表达方式差异很大。

(4)面向对象的建模

面向对象的建模其实是使用面向对象分析(OOA)和面向对象设计(OOD)所建立的模型。抽象和封装是手段，重用和多态是效果。这样它以对象的形式表示情景，以对象间的继承和派生等表示情景之间的隶属关系。

情景感知计算可以在多个层次上引入面向对象的建模方法。UML(统一建模语言)是一种面向对象的标准建模语言，它形成了一种概念清晰、表达能力丰富、适用范围广泛的建模语言。确切地讲，它并不是一种面向对象的建模方法，而是一种面向对象的建模语言，只给出用于建模的元素及表示符号，并定义了它们的语义，以及讲述了如何去建模。

UML的定义包括UML语义和UML表示法两个部分，UML语义描述基于UML的精确元模型的定义。元模型为UML的所有元素在语法和语义上提供了简单、一致、通用的定义性说明，使开发者们在语义上取得一致，消除了因人而异的表达方法所造成的影响。UML表示法定义UML符号，为开发者进行系统建模提供了标准。

---

① Henricksen K, Indulska J. Modelling and using imperfect context information[C]// Proceedings of the Second IEEE Annual Conference on Pervasive Computing and Communications Workshops, 2004: 33-37.

② Henricksen K, Indulska J. Developing context-aware pervasive computing applications: Models and approach[J]. Pervasive and Mobile Computing, 2006, 2(1): 37-64.

Gellersen 在 TEA 项目中采用了面向对象的情景建模，使用了一个称为 Cue 的概念；① 一个 Cue 可以被看作一个函数，其输入值取一个物理或逻辑传感器的某个时刻的值，提供一个符号化的输出；还有英国 Lancaster 大学的研究项目——Guide 项目里提出了 Active Object Model。② 不同的对象类型针对不同的情景(例如天气、地点等)，情景信息和操作分别以对象中的变量和函数来表示，将情景信息及相关操作封装在对象当中，对于其他模块而言，除了通过暴露的指定接口来对情景信息进行访问和业务逻辑操作外，其余细节都是不可见的。

使用对象模型的优势毋庸置疑，面向对象的广泛使用使得对象模型与不管是已有系统还是新开发系统之间的集成变得十分容易。面向对象建模是情景建模中比较优秀的一种建模方式，但是它要求设计者必须对情景感知系统进行全局的、细致的分析。另外，在普适环境中情景是不断更新的，维护这个模型的成本很高。

(5)基于逻辑的建模

基于逻辑的建模就是指所有的情景信息均以事实(Fact)、表达式(Expression)和规则(Rule)的形式存在，最大特点在于其高度形式化。根据事先定义的一系列条件(Condition)，可以使用已有的情景信息进行推理，从而得出结论或是新的事实。在推理的过程中，系统可以不断地增加、修改或删除情景信息来对事实进行动态的调整。基于逻辑的建模可以追溯到1993 年 McCarthy 及其研究组的工作。那时，他们就开始研究形式情景

---

① Schmidt A, Aidoo K A, Takaluoma A, et al. Advanced interaction in context[C]// Handheld and Ubiquitous Computing, Berlin Heidelberg: Springer, 1999: 89-101.

② Cheverst K, Mitchell K, Davies N. Design of an object model for a context sensitive tourist GUIDE[J]. Computers & Graphics, 1999, 23(6): 883-891.

(Formalizing Context),[①] McCarthy 把情景看作是抽象的数学实体。

该建模方法是高度形式化的，但缺乏对低层情景信息的描述，也缺乏对高层情景知识的验证，因此容易产生错误。

(6)基于本体的建模

本体是由 Gruber 教授提出的一个概念化的明确规范说明,[②] 目前本体广泛应用于人工智能领域，基于本体的情景建模就是借鉴著名的本体结构研究和演化而来。基于本体的情景模型是按照现实生活中的概念、概念间的关系、概念所具有的特征(即属性)以及概念的实例抽象出现实的模型。例如，在计算机领域，我们可以抽象出计算机、CPU、内存、计算机附件等概念，而计算机和 CPU 是包含关系。基于本体的模型可以用于推理、语义查询等高层次的应用。

基于本体的模型主要可以分为以下三类：第一类是由 Heckmann 教授提出的通用用户本体模型(General User Model Ontology),[③] 这种模型是一种类似于“辅助语—谓词—程度”(如“热爱—音乐—狂热”)的描述性模型；第二类是由 Niederée 提出的统一用户情景模型(The Unified User Context Model),[④] 统一用户情景模型是基于键值对基础的模型，被广泛应用于主要由用户的属性和用户的环境所组成的情景感知系统中；第三类是由 Razmerita 教授在他

---

① McCarthy J, Buvac S. Formalizing context (expanded notes)[M]. California: Stanford University, 1994.

② Gruber T R. A translation approach to portable ontology specifications[J]. Knowledge Acquisition, 1993, 5(2): 199-220.

③ Heckmann D, Schwartz T, Brandherm B, et al. Gumo—The General User Model Ontology[C]// User Modeling 2005, Berlin Heidelberg: Springer, 2005: 428-432.

④ Niederée C, Stewart A, Mehta B, et al. A multi-dimensional, unified user model for cross-system personalization[C]//Proceedings of the AVI 2004 Workshop on Environments for Personalized Information Access, 2004: 34-54.

设计的知识管理系统(Knowledge Management System)①中提出的基于本体的用户模型，包含三个主要的技术：本体、软件代理和用户建模。

基于本体建模不仅利用了 XML 等标记语言的结构化建模特性，也嵌入了语义信息。基于本体的建模在建模语言和工具上具有两大优点。一是有较为成熟的本体语言参考标准，如 W3C(world Wide Web Consortium)协会推荐了 RDF(Resource Description Framework)和 Ontology 标准。二是本体语言有很多软件的支持，如 Protégé 和 IODT(Integrated Ontology Development Toolkit)等。因此，它在情景建模中的应用颇为广泛。②

除此之外，基于本体的建模还具有以下优点：

第一，易于知识共享。使用本体进行建模既可以描述物理世界的情景语义，也可以描述信息世界的语义，使情景信息不再作为单独的一块而存在，而是作为整个语义系统的一部分。

第二，更高效。它可以极大地提高情景表达能力，并且固有的本体层次结构的特点使构建的情景模型不必从头做起。

第三，支持逻辑推理。可以使用本体语言提供的推理机制进行情景推理。

从上面的分析可以看出，利用本体对情景信息进行建模有其独特的优势。因为基于本体，不同的开发者提供的情景模型可以达到共享和互用。另外，利用本体建立的情景模型能适应不同的环境和不同的系统。但是，由于本体的概念源于哲学，随着发展，它还涉及计算机科学、语言学、逻辑学等

① Razmerita L, Angehrn A, Maedche A. Ontology-based user modeling for knowledge management systems[C]//User Modeling 2003, Berlin Heidelberg: Springer, 2003: 213-217.

② Wang X H, Zhang D Q, Gu T, et al. Ontology based context modeling and reasoning using OWL[C]//Proceedings of the Second IEEE Annual Conference on Pervasive Computing and Communications Workshops, Washington D. C., USA: IEEE Computer Society, 2004: 18-22; Ejigu D, Scuturici M, Brunie L. An ontology-based approach to context modeling and reasoning in pervasive computing[C]//IEEE International Conference on Pervasive Computing and Communications Workshops, IEEE Computer Society, 2007: 14-19.

多门学科。因此，在运用本体进行情景建模时，不可避免地要使用到其他领域的知识作为基础支持，但是由于其他学科的一些知识还处在不断的探讨和发展阶段，这给我们的本体建模研究增加了一定困难。

(7)其他模型

除了以上的情景建模方法外，常见的还有基于领域的和多学科综合的情景建模模型。其中，基于领域的模型以4W(What，When，Who，Where)为代表，① 主要是面向数据的查询，适用于基于浏览器的应用程序。而多学科综合模型则从多个领域来描述情景，② 这种模型表达情景较为全面，但是模型也特别复杂，而且还要求建模人员具备多个领域的知识。

通过对已有的情景建模方法进行对比，可以发现基于本体的情景建模方法是目前使用最为广泛且最有效的方法。本书的研究方法将聚焦于利用本体技术对情景建模及相关的推理及语义关联问题。

2.5.4 情景推理

情景感知系统通常通过各种传感设备来获取环境中可用的情景信息，这些传感器可以部署在任何地方、任何事物甚至用户身体上，感知获取诸如用户位置、姿势、速度、周围环境的温度、湿度或者噪音水平等数据。通过对这些原始传感数据的处理、分析和利用，情景感知系统能够为用户提供个性化的、符合用户当前需求的定制服务或相关信息。③

然而，从物理传感设备直接获取的情景数据没有经过进一步的过滤和解

---

① Castelli G, Rosi A, Mamei M, et al. A simple model and infrastructure for context-aware browsing of the world[C]//Fifth Annual IEEE International Conference on Pervasive Computing and Communications(PerCom'07), 2007: 229-238.

② Bradley N A, Dunlop M D. Toward a multidisciplinary model of context to support context-aware computing[J]. Human-Computer Interaction, 2005, 20(4): 403-446.

③ 刘大有，刘春辰，王生生. 环境智能中上下文推理方法研究综述[J]. 模式识别与人工智能，2011，24(5)：673-679.

释，可能是无意义的、琐碎的、片面的，且易受到微小变化的影响。直接使用这种低层原始情景会限制人际互动及用户行为等复杂情景的表达，降低情景感知系统或应用的实用性和有效性。因此，对原始情景进行解释、融合和提取，使其演化成更有意义的高层情景显得尤为重要，整个过程即情景推理。

情景推理本质上是将信息和物理环境的直观反映转化成人类对其的看法或判断，是情景感知计算研究的关键问题之一。

根据应用领域、情景模型以及采用的推理技术的不同，情景推理任务也有所差别，通常来讲，情景推理一般包括模型一致性的验证、隐含情景的挖掘以及情景的识别三大类，① 其中，情景是对动态环境下某些现象的语义抽象(如开会、上班等)，这种抽象的高层情景描述的是更有价值的实体状态及其变化情况，能够避免系统受到无意义或者微小的低层情景变化的影响。由于对实体行为(简单的情景)或情景推理识别能够辅助系统进行智能决策，前摄地为用户提供所需信息和合适的服务，因此，情景推理一直是该领域研究的重点和热点。②

早期的研究中，情景推理方法都是直接将推理过程写入程序代码中，导致复用性和扩展性非常差。研究人员尝试将人工智能和机器学习等领域相关技术引入到情景感知计算中，涌现了大量基于情景推理的模型，如基于规则的方法、基于逻辑的方法、基于有监督的学习方法、基于无监督的学习方法、基于本体的方法等。③ 下面将对现存的情景推理技术分类并进一步加以

① Perera C, Zaslavsky A, Christen P, et al. Context aware computing for the internet of things: A survey[J]. IEEE Communications Surveys & Tutorials, 2014, 16(1): 414-454.

② Cimino M G C A, Lazzerini B, Marcelloni F, et al. An adaptive rule-based approach for managing situation-awareness[J]. Expert Systems with Applications, 2012, 39(12): 10796-10811.

③ Perttunen M, Riekki J, Lassila O. Context representation and reasoning in pervasive computing: A review[J]. International Journal of Multimedia & Ubiquitous Engineering, 2009, 4(4): 5-9.

阐述。

(1)基于规则的情景推理

基于规则的推理方法是所有方法中最简单直接的方法，也是最流行、通用的方法。规则通常采用 If-Then 结构形式，由低层情景解释融合生成高层情景。该方法易于与其他推理技术结合，如基于本体的推理方法。[①] 这种混合推理技术主要将低层情景的语义、关系及从信息源中提取的情景信息存储在本体知识库中，通过构造独立于知识库的推理规则描述如何由低层情景演绎高层情景。推理规则可由语义网规则语言 SWRL 描述，也可由其他逻辑形式表达，如一阶逻辑。

推理过程首先由规则引擎将知识库中的低层情景实例转换成一阶逻辑谓词形式，然后运用推理规则对这些一阶谓词进行模式推理进而识别情景，完成高层情景推理。此外，规则还可以用于情景感知计算中事件/情景的探测。目前已有许多成熟的自动化推理工具对其推理过程提供支持(如 Jess、Jena2 等)，能够快速可靠地识别高层情景。但该方法不能处理不确定性情景，且推理规则大多是由领域专家针对多数用户制定的折中方案，不支持个性化情景需求。

(2)基于逻辑的情景推理

基于逻辑的推理方法以其强有力的表达和推理能力成为情景感知计算领域常用且有效的推理工具。[②] 目前，用于情景推理的逻辑理论主要包括一阶

---

① Horrocks I, Patel-Schneider P F, Boley H, et al. SWRL: A semantic web rule language combining owl and ruleml [EB/OL]. [2021-11-30]. http://www.w3.org/Submission/SWRL/; Keler C, Raubal M, Wosniok C. Semantic rules for context-aware geographical information retrieval[C]// Proceedings of the 4th European Conference on Smart Sensing and Context, Berlin Heidelberg: Springer, 2009: 77-92.

② Perera C, Zaslavsky A, Christen P, et al. Context aware computing for the internet of things: A survey[J]. IEEE Communications Surveys & Tutorials, 2014, 16(1): 414-454.

逻辑、模糊逻辑和概率逻辑。

Ranganathan 等①基于一阶谓词演算给出一个情景推理模型。该模型通过一阶谓词描述低层情景信息，具体参数及其取值范围取决于情景的类型。通过对低层情景运用布尔操作符(析取、合取和否定)、存在量词以及全称量词，构造逻辑表达式，从而实现复杂情景的描述。该方法不仅能够基于已有情景解释得到隐含情景，也可通过逻辑规则融合提取情景或行为。

Gu 等②在其情景感知计算框架中也采用一阶谓词描述情景，通过开发者定义的一阶逻辑规则推理高层情景，不同的是该框架利用本体描述情景，并利用本体推理机挖掘潜在情景。这类方法在情景确定的前提下，推理准确度较高，且具备成熟的推理机的支持，但它不能处理不确定性情景，不能识别未预定义的情景。一些研究人员将基于模糊逻辑的理论引入到情景感知计算中，解决近似推理的问题。

模糊逻辑与概率逻辑很相似，只不过置信度表示的是隶属程度而非概率。传统的逻辑理论中，真假值只能为 1 或 0，模糊逻辑则允许部分真值的存在，这使得真实世界中很多现象可以很自然地描述。它还允许使用自然语言(如很温暖或凉爽)代替数值(如 10 摄氏度)来定义相关概念及关系。也就是说，模糊逻辑允许使用诸如高的、黑的、短的、可靠的等不精确的概念，这对情景信息的处理至关重要。Gaia 在其情景提供器中采用模糊逻辑理论处理不确定性情景。③

基于模糊逻辑的推理方法通常与基于规则的方法相结合，Anagnostopoulos

---

① Ranganathan A, Campbell R H. An infrastructure for context-awareness based on first order logic[J]. Personal & Ubiquitous Computing, 2003, 7(6): 353-364.

② Gu T, Pung H K, Zhang D Q. Toward an osgi-based infrastructure for context-aware applications[J]. IEEE Pervasive Computing, 2004, 3(4): 66-74.

③ Ranganathan A, Campbell R H. A middleware for context-aware agents in ubiquitous computing environments[M]// Middleware 2003, Berlin Heidelberg: Springer, 2003: 143-161.

等人[①]构造的情景推理引擎是代表性工作。该推理引擎构建了一个KR(Knowledge Representation)模型作为知识表示基础，采用模糊语言变量描述低层情景，应用层次结构描述各级情景间的因果关系，通过If-Then形式的模糊规则识别当前的情景。

基于模糊逻辑的方法在处理不精确数据方面有着不凡表现，但其系统推理过程复杂，计算成本高，需要大量标注的实验数据训练规则，且推理过程中使用的概念不支持语义描述，具有一定的随意性，容易引起歧义。

基于概率逻辑的推理方法主要依据与问题相关的所有事实发生的可能性做出最终的判断。通常用于推断情景的发生，还可用于整合两个不同传感源的传感数据以及解决情景中存在的冲突问题。证据理论DS(Dempster-Shafer)就是其中一类常用的基于概率逻辑的推理方法，它主要通过不同证据的组合来计算情景发生的概率。[②] 证据理论能有效削弱不确定情景信息的影响，推理准确度较高，通过引入领域知识构造，证据推理网络的构造不需要大量的训练数据，但其动态推理能力有限，不能及时发现动态环境中的新情景或行为。[③]

(3)有监督学习情景推理

有监督学习需要搜集训练数据，根据期望的结果对其进行标记，使用上述训练数据导出能够生成我们需要的结果的函数。目前有监督学习方法在移

---

① Anagnostopoulos C, Hadjiefthymiades S. Advanced fuzzy inference engines in situation aware computing[J]. Fuzzy Sets & Systems, 2010, 161(4): 498-521.

② Yager R R. On the dempster-shafer framework and new combination rules[J]. Information Sciences, 2014, 507(7492): 313-4.

③ Ye J, Dobson S, Mckeever S. Situation identification techniques in pervasive computing: A review[J]. Pervasive & Mobile Computing, 2012, 8(1): 36-66.

动电话传感①和行为识别方面应用较多。② 决策树是一类比较典型的监督学习技术，其基本原理是用决策点代表决策问题，用方案分枝代表可供选择的方案，用概率分枝代表方案可能出现的各种结果，经过对各种方案在各种结果条件下损益值的计算比较，为决策者提供决策依据。③ 一些文献采用经典决策树算法④来识别某情景状态下最有可能发生的用户行为。⑤ 决策树方法易于实现且分类快速，学习过程中不需要太多的背景知识，具有一定的通用性，但不能处理不确定性情景信息，也不具备动态推理能力，且随着情景种类的增加，其推理或决策的错误率也会显著增加。

贝叶斯网络也是比较典型的监督学习方法，⑥ 其以概率逻辑为基础，在统计推理中被广泛应用。⑦ 它采用有向循环图来表征低层情景和高层情景间的因果关系，运用学习算法训练获得各个节点的条件概率，完成情景推理结构的构造。用户当前的情景发生概率则能够依据该网络结构运用相应的贝叶

---

① Lane N D, Miluzzo E, Lu H, et al. A survey of mobile phone sensing[J]. IEEE Communications Magazine, 2015, 48(9): 140-150.

② Riboni D, Bettini C. Context-aware activity recognition through a combination of ontological and statistical reasoning[C]// Ubiquitous Intelligence and Computing, Berlin Heidelberg: Springer, 2009: 39-53.

③ Kantardzie M, Srivastava A N. Data mining: Concepts, models, methods and algorithms[M]. New York: John Wiley & Sons, Inc., 2002.

④ Huang S H, Wu T T, Chu H C, et al. A decision tree approach to conducting dynamic assessment in a context-aware ubiquitous learning environment[C]//Proceedings of the Fifth IEEE International Conference on Wireless, Mobile, and Ubiquitous Technology in Education, IEEE Computer Society, 2008: 89-94.

⑤ Ongenae F, Claeys M, Dupont T, et al. A probabilistic ontology-based platform for self-learning context-aware healthcare applications[J]. Expert Systems with Applications, 2013, 40(18): 7629-7646.

⑥ Park H S, Oh K, Cho S B. Bayesian network-based high-level context recognition for mobile context sharing in cyber-physical system[J]. International Journal of Distributed Sensor Networks, 2011(1550-1329): 261-270.

⑦ Ko K E, Sim K B. Development of context aware system based on Bayesian network driven context reasoning method and ontology context modeling[C]//International Conference on 2008 Control, Automation and Systems, IEEE, 2008: 2309-2313.

斯推理算法获得。

Philipose 等人还考虑到时序关系对推理结果的影响，扩展了传统的贝叶斯网络构造方法。① 隐马尔可夫模型也是一类基于概率逻辑的监督学习方法，其不需要直接感知某状态，允许使用观察到的证据来描述该状态，是一种用参数表示的用于描述随机过程统计特性的概率模型。它主要通过描述行为可能的情景序列，由相应的学习算法获得模型参数，运用评估算法计算待识别的情景序列与描述具体行为的隐马尔可夫模型的匹配程度，在候选行为中选择最佳的匹配。该模型目前被广泛应用于行为识别中。

贝叶斯网络有监督学习方法在不确定情景的处理方面表现不凡，但需要大量经过标注的训练数据，增加开发者的负担，且训练过程复杂，计算成本高，动态推理能力差，不能识别环境中出现的新情景。

基于人工神经网络的有监督学习方法被引入到情景感知计算领域，试图通过模拟生物神经元系统，实现输入和输出之间复杂关系的建模及复杂模式的识别等。② 人工神经网络通用性较强，能够识别新情景或行为，但其对于不确定性情景的处理能力较差，且训练过程复杂，计算成本高。

(4)无监督学习情景推理

无监督学习方法能够在未经过标注的数据中找到隐含的结构模式。③ K 最近邻分类(K-Nearest Neighbour)是在基于情景推理中比较常用的一类无监督学习方法，它不仅能够用于诸如室内、室外定位等高层情景推理任务，也

---

① Philipose M, Fishkin K P, Perkowitz M, et al. Inferring activities from interactions with objects[J]. IEEE Pervasive Computing, 2004, 3(4): 50-57.

② Korel B T, Koo S G M. A survey on context-aware sensing for body sensor networks [J]. Wireless Sensor Network, 2010, 2(8): 571-583.

③ Kantardzie M, Srivastava A N. Data mining: Concepts, models, methods and algorithms[M]. New York: John Wiley & Sons, Inc., 2002.

能用于诸如传感网络中路由选择等硬件层面的推理融合任务。① 对比模式(Contrast Pattern)也是一类无监督学习方法，主要用于行为识别。② 该方法对每个行为构建一组对比模式，用以描述不同行为使用的实体术语间的显著区别，其从万维网上为每个行为挖掘出一组实体术语，运用新兴模式从实体术语集合中学习得到对比模式集，运用打分函数计算待识别行为与不同行为的对比模式集的匹配度，分数最高的则被选择出来作为当前行为。

自组织网络图模型 FCSOM(Kohonen Self-Organizing Map)与符号聚类图模型 SCM(Symbol Clustering Map)都是无监督的神经网络学习方法，通常用于行为的建模与识别，其基本结构为一个二维格，格中每个节点包含一个情景信息矩阵及相应的权重矩阵。③ 基于该结构，首先通过相似度计算函数选取与输入情景集最相似的节点，对于所有选取的节点，引入更新的规则实现矩阵的规模与权重的调整，完成模型的训练。

相较于有监督学习方法，无监督学习方法能够将开发人员从繁重乏味的标注工作中解脱出来，及时发现并识别环境中新的情景或行为，且能识别用户同一行为不同的实现方式，满足用户的个性化需求。但无监督学习方法训练过程复杂，计算成本高，难以处理不确定性情景。

(5)基于本体的情景推理

本体以其出色的语义描述和推理能力，④ 在众多情景感知系统中得到广

---

① Lin T N, Lin P C. Performance comparison of indoor positioning techniques based on location fingerprinting in wireless networks [C]//2005 International Conference on Wireless Networks, Communications and Mobile Computing, IEEE, 2005: 1569-1574.

② Gu T, Chen S, Tao X, et al. An unsupervised approach to activity recognition and segmentation based on object-use fingerprints [J]. Data & Knowledge Engineering, 2010, 69(6): 533-544.

③ 刘大有，刘春辰，王生生. 环境智能中上下文推理方法研究综述[J]. 模式识别与人工智能，2011，24(5)：673-679.

④ Ye J, Coyle L, Dobson S, et al. Ontology-based models in pervasive computing systems. [J]. Knowledge Engineering Review, 2007, 22(4): 315-347.

泛应用。[①] 本体推理的实现主要基于描述逻辑，描述逻辑是一种以逻辑为基础的知识表示形式。目前，本体推理主要由本体语言两种常见的表达来支撑，即 RDF(S)[②]和 OWL,[③] 并由几种语义查询语言(如 RDQL、RQL 和 TRIPLE 等)以及一系列成型的推理引擎(如 FACT、RACER 和 Pellet 等)来补充。

SWRL 语言描述的规则也逐渐在本体推理中流行，一些学者还将基于学习的方法引入到规则定义中。例如，GcoMM 系统采用基于规则和本体推理结合的方法实现情景推理和后续动作的决策，其推理规则既包括用户自定义的规则，也包含系统自己学习的规则。[④] 基于本体的推理技术被广泛应用于情景识别以及事件探测等应用中。

基于本体的推理方法很好地集成了本体建模技术，是比较通用的、流行的情景推理方法，借助本体推理机制能实现潜在情景的挖掘，能快速可靠地识别情景，同时经过学习得到的规则更适用于现实环境，能获得更好的推理结果，但本体难以处理模糊的、不完整的情景数据。

为了支持不确定性情景推理，Anagnostopoulos 等人提出了一个基于本体概念相似度识别情景的方法。[⑤] 该方法采用本体技术来对低层和高层情景分别建模，基于本体清晰的层次结构和情景概念的语义描述，通过构造的概念间语义相似度计算的递归算法描述当前情景与本体中定义的情景概念间的相似程度，将与之相似的程度最高的情景概念及其父概念作为相关情景识别

---

① Raychoudhury V, Cao J, Kumar M, et al. Middleware for pervasive computing: A survey[J]. Pervasive & Mobile Computing, 2013, 9(2): 177-200.

② [EB/OL].[2020-11-11].http://www.w3.org/RDF/.

③ [EB/OL].[2020-11-11].http://www.w3.org/2004/OWL/.

④ Chaari T, Ejigu D, Laforest F, et al. A comprehensive approach to model and use context for adapting applications in pervasive environments[J]. Journal of Systems & Software, 2007, 80(12): 1973-1992.

⑤ Anagnostopoulos C B, Ntarladimas Y, Hadjiefthymiades S. Situational computing: An innovative architecture with imprecise reasoning[J]. Journal of Systems & Software, 2007, 80(12): 1993-2014.

出来。

这种近似推理方法，能在一定程度上削弱不精确、不完整的情景带来的影响，但它对本体层次结构的要求较高，只有情景概念被合理分类，且概念间的距离能很好地刻画概念间的语义变化时，才能获得较好的识别效果。

由上述分析可以看出，基于本体的推理技术是目前比较流行的一种情景推理方法，但也存在一些自身无法克服的问题，如不确定性情景的描述与处理等。一些学者尝试将其他推理技术与基于本体的技术相结合，通过优势互补，使其更好地完成基于情景推理的任务。

鉴于模糊逻辑理论在处理不确定性情景方面的有效应用，一些学者建议将其与本体技术相结合。将本体建模与模糊逻辑建模相结合构建模糊本体，[①]通过不同方法对相应的规则扩展为模糊规则。[②] 目前主要有两种方式，一种是采用具体化方法将 SWRL 规则中的模糊关系进行扩展以支持隶属度的表达，另一种是对 SWRL 的个体公理进行扩展以支持隶属度及其相应权值的表达，[③] 进行模糊规则推理。

模糊逻辑与本体技术相结合的方法通用性较强，具有处理不确定性情景的能力，目前相关工作都试图将基于模糊逻辑的推理融合到基于本体的语义推理过程中，导致推理过程复杂，且缺少支持扩展的 SWRL 规则编辑器的辅助及成熟推理工具的支持。此外，用于描述情景的语义规则库大多由领域专家针对大多数用户一般性需求制定，无法满足用户的个性化需求。

---

① Bikakis A, Patkos T, Antoniou G, et al. A survey of semantics-based approaches for context reasoning in ambient intelligence [M]// Constructing Ambient Intelligence, Berlin Heidelberg: Springer, 2008: 14-23.

② Bettini C, Brdiczka O, Henricksen K, et al. A survey of context modelling and reasoning techniques[J]. Pervasive & Mobile Computing, 2010, 6(2): 161-180.

③ Ciaramella A, Cimino M G C A, Marcelloni F, et al. Combining fuzzy logic and semantic web to enable situation-awareness in service recommendation[C]//Proceedings of the 21st International Conference on Database and Expert Systems Applications: Part I, Berlin Heidelberg: Springer-Verlag, 2010: 31-45.

2.5.5 情景分发

情景分发是将情景交付给情景请求者的过程。普适环境中部署了大量各种各样的传感设备来监测用户和环境的变化。因此，在这些用户和具备不同计算能力与通信的设备之间，准确及时地传递情景是情景感知的一项基本功能。我们可以将情景分发视作一个抽象，其目的就是方便情景的传递，以克服设备的异构性和用户的移动性。根据这个抽象，情景的分发可以集中式的方式来完成，也可以分布式的方式来完成。

在集中式的情景分发过程中，中间件通过收集节点从情景提供者、代理等各种传感设备中收集各种原始数据，然后解释成情景并组织和存储起来。接着，中间件根据情景的请求来分发情景，主要的通信方式就是发布和订阅请求。这种实现方式大大地便利了程序员的开发工作。根据分发的范围是不是覆盖了整个普适网络，集中式的情景分发还可以细分为对称和非对称类型。①

然而，情景在不断地更新，而且随着计算技术和通信技术的提升，具备传感能力的新设备会不断地加入到普适网络中来收集更多类型的情景。这会极大地增加中间件维护情景的成本，也增加了消除不一致性的难度。②

分布式的情景分发技术，则主要是用来消除因为节点的频繁移动而带来的网络变化。在这种不断变化的普适网络中，基于中间件的情景分发技术不能正确地工作。首先，在这种动态的普适网络中，中央节点有可能不存在。其次，即使有了中央节点，及时准确地维护所有的情景也是很困难的。因此，为了克服这种普适网络的动态性和设备的异构性，有许多基于覆盖网络

---

① Hakami V, Dehghan M. Trends in middleware abstarction for context dissemination in mobile ad-hoc network[J]. Journal of Applied Sciences, 2009, 9: 1-14.

② Roman G C, Julien C, Payton J. Modeling adaptive behaviors in context UNITY[J]. Theoretical Computer Science, 2007, 376(376): 185-204.

的方法被提出来了。[①] 这些方法主要是将普适节点组织起来，构造一个覆盖网络，然后使用覆盖网络来分发情景。但是，这些覆盖网络在效率和性能方面还有很大的提升空间。

2.5.6 情景质量管理

2.5.6.1 情景信息的质量问题

在普适计算环境中存在着种类繁多的计算、沟通设备，这些设备感知和提供情景，情景感知系统通过对这些情景数据的处理和抽象，得到高层的语义信息，进而提高情景感知应用程序的自适应性。但在情景数据的转化过程中，情景信息的质量问题逐渐凸显。

造成情景信息质量问题的因素有很多，包括：

①情景来源问题。物理传感器和逻辑传感器通常作为情景来源，易于受到物理环境的限制或者是系统环境的约束，从而可能在某一时刻对情景信息的收集存在偏差，导致情景信息的失真。

②传输问题。情景提供和情景消费者之间简陋的连接，有可能受到外部恶意来源的攻击，导致虚假信息；也可能由于传输本身的问题导致情景信息的不完整或不准确。

③情景信息处理问题。情景从数据向信息，进而向知识的转化过程中，存在着信息冗余和不一致问题，影响高层情景信息的推理和融合，导致错误的情景信息的产生。

④标准问题。情景信息从收集到应用的过程中，采用了不同的技术标准，这些技术标准的差异化导致了情景信息格式的不一致和内容的不一致。

⑤延时问题。情景从产生到被使用，其间存在着时间差。不同类型的情

---

① Balakrishnan D, Nayak A, Dhar P. Towards a realistic context dissemination protocol using pure multi-level overlay networks [C]//2008 16th IEEE International Conference on Networks, IEEE, 2008: 1-7.

景信息，其生命周期是不同的，当延时程度超过该类情景信息的生命周期，情景信息将变得过时或不再可用。

情景信息的质量问题将降低情景感知应用的服务水平，增加应用程序处理情景信息不确定性的开销。而表达了情景信息质量特性的情景质量(Quality of Context，QoC)将有助于解决情景信息收集和处理过程中存在的不确定性和冲突问题。

2.5.6.2 情景质量的定义

2003年，学者Buchholz等人首次提出了"情景质量"概念，将情景质量定义为"用于描述情景信息质量的任何信息，而不是指提供信息的过程和相应的硬件设备"。① 根据Buchholz等人的观点，因为情景信息是可以独立于上层应用服务和底层传感器的，那么作为情景信息本身固有的本征，情景质量仅反映情景信息原初的本质，而与情景信息处理过程中表现出的质量状态无关。

2005年，Krause等人将情景质量定义为"情景质量是描述情景的任何固有信息，可以被用于评估情景信息对于具体应用程序的价值"。② Krause的观点在Buchholz定义的基础上进行了延伸，即情景质量既包括信息固有情景质量，也包括考虑应用程序依赖的情景质量。

2014年，Manzoor等人从质量的两面性——绝对性和相对性出发，将情景质量划分为客观情景质量和主观情景质量。③ 其中，客观情景质量的决定因素包括传感器的特性和情景测量的方式，主观情景质量的决定因素是用户

---

① Buchholz T, Schiffers M. Quality of context: What it is and why we need it[J]. Proceedings of Workshop of the Openview University Association Ovua, 2003: 1-14.

② Krause M, Hochstatter I. Lecture notes in computer science[M]. Berlin Heidelberg: Springer, 2005: 324-333.

③ Manzoor A, Truong H L, Dustdar S. Quality of context: Models and applications for context-aware systems in pervasive environments[J]. The Knowledge Engineering Review, 2014, 29(2): 154-170.

的需求。对于 Manzoor 等人的观点，信息的情景质量表示了传感器采集的情景按照一定方式处理后能够满足情景用户的需求的程度。也就是说，随着用户和用户需求的变化，情景质量也将有所不同。

根据 2014 年 Sophie Chabridon 等人的调研分析，目前关于“情景质量”还没有能够被普遍接受的定义。①

从以上研究可以看出，尽管大量学者对于情景质量的定义和范畴还没有明确的规定和说明，除了 Manzoor 对情景质量的范畴进行了扩展，加入了考虑用户需求的主观因素，其他学者更多地考虑情景质量的客观影响因素，但是 Manzoor 定义的情景质量在某种程度上涉及了服务质量（QoS）的范畴，使应用开发者难以对两种质量维度进行清楚区分，也不便于基于不同质量维度进行明确管理。

因此，本书对于情景质量的定义，主要是指客观的可测量和评估的情景质量，包括情景数据本身的质量和信息处理过程中的质量。

情景质量的研究意义体现在以下三个方面：

①有利于实现基于情景质量的应用程序自适应。情景感知应用程序基于用户情景来自适应自身行为。但是由于传感器的局限和其他原因，情景信息本身是不完美的，因此情景感知应用程序也应该使其行为适应情景质量信息。通过将情景质量信息与情景信息以一致的形式共同传给应用程序，减少了应用程序处理情景不一致性、不确定性问题的花销，提高了应用程序的自适应性。

②有利于提高不同组件的运行效率。在情景感知系统中存在着多个情景处理组件，通过衡量信息的情景质量的好坏，有利于监测不同组件的质量和运行效率，从而对组件的运行进行干预和做出最优选择。

① Chabridon S, Laborde R, Desprats T, et al. A survey on addressing privacy together with quality of context for context management in the Internet of Things [J]. Annals of Telecommunications-annales des Télécommunications, 2014, 69(1-2): 47-62.

③用户隐私保护。情景信息的隐私敏感性和情景信息质量之间存在着密切关联，不同用户对于自身情景信息的使用权限有着不同的定义。通过量化情景信息的质量特性，有利于结合信息的情景质量明确用户的隐私策略，进而制定出具体的限制方法。例如，通过定义情景信息(位置)的情景质量(粒度)，用户可以选择自身情景信息可被公开的程度(显示位置的不同粒度：街道、城市、省份或国家)。

情景质量管理主要包括情景质量指标评估和情景质量管理策略研究，具体关于情景质量指标评估和情景质量管理策略的研究现状及关键技术，本书将在第8章基于情景本体模型的情景质量评价及管理策略部分详细介绍，此处不再赘述。

2.5.7 安全与隐私

在普适环境中，情景从被收集到使用，会在计算能力和通信能力不同的各种设备上进行传递和交互，因此这些信息的安全自然就成了一个重要的问题。① 在情景感知系统中，如果没有很好地对用户的隐私信息进行保护，就会导致用户数据很容易被盗用。这是由情景感知计算的开放性和自发性等特点决定的。Confa 系统②提供了多级别的最终用户安全控制隐私保护机制：

①个人信息只在最终用户的设备上进行搜集、存储和管理，并可以定制存储策略。

②最终用户可以授权有哪些个人或感知服务共享其信息，并可以限定访问时间。

③情景感知服务使用服务描述档案明确指出使用哪些信息以及如何

---

① Li X, Eckert M, Martinez J F, et al. Context aware middleware architectures: Survey and challenges[J]. Sensors, 2015, 15(8): 20570-20607.

② Hong J I. The context fabric: An infrastructure for context-aware computing[C]// CHI'02 Extended Abstracts on Human Factors in Computing Systems, ACM, 2002: 554-555.

使用。

④使用通知和日志定期汇报和通知个人数据的使用情况。

由此可知，安全与隐私问题关系到组成情景感知计算概念模型的各个部分，简单地分开处理各个部分的安全与隐私问题并不是有效的解决办法，需要以整体的观点从全局出发提出系统的解决方案。现有的研究工作主要从访问控制和加密两个方面来解决。

访问控制这些方法在 Gaia 和 Context ToolKit 等项目中使用。访问控制的方法已有很多变种，如基于属性的访问控制、随意性访问控制、强制性访问控制和基于角色的访问控制等。TRBAC 算法①将时空关系引入到访问控制，LTRBAC② 是 TRBAC 的扩展，将位置和系统状态等情景集成到访问控制中了。基于团队的访问控制模型将用户的行为信息也考虑进来了。③ pawS④ 和 ContextFabric⑤ 都将语义引入到访问控制中，并结合情景的属性和用户的角度来综合验证。

另外，情景的加密是保护情景安全的一种方法。鉴于普适环境中许多设备的计算能力和通信能力相对有限，大多数的传统加密算法因其大量的计算负载和加密密码要安全地在普适网络中传送等而不能适用于普适计算。匿名

① Bertino E, Bonatti P A, Ferrari E. TRBAC: A temporal role-based access control model[J]. ACM Transactions on Information and System Security (TISSEC), 2001, 4(3): 191-233.

② Covington M J, Long W, Srinivasan S, et al. Securing context-aware applications using environment roles[C]//Proceedings of the sixth ACM symposium on Access control models and technologies, ACM, 2001: 10-20.

③ Georgiadis C K, Mavridis I, Pangalos G, et al. Flexible team-based access control using contexts[C]//Proceedings of the sixth ACM symposium on Access control models and technologies, ACM, 2001: 21-27.

④ Langheinrich M. A privacy awareness system for ubiquitous computing environments [M]//UbiComp 2002: Ubiquitous Computing, Berlin Heidelberg: Springer, 2002: 237-245.

⑤ Hong J I, Landay J A. An architecture for privacy-sensitive ubiquitous computing [C]//Proceedings of the 2nd international conference on Mobile systems, applications, and services, ACM, 2004: 177-189.

和伪匿名机制也是取得情景安全的一种方案。然而，对情景的永久性伪匿名是不能使用的。首先是因为情景在不断地变化和交换。其次是长久使用同一伪匿名，容易使这些伪匿名成为标识这些情景的另一个代号。典型的匿名使用过程含有几个步骤。第一，用户和设备等确认交换情景的意愿。达到一致后，各方将从第三方收集到的匿名的情景传递给情景传递的服务提供者。第二，服务提供者在对情景做进一步的处理如添加噪音等后再传送给请求者。请求者再请求第三方提供去除匿名的服务，从而去除匿名，得到原始的情景。

总之，在用户频繁移动和设备异构的普适环境中，如何安全地传送和使用情景不是一项简单的工作。

3 本体及其相关理论

20 世纪 90 年代初，本体概念被广泛地引用到计算机领域特别是人工智能(AI)和知识工程研究中，因为 AI 和知识工程需要开发一个领域共享的、公共的概念，从而实现知识共享和重用。在 AI 领域，本体通常被称为领域模型(Domain Model)或者概念模型(Conceptual Model)，是关于特定知识领域内各种对象、对象特征以及对象之间可能存在关系的理论。

通过对应用领域的概念和术语进行抽象，本体形成了应用领域中共享和公共的领域概念，可以描述应用领域的知识或者建立一种关于知识的描述。本体的抽象可能是很高层次的抽象，也可能是针对特定领域的概念抽象。本体已经成为知识工程、自然语言处理、协同信息系统、智能信息集成、Internet 智能信息获取、知识管理等各方面普遍研究的热点。① 因此，随着高度结构化的知识库在 AI 和面向对象系统中的出现，本体对于实际应用和理论研究正变得日益重要。

在情景感知计算领域，基于本体的情景建模和基于本体的情景推理都是目前最为流行和有效的方法，为了更好地理解本书所使用的本体技术，本章将介绍本体及其相关理论。

---

① Dou D, Wang H, Liu H. Semantic data mining: A survey of ontology-based approaches [C]// IEEE International Conference on Semantic Computing, IEEE, 2015: 244-251.

3.1 本体概述

3.1.1 本体的定义

在计算机领域，人们对本体的认识和定义经历了一个不断深化的过程。不同于哲学中的本体论概念，计算机科学中的本体有自己特定的含义。下面，我们给出目前比较有代表性的几种定义。

1991年，Neches等人指出："一个本体定义了组成主题领域的词汇的基本术语和关系，以及用于组合术语和关系以定义词汇的外延的规则。"①这个定义仅给出了知识工程中的本体的一个基本指南，即：要建立本体，首先要识别所面对领域的基本术语和这些术语之间的关系，然后要识别组合这些术语和关系的规则，并提供这些术语和关系的定义。

Gruber在1993年给"本体"的定义是："本体是概念模型的明确规范说明"。② Borst对这个定义稍微作了修改："本体是一个被共享的、概念化的、形式上的规范说明"。③ Gruber和Borst对"本体"的定义都强调了给出形式解释的可能性，主要缺点是没有对其中的"概念化"给出明确的说明。Studer等人为上述定义作出了如下解释："概念化涉及通过标识某个现象的相关概念而得到这个现象的抽象模型。显式地指出所用到的概念的类型，以及定义概念使用的约束。形式化是指本体应该是机器可读的。共享反映了这样一个观念，即本体获取了一致的知识，它不是某个个体私有的，而是可以被一个群

① Neches R, Fikes R, Finin T, et al. Enabling technology for knowledge sharing[J]. Ai Magazine, 1991, 12(3): 36-56.

② Gruber T R. A translation approach to portable ontology specifications[J]. Knowledge Acquisition, 1993, 5(2): 199-220.

③ Borst W N. Construction of engineering ontologies for knowledge sharing and reuse[J]. Universiteit Twente, 1997, 18(1): 44-57.

体所接受的。”①

Guarino 对本体的理解是：“本体是工程上的人造物，由一组描述特定存在的特定词汇、一组关于这些词汇的既定含义的显式的假设构成。在最简单的情况下，本体描述了通过包含关系相连而形成的概念的层次结构。在复杂一点的情况下，本体还包括用来描述概念之间的其他关系和限制概念的既定解释的合适的公理。”②这是从计算机科学角度的最明确而具体的定义，描述了本体最基本的构成。

其中，Gruber 的定义被引用得最多。本书采用 Studer 等人总结的定义，即认为本体是共享概念模型明确的形式化规范说明。这包含 4 层含义：概念模型(Conceptualization)、明确(Explicit)、形式化(Formal)和共享(Share)。“概念模型”是指通过抽象出客观世界中一些现象的相关概念而得到的模型，概念模型所表现的含义独立于具体的环境状态；“明确”是指所有的概念及使用这些概念的约束都有明确的定义；“形式化”是指本体是计算机可读的(即能被计算机处理)；“共享”是指本体中体现的是共同认可的知识，反映的是相关领域中公认的概念集，即本体针对的是团体的知识。

由以上定义可以看出，哲学界的“本体”概念和计算机界的“本体”概念是有区别的。为明确区分二者，哲学领域的“本体”在英文中以大写“O”开头的“Ontology”表示，其是一种理论，一种关于存在及其本质规律的系统化解释，这个解释不依赖于任何特定的语言。计算机界的“本体”在英文中以“ontology”表示，是一个实体，是对某领域应用本体论方法分析、建模的结果，即把现实世界中的某个领域抽象为一组概念及概念之间的关系的规范化描述，勾画出这一领域的基本知识体系，为领域知识的描述提供含义明确的术语。

① Studer R, Benjamins V R, Fensel D. Knowledge engineering: Principles and methods [J]. Data & Knowledge Engineering, 1998, 25(s1-2): 161-197.

② Donnelly M, Guizzardi G. Formal ontology and information systems[C]//Proceedings of the International Conference on Formal Ontology in Information Systems, FOIS, 1998: 3-15.

根本上，本体的作用是为了构建领域模型。例如，在情景感知计算过程中，一个本体提供了关于术语概念和关系的词汇集，通过该词汇集可以对一个领域进行建模。虽然不同的本体之间存在一些差异，但它们之间存在普遍的一致性。针对应用领域中一些特殊的任务，知识表达可能还需要一种在很高的普遍性层次上的本体抽象概念。

3.1.2 本体的分类

由于研究本体的机构和组织很多，各种本体定义描述了本体不同方面的特性，因此就存在多种本体分类方式。这里介绍几种典型的分类方式：

①根据本体的通用性级别，可以将本体分为以下四种类型。

第一，领域本体：针对特定的应用领域抽象领域知识的结构和内容，包括各种领域知识的类型、术语和概念，并对领域知识的结构和内容加以约束，形成描述特定领域中具体知识的基础。

第二，通用本体：针对所获取的关于世界的通用性知识，提供基本的概念，如时间、空间、状态、事件、过程、行为、部件等。因此，通用的本体的定义可以跨越几个领域使用。

第三，应用本体：针对特定引用领域知识建模的抽象定义。通常，应用本体是一种概念的混合，这些概念来自领域本体和通用本体，然而，应用本体可能包括特定方法和特定任务的扩展。

第四，表示本体：主要描述在知识表示形式化背后的概念化，而不致力于任何特定的领域，这种本体提供表示性的中性实体，即它们提供的是表示框架，而不描述什么该被表示以及怎样表示。领域本体和通用本体可以使用表示本体提供的原语进行描述。

②根据本体的概念化的结构数量和类型方式，可以将本体分为以下三种类型。

第一，术语学本体：类似于词典，定义了从不同方面表示知识的术语。在医学领域，这种本体的一个示例是 UMLS 中的语义网络。

第二，信息本体：定义了数据库的记录结构，数据库模式是这类本体的一个示例。

第三，知识建模本体：定义了知识的概念化。与信息本体相比，知识建模本体通常具有更加丰富的内部结构，这类本体通常适用于一些特定的知识。

③根据本体所刻画和描述的现实世界的不同方面，可以将本体分为以下四种类型。

第一，静态的本体：描述世界中静态方面的特征，即存在的事物、它们的属性及它们之间的关系。

第二，动态的本体：描述世界中不断变化的方面，典型的原语概念包括状态、状态转换和过程描述世界。

第三，意念型的本体：包括动机、意图、目标、信念、选择等，典型的原语概念包括论题、目标、支持、否决、子目标、主体等。

第四，社会型的本体：包括社会结构、组织结构、联盟等，社会型的本体通常用执行者、位置、角色、权威、承诺等原语概念进行刻画。

④按照本体表示的形式化程度，可以将现有本体分为以下四种类型。

第一，高度非形式化本体：完全采用自然语言形式表示的本体。

第二，半非形式化本体：本体采用受限的或结构化的自然语言表示，以减少二义性。

第三，半形式化本体：本体采用一种人工定义的形式化语言表示。

第四，形式化本体：本体的所有术语都具有形式化的语义，并能在某种程度上证明包括一致性和完整性等方面的属性。

⑤Guarino① 提出以详细程度和领域依赖度这两个维度来作为对本体进行划分的基础。详细程度是相对的、较模糊的一个概念，指描述或刻画建模对象的程度。详细程度高的称为参考本体(Reference Ontology)，详细程度低的

---

① Guarino N. Semantic matching: Formal ontological distinctions for information organization, extraction, and integration [M]//Information Extraction a Multidisciplinary Approach to an Emerging Information Technology, Berlin Heidelberg: Springer, 1997: 139-170.

称为共享本体(Share Ontology)。依照本体对领域的依赖程度，又可以从低到高地分成四个大类：

第一，顶级本体(Top-level Ontology)：描述最普通的概念及概念之间的关系，如空间、时间、事件、行为等，与具体的应用无关，其他种类的本体都是该类本体的特例。

第二，领域本体(Domain Ontology)：描述特定领域(医药、汽车等)中的概念及概念之间的关系。

第三，任务本体(Task Ontology)：描述特定任务或行为中的概念及概念之间的关系。

第四，应用本体(Application Ontology)：描述依赖于特定领域和任务的概念及概念之间的关系。

⑥Van Heijst ①也基本按照本体的描述对象将本体分为 4 种类型：领域本体、通用本体(Generic Ontology)、应用本体和表示本体(Representational Ontology)。其中，领域本体包含着特定类型领域(如电子、机械、医药等)的相关知识；通用本体则覆盖了若干个领域，通常也被称为核心本体(Core Ontology)；应用本体包含特定领域建模的全部所需知识；表示本体不局限于某个特定的领域，它提供了用于描述事物的实体。如“框架本体”，其中定义了框架、槽的概念。

⑦1999 年，Perez 和 Benjamins② 在分析和研究了多种本体分类法的基础上，归纳出 10 种类型的本体：知识表示本体(Knowledge-Representation Ontology)、普通本体(General Ontology)、顶级本体、元(核心)本体(Meta/Core Ontology)、领域本体、语言本体(Language Ontology)、任务本体、领域-

---

① Van Heijst G, Schreiber A T, Wielinga B J. Using explicit ontologies in KBS development[J]. International Journal of Human-Computer Studies, 1997, 46(2): 183-292.

② Gómez-Pérez A, Benjamins R. Overview of knowledge sharing and reuse components: Ontologies and problem-solving methods[C]//IJCAI and the Scandinavian AI Societies, CEUR Workshop Proceedings, 1999.

任务(Domain-Task Ontology)、方法本体(Method Ontology)和应用本体。这种分类法是对 Guarino 提出的分类方法的扩充和细化，但是这 10 类本体之间的界限比较模糊，彼此又有交叉，层次不够清晰。

由于本体的分类方法很多，目前还没有能够被广泛接受的分类标准。本书将本体分为通用本体、领域本体、应用本体三层，并对具体的应用本体构建过程进行了论述和证明，详见第 4 章基于本体的情景建模理论及方法。

3.1.3 本体的主要研究内容

本体的研究主要包括以下三个方面的内容：

一是本体论工程：研究和开发本体的内容，包括两个方面，其一是研究和创建特定领域的本体库，其二是研究和建立通用知识(或常识知识)的本体库。

二是本体的表示、转换和集成：研究用于表示各种本体的知识表示系统，提供形式化的方法和工具，使所建立的本体能够方便地被共享和重用；提供不同的本体评价和比较框架，研究不同本体之间的转换方法和不同本体的集成方法；提供不同本体之间的互操作手段。

三是本体的应用：主要研究以特定领域本体或通用知识本体为基础的应用。

3.2 本体描述语言

用户可以使用本体语言为领域模型编写清晰的、形式化的概念描述，因此它应该满足以下要求：①

① Antoniou G, Harmelen F V. Web ontology language: OWL[M]// Handbook on Ontologies, Berlin Heidelberg: Springer, 2004: 67-92.

①良好定义的语法(A Well-Defined Syntax);

②良好定义的语义(A Well-Defined Semantics);

③有效的推理支持(Efficient Reasoning Support);

④充分的表达能力(Sufficient Expressive Power);

⑤表达的方便性(Convenience of Expression)。

大量的研究工作者活跃在该领域，因此诞生了许多种本体描述语言，有XML、RDF和RDF-S、OIL、DAML、OWL(DAML+OIL不再单独列出，一般认为它是一个过渡阶段，故直接介绍OWL)、KIF、SHOE、XOL、OCML、Ontolingua、CycL、Loom。我们简单将它们归类如下：

①和Web相关的有：XML、RDF和RDF-S、OIL、DAML、OWL、SHOE、XOL。其中RDF和RDF-S、OIL、DAML、OWL、XOL之间有着密切的联系，是W3C的本体语言栈中的不同层次，也都是基于XML的。而SHOE是基于HTML的，是HTML的一个扩展。

②和具体系统相关的(基本只在相关项目中使用的)有：Ontolingua、CycL、Loom。

③KIF已经是美国国家标准，但是它并没有被广泛应用于互联网，而是作为一种交换格式更多地应用于企业级。

下面我们逐一进行介绍。

(1)XML

可扩展标记语言(Extensible Markup Language)是标准通用标记语言的子集，是一种用于标记电子文件、使其具有结构性的标记语言。1998年2月，W3C正式批准了可扩展标记语言的标准定义，可扩展标记语言可以对文档和数据进行结构化处理，可以使我们能够更准确地搜索，更方便地传送软件组件，更好地描述一些事物。

标准通用标记语言、超文本标记语言是它的先驱。XML比标准通用标记语言要简单，但能实现标准通用标记语言的大部分功能。XML 的简单使其易于在任何应用程序中读写数据，这使 XML 很快成为数据交换的唯一公共语言，虽然不同的应用软件也支持其他的数据交换格式，但不久之后他们都将支持 XML，那就意味着程序可以更容易地与 Windows、Mac OS、Linux 以及其他平台下产生的信息结合，然后可以很容易地加载 XML 数据到程序中并分析它，再以 XML 格式输出结果。

为了使标准通用标记语言显得对用户友好，XML 重新定义了标准通用标记语言的一些内部值和参数，去掉了大量的很少用到的功能，这些繁杂的功能使得标准通用标记语言在设计网站时显得复杂化。XML 保留了标准通用标记语言的结构化功能，这样就使得网站设计者可以定义自己的文档类型，同时也推出一种新型文档类型，使得开发者可以不必定义文档类型。

XML 文档是由可嵌套的具有标签的元素(Element)组成的文本。每个标记元素可以有一个或多个属性值对。XML 有一个严格的层次结构，元素嵌套时标签不允许交叉。此外，XML 文档还包含一个文档类型定义(Document Type Definition，DTD)，它用来规范用户定义的标签和文档的结构。

与 HTML 相比，XML 的优点主要表现在：

①XML 允许用户自由定义标签，使 XML 具备了良好的可扩展性。

②XML 支持元素任意层次的嵌套。

③DTD 为 XML 提供了检查文档结构有效的依据。

④数据与表现形式分离。

XML 没有对数据本身做出解释。换句话说，XML 并没有指明数据的用途和语义，所以凡是使用 XML 表达内部的数据以用于交换时，必须在使用前定义它的词汇表、用途和语义。XML 提供 DTD，XML Schema 对文档结构进行有效性验证，通过描述/约束文档逻辑结构实现数据的语义。XML 对本体的描述，就是利用 DTD 或 XML Schema 对本体所表示的领域知识进行结构化定义，然后再利用 XML 文档结构与 XML 内容之间的关系对本体知识进行描述，从而提供数据内容对语义的描述。

虽然 XML 中的标签和属性可以用于表示 Web 页面的语义知识内容，但是它并不能有效地表示一个完整的本体论，也不能有效地用于推理。鉴于 XML 的优势所在，许多本体语言如 RDF(S)、XOL、DAML、OWL 等都是从它发展而来。尽管 XML 为 Web 内容个性化和统一化提供了语法上的标准支持，通过 XML Schema，也可以支持一定程度的数据语义表达，但在表达 Web 上的知识方面，XML 不具有提供信息语义操作的能力。RDF 模型在 XML 层次之上为 Web 中的信息表达和处理方面提供了语义化支持。

(2) RDF、RDF-S①

RDF(Resource Description Framework)的含义是资源描述框架。它是 W3C (万维网联盟)在 XML 的基础上推荐的一种标准，用于表示任何资源信息。RDF 提出了一个简单的模型用来表示任意类型的数据。这个数据类型由节点和节点之间带有标记的连接弧所组成。节点用来表示 Web 上的资源，弧用来表示这些资源的属性。因此，这个数据模型可以方便地描述对象(或者资源)以及它们之间的关系。RDF 的数据模型实质上是一种二元关系的表达，由于任何复杂的关系都可以分解为多个简单的二元关系，因此，RDF 的数据模型可以作为其他任何复杂关系模型的基础模型。W3C 推荐以 RDF 标准来解决 XML 的语义局限问题。

RDF 和 XML 是互为补充的。

首先，RDF 希望以一种标准化、互操作的方式来规范 XML 的语义。XML 文档可以通过简单的方式实现对 RDF 的引用。

其次，由于 RDF 是以一种建模的方式来描述数据语义的，这使得 RDF 可以不受具体语法表示的限制。但是 RDF 仍然需要一种合适的语法格式来

① [EB/OL]. [2021-05-30]. http://www.w3.org/RDF/.

实现 RDF 在 Web 上的应用。将 RDF 序列化为 XML 表示可以使 RDF 获得更好的应用可处理特性，并使得 RDF 数据可以像 XML 数据一样容易使用、传输和存储。

因此，RDF 是定制 XML 的良伴，而不只是对某个特定类型数据的规范表示，XML 和 RDF 的结合，不仅可以实现数据基于语义的描述，也可以充分发挥 XML 与 RDF 的各自优点，便于 Web 数据的检索和相关知识的发现。

与 XML 中的标记(Tags)类似，RDF 中的属性(Properties)集也是没有任何限制的。也就是说，存在同义词现象和一词多义现象。RDF 的模型不具备解决这两个问题的能力，而 RDF Schema 虽然可以为 RDF 资源的属性和类型提供词汇表，但是基于 RDF 的数据语义描述仍然可能存在语义冲突。

为了消解语义冲突，我们在描述数据语义的时候可以通过引用 Ontology 的相关技术，对语义描述结果作进一步的约束。幸运的是，RDF(Schema)在提供简单的机器可理解语义模型的同时，为领域化的 Ontology 语言(OIL, OWL)提供了建模基础，并使得基于 RDF 的应用可以方便地与这些 Ontology 语言所生成的 Ontology 进行合并。RDF 的这一特性使得基于 RDF 的语义描述结果具备了可以和更多的领域知识进行交互的能力，也使得基于 XML 和 RDF 的 Web 数据描述具备了良好的生命力。

(3) OIL①

OIL(Ontology Inference Layer/Ontology Interchange Language)是一种针对本体的基于互联网的表现和推理层。它是由 the European Union IST programme for Information Society Technologies under the On-To-Knowledge project (IST-1999-1013) 和 IBROW (IST-1999-19005)资助的，也得到了更广泛的研

① [EB/OL]. [2021-05-30]. http://www.ontoknowledge.org/oil/.

究者的参与。它的语言集如图 3-1 所示。

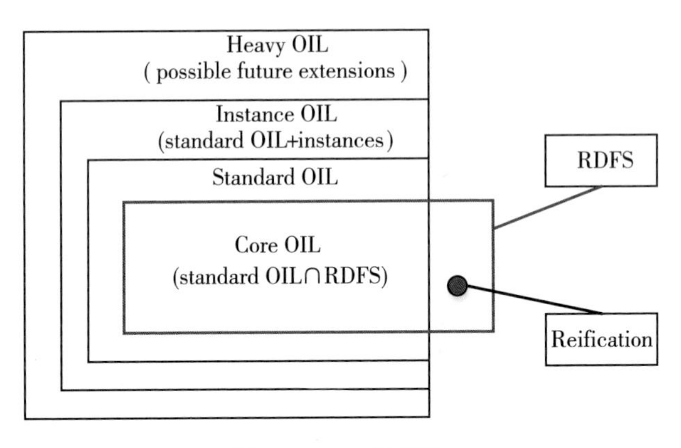

图 3-1　OIL 语言集

OIL 综合了三个不同团体的工作，提供一种通用的语义互联网的标记语言。这三个方面的工作分别是：

①基于框架的系统。基于框架的语言在 AI 中有很长的历史，它们的中心建模元语是类(称作框架)和属性(称为槽)。

②描述逻辑。描述逻辑通过概念(对应于类或者框架)和角色(对应于槽)描述知识。DL 的一个重要特征是它们具有良好的认识理论的性质，并且在 DL 中任何表达的含义都可以通过数学的精确的方式描述。OIL 从 DL 中继承了形式化语义和有效的推理支持。

③互联网标准。这里指的是 XML 和 RDF。OIL 标记语言的语法源自 W3C 的标准。

OIL 的使用比较广泛，支持 OIL 的工具也很多，最著名的有 OILEd，它是一个基于 OIL 的本体编辑器。其他一些工具，比如 OntoEdit、the FaCT (Fast Classification of Terminologies) System 等也都支持 OIL。

(4)DAML[①]

DAML(DARPA Agent Markup Language)，该项目正式开始于 2000 年 8 月，由美国政府支持，目标是开发一种语言和一组工具，为语义互联网提供支持。Mark Greaves 是该项目的领导者。DAML 形成于 DAML-ONT(一种本体语言)和 DAML-Logic(一种表达公理和规则的语言)。

DAML 提出的原因和 OIL 类似，一批支持语义互联网的研究者发现，XML、RDF 作为模式语言，表达能力很有限，研究者希望开发一种有更强表达能力的模式语言。尽管 DAML 并不是 W3C 的标准，但是参与的开发者中有很多是来自 W3C 的工作者，包括 Tim Berners-Lee。

DAML 扩展了 RDF，增加了更多、更复杂的类、属性等定义。它一度很流行，成为网上很多本体的描述语言，直到 DAML 的研究者和 OIL 的研究者开始合作，推出了 DAML+OIL 语言，其成为 W3C 研究语言互联网的本体语言的起点。

(5)OWL[②]

OWL 全称为 Web Ontology Language，是 W3C 推荐的语义互联网中本体描述语言的标准。[③] 它是从欧美一些研究机构的一种结合性的描述语言 DAML+OIL 发展起来的，其中 DAML 来自美国的提案 DAML-ONT，OIL 来自欧洲的一种本体描述语言(二者在上文都有介绍)。在 W3C 提出的本体语言栈中，OWL 处于最上层，如图 3-2 所示。

---

① [EB/OL]. [2021-05-30]. http://www.daml.org/.

② [EB/OL]. [2021-05-30]. http://www.w3.org/[EB/OL].

③ Antoniou G, Harmelen F V. Web ontology language: OWL[M]// Handbook on Ontologies, Berlin Heidelberg: Springer, 2004: 67-92.

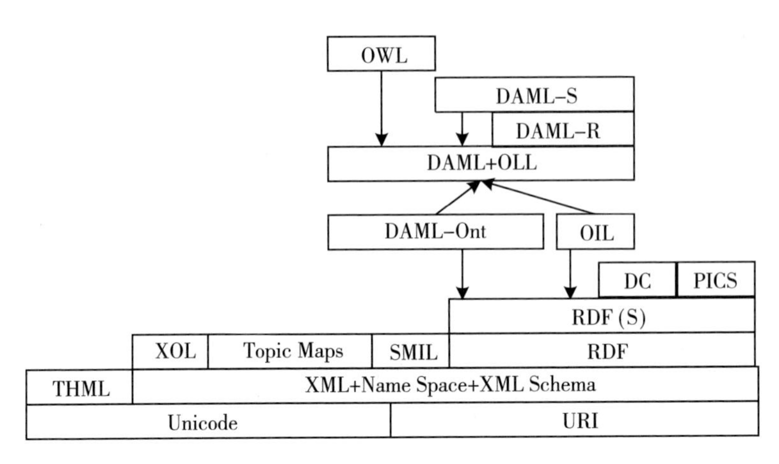

图 3-2　W3C 本体语言栈

针对不同的需求，OWL 有三个子语言，其描述如表 3-1 所示。

表 3-1　**OWL 的三个子语言描述**

子语言	描述	例子
OWL Lite	用于提供给那些只需要一个分类层次和简单的属性约束的用户	支持基数(Cardinality)，只允许基数为 0 或 1
OWL DL	为那些需要在推理系统上进行最大程度表达的用户提供支撑。这里的推理系统能够保证计算完全性(Computational Completeness，即所有结论都能够保证被计算出来)和可决定性(Decidability，即所有的计算都在有限的时间内完成)。它包括 OWL 语言的所有约束，但是可以被置于特定的约束下	当一个类可以是多个类的子类时，它被约束为不能是另外一个类的实例
OWL Full	为那些需要在没有计算保证的语法自由的 RDF 上进行最大程度表达的用户提供支持。它允许一个 Ontology 在预定义的(RDF、OWL)词汇表上增加词汇，从而导致任何推理软件均不能支持 OWL FULL 的所有特征	一个类可以被同时表达为许多个体的一个集合以及这个集合中的一个个体

这三种子语言之间的关系是：

①每个合法的 OWL Lite 都是一个合法的 OWL DL。

②每个合法的 OWL DL 都是一个合法的 OWL Full。

③每个有效的 OWL Lite 结论都是一个有效的 OWL DL 结论。

④每个有效的 OWL DL 结论都是一个有效的 OWL Full 结论。

用户在选择使用哪种语言时主要考虑的是：

①选择 OWL Lite 还是 OWL DL 主要取决于用户需要整个语言在多大程度上给出约束的可表达性。

②选择 OWL DL 还是 OWL Full 主要取决于用户在多大程度上需要 RDF 的元模型机制（如定义类型的类型以及为类型赋予属性）。

③在使用 OWL Full 而不是 OWL DL 时，推理的支持不可预测，因为目前完全的 OWL Full 还没有实现。

这三种子语言与 RDF 的关系是：

①OWL Full 可以看成是 RDF 的扩展。

②OWL Lite 和 OWL Full 可以看成是一个约束化的 RDF 的扩展。

③所有的 OWL 文档（Lite，DL，Full）都是一个 RDF 文档。

④所有的 RDF 文档都是一个 OWL Full 文档。

⑤只有一些 RDF 文档是一个合法的 OWL Lite 和 OWL DL 文档。

（6）KIF①

KIF（Knowledge Interchange Format）是一种为了在不同（这里的不同是指由不同的程序员在不同的时间使用不同的语言开发等）的计算机系统之间交换知识而设计的语言。它的主要目的不是和人交互，也不是在一个计算机系统内部作为知识的表现方式，只有在不同的计算机系统需要交换知识的时候，它们才把各自的内部表现方式转换成 KIF，交互后再转换成各自的方式。它是由斯坦福大学的 The Logic Group 提出并实现的，是一种美国标准

① ［EB/OL］.［2021-05-30］. http：//logic. stanford. edu/kif/kif. html.

(ANSI)。

在 KIF 的设计中，其本质特征如下：

①有公开的语义。它不再需要专门的解释器。

②在逻辑上是全面的。它可以对任意的逻辑语句进行表达。

③提供对元知识的表现。

除了这几个本质特征以外，KIF 还尽量最大化地实现能力和可读性。

(7) SHOE①

SHOE(Simple HTML Ontology Extensions)是简单 HTML 的本体扩展。这是一种与 XML 一致的互联网知识表达语言，网页编辑者可以使用它对互联网文档进行标注。它是由马里兰大学计算机系提出的，但是目前有关本体的研究项目已经使用 OWL 和 DAML+OIL 作为互联网本体的描述语言，对于 SHOE 的研究已经停止了。

SHOE 是 HTML 的一个超集，它扩展了一些标记，从而可以在 HTML 中增加任意的语义数据。它的标记有两类，一类用于创建本体，另一类用于注解文档。

(8) XOL②

XOL(Ontology Exchange Language)是一种本体交换语言。源于 SRI International's Artificial Intelligence Center (AIC) 的 Bioinformatics Research Group。XOL 设计之初是为生物信息学领域本体的交换，但是它可以应用于各种领域。它是一种简单通用的定义本体的方法。基于 XML 和 RDF Schema 有两种变体。其目的是在不同的数据库、本体开发工具或者其他应用程序之间交换本体。

---

① [EB/OL]. [2021-05-30]. http://www.cs.umd.edu/projects/plus/SHOE/.

② [EB/OL]. [2021-05-30]. http://kmi.open.ac.uk/projects/ocml/.

(9) OCML[①]

OCML(Operational Conceptual Modelling Language)是由英国的实验室Knowledge Media Institute 开发的。OCML 建模语言通过几种具体的构件(Functional Terms、Control Terms、Logical Expressions)来支持知识模型的建模架构。该语言使得对函数、关系、类、实例和规则的形式化操作成为可能。它还包括定义本体及问题解决方法的机制。KMI 的 WebOnto 编辑器是基于 OCML 的。

(10) Ontolingua[②]

Ontolingua 是一种基于 KIF(Knowledge Interchange Format)的通过提供统一的规范格式来构建 Ontology 的语言。其特点是：为构造和维护 Ontology 提供了统一的、计算机可读的方式；由其构造的 Ontology 可以方便地转换到各种知识表示和推理系统(Prolog、CORBA 的 IDL、CLIPS、LOOM、Epikit、Algernon 和 KIF)，从而将 Ontology 的维护与使用它的目标系统隔开；主要用于 Ontology 服务器。

(11) CycL

CycL 是 Cyc 系统的描述语言，是一种体系庞大且非常灵活的知识描述语言。其特点是：在一阶谓词演算的基础上扩充了等价推理、缺省推理等功能；具备一些二阶谓词演算的能力；其语言环境中配有功能很强的可进行推理的推理机。

(12) Loom

Loom 是 Ontosaurus 的描述语言，是一种基于一阶谓词逻辑的高级编程语

---

① [EB/OL]. [2021-05-30]. http://kmi.open.ac.uk/projects/ocml/.

② 邓志鸿，唐世渭，张铭，等. Ontology 研究综述[J]. 北京大学学报(自然科学版)，2002，38(5)：730-738.

言，属于描述逻辑体系。其特点是：提供表达能力强、声明性的规范说明语言；提供强大的演绎推理能力；提供多种编程风格和知识库服务。该语言后来发展成为 PowerLoom 语言。PowerLoom 是 KIF 的变体，它是基于逻辑的，具备很强的表达能力的描述语言，采用前后链规则(Backward and Forward Chainer)作为推理机制。

3.3 本体构建

3.3.1 本体构建准则

出于对各自问题领域和具体工程的考虑，本体构建的过程也是各不相同。由于没有一种标准的本体构建方法，研究人员从本体构建的实践出发，总结提出了不少有益于本体设计的指导思想，其中最有影响的是 Gruber 于 1995 年提出的 5 条原则：①

①清晰(Clarity)：本体必须有效地说明所定义术语的含义。定义应该是客观的，与背景独立的。当定义可以用逻辑公理表达时，它应该是形式化的，应该尽力用逻辑公理表达。定义应该尽可能的完整。所有定义应该用自然语言加以说明。

②一致(Coherence)：本体应该是前后一致的，也就是说，它应该支持与其定义相一致的推理。它所定义的公理以及用自然语言进行说明的文档都应该具有一致性。如果从一组公理中推导出来的一个句子与一个非形式化的定义或者实例矛盾，则这个本体是不一致的。

③可扩展性(Extendibility)：本体的可扩展性是指，本体提供一个共享的词汇，这个共享的词汇应该为可预料到的任务提供概念基础。它应该可以支

---

① Gruber T R. Towards principles for the design of ontologies used for knowledge sharing [J]. International Journal of Human-Computer Studies, 1993, 43(5-6): 907-928.

持在已有的概念基础上定义新的术语，以满足特殊的需求，而无需修改已有的概念定义。也就是说，人们应该能够在不改变原有定义的前提下，以这组存在的词汇为基础定义新的术语。

④编码偏好程度最小(Minimal Encoding Bias)：本体应该处于知识的层次，而与特定的符号级编码无关。本体的表示形式的选择不应该只考虑表示上或者实现上的方便。概念的描述不应该依赖于某一种特殊的符号层的表示方法，不能依赖于某种确定的语言，因为实际的系统可能采用不同的知识表示方法。

⑤极小本体约定(Minimal Ontological Commitment)：本体约定只要能够满足特定的知识共享需求即可。也就是说，本体应该对所模拟的事物产生尽可能少的推断，而让共享者自由地按照他们的需要去专门化和实例化这个本体。Gruber 还指出，由于本体约定是以词汇的使用为基础的，因此可以通过定义约束最弱的公理以及只定义应用所需的基本词汇来保证。

Pérez 在 Gruber 本体构建五原则的基础上进行了适当修改和扩充，并融合其他学者如 Arpirez① 等的观点，提出了被实践所证明的本体构建十原则：② 明确性和客观性(Clarity and Objectivity)、完全性(Completeness)、一致性(Coherence)、最大单调可扩展性(MaxiMum Monotonic Extendibility)、最小本体化承诺(Minimal Ontological Commitments)、本体差别原则(Ontological Distinction Principle)、层次变化性(Diversification of Hierarchies)、最小模块耦合(Minimal Modules Coupling)、同属概念具有最小语义距离(Minimization of the Semantic Distance between Sibling Concepts)、命名尽可能标准化

① Arpirez J, Gómez-Pérez A, Lozano A, et al. 2Agent: An ontology-based WWW broker to select ontologies[C]//Workshop on Applications of Ontologies and Problem-Solving Methods, Brighton, England, 1998.

② Gómez-Pérez A, Benjamins R. Overview of knowledge sharing and reuse components: Ontologies and problem-solving methods[C]//IJCAI and the Scandinavian AI Societies, CEUR Workshop Proceedings, 1999.

(Standardization of Names Whenever is Possible)。

我国本体设计研究人员也在 Gruber 的五原则基础上进行了继承和发展，在本体设计实践中提出了更适合具体工作开展的指导思想。

中国科学院文献情报中心李景在分析总结本体构建的 7 种方法体系后认为，在本体设计时应该遵循 6 条原则:[①] ①本体面向特定的应用目的；②基于一定的专业领域、学科背景或研究课题；③概念数目应该尽可能的最小化，尽可能地将冗余去除；④本体概念定义的规模应该是有限增长的；⑤“类”独立性原则，即这个类可以独立存在，不依赖于某个课题或者某个学科专业；⑥共享性原则，即类一旦被确立，就一定有被复用的可能和必要。

本体设计应该满足：①完整性：即本体是否包括了该领域的重要概念，概念及其关系是否完整，概念的等级、层次是否多样化；②精确性：即本体中的术语是否被清晰无歧义地定义；③一致性：即本体中的概念间关系在逻辑上是否严密、一致，能否支持本体在语义逻辑上的推理；④可扩展性：即本体可否顺利实施进化，本体能否在层次结构上可扩充，在语义上可丰富与完善，能否加入新的术语概念；⑤兼容性：即本体的开放性和互操作性，本体能否和其他领域的本体及相关资源系统进行映射，包括系统层、逻辑层、语义层、表现层等的兼容和互操作。[②]

当前对本体构建的指导原则、方法过程以及方法的性能评估等都还没有一个统一的标准，各领域的学者都在自己的实践工作中总结经验，并将其作为指导方法。不过在构建特定领域本体的过程中，有一点是得到大家公认的，那就是需要该领域专家的参与。

---

① 李景，孟连生．构建知识本体方法体系的比较研究[J]．现代图书情报技术，2004(7)：17-22.

② 李枫林，陈德鑫．以社交事件为中心的社会情景本体模型研究[J]．图书情报工作，2017(1)：125-133.

3.3.2 本体构建思路

随着本体构建实践的逐步展开，研究人员在实际开发中总结了开发过程，得出了一些构建本体，特别是领域本体构建的基本思路，总结出了一系列本体构建方法。

目前，构建本体的基本思路包括：

①利用领域资源，包括非结构化文本，半结构化的网页、XML 文档、词典等，以及结构化的关系数据库等，借助领域专家的帮助，从零开始构建本体，这是目前构建本体最常用的方法。① 试图实现本体自动构建的本体学习技术也是基于这种思路展开的。

②将已有的叙词表或分类词表改造成本体，本体是对叙词表的有效扩展，可以认为叙词表是简化的本体，基于现有的叙词表构建本体时可以利用叙词表中现成的概念和概念关系。

③综合现有的本体，经过本体合并和集成，并有效组织后形成通用本体或参考本体。

3.3.3 本体构建方法

目前，本体的建立基本还是采用人工方式，建立本体还是一种艺术性的活动而远远没有成为一种工程性的活动，每个本体开发团体都有自己的构建原则、设计标准和不同的开发阶段，所以很难实现本体的共享、重用和互操作。目前比较成型的本体开发方法包括以下几种：

---

① Deng X. Research on key techniques for ontology construction system [C]// International Conference on Education Technology, Management and Humanities Science, 2015: 314-328.

(1)骨架法(Skeletal Methodology)[①]

Mike Ushold 与 Micheal Gruninger 的骨架法是由英国爱丁堡大学 AI 应用研究所基于开发企业建模过程中的企业本体(Enterprise Ontology)的经验得出，该方法采用 Middle-out 方式，只提供开发本体的指导方针，是与商业企业有关的术语和定义的集合。

建设本体的方法包括如下步骤：

第一步是识别目的和范围(Identify Purpose and Scope)。

这个阶段需要弄清楚为什么要建立本体；建好后的用途有哪些；使用该本体的用户范围是什么等。

第二步是建设本体(Building the Ontology)。

①本体捕获(Ontology Capture)。本体捕获包括：相关领域中关键概念和关系的识别；这些概念和关系的精确、无歧义的文本定义的产生；表达这些概念和关系的术语的识别。在以上三点上要达成一致。

②本体编码(Ontology Coding)。该阶段是利用某种形式化语言显式地表现上个阶段的概念化成果。其涉及：meta-ontology 的基本术语的确定；选择一种表现语言(能够支持 Meta-Ontology)；编码。

③集成现有本体(Integrating Existing Ontologies)。在达成一致方面有很多工作需要完成。

第三步是评价(Evaluation)。

该方法并没有提出自己的评价方法，仅引用了 Gomez-Perez 关于 evaluation 的定义)。

第四步是文档化(Documentation)。

目前很多知识库和本体缺少文档也是一种知识共享的障碍，这些文档应

① Uschold M, Gruninger M. Ontologies: Principles, methods and applications [J]. Knowledge Engineering Review, 1996, 11(2): 93-136.

该包括本体中定义的主要概念、meta-ontology 等。某些编辑器可以自动生成这些文档。

第五步是每阶段的指导方针(Guidelines for Each Phase)。

设计本体的初始指导方针可总结为以下设计标准(重点在于共享和重用):清楚(Clarity)、一致(Coherence)、可扩展性(Extensibility)、最小本体的承诺(Minimal Ontological Commitment)、最小的编码偏差(Minimal Encoding Bias)。

(2)评估法(TOVE)

TOVE Ontology Project 是多伦多大学 Enterprise Integration Laboratory 的一个项目，它的目标是建立一套为商业和公共企业建模的集成本体，并且已经建成了相关本体。作为该项目的一部分，研究人员设计了一套创建和评价本体的方法——Enterprise Modelling Methodology。

该方法的开发流程如图 3-3 所示。[①]

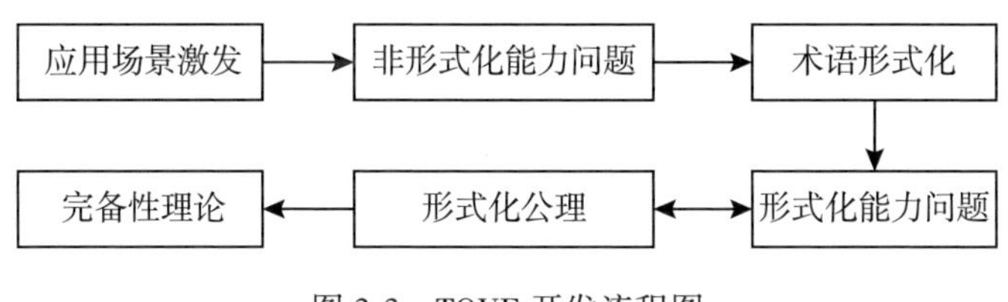

图 3-3 TOVE 开发流程图

①应用场景激发(Motivating Scenario)。应用领域的某些场景激发了本体的建设，因此，给出一个场景有助于理解建设本体的动机。

②非形式化能力问题(Informal Competency Questions)。提出一个本体应

① Gruninger M, Fox M S, Gruninger M. Methodology for the design and evaluation of ontologies[C]//Proceedings of the Workshop on Basic Ontological Issues in Knowledge Sharing in IJCAI: Montred, 1995: 203-206.

该能够回答的各种问题，作为需求。通过指明能力问题和场景之间的关系，可以对新扩展的本体进行一定的非形式化的判断。这也是一种初始的评价，来判断是否需要扩展本体，或者现有本体是不是已经可以涵盖所提出的非形式化问题。

③一阶逻辑表达的术语规格说明(Specification in First-Order Logic-Terminology)。识别领域中的对象，并用一阶逻辑等方式表达出本体中的术语。

④形式化的能力问题(Formal Competency Questions)。用形式化的术语把非形式化的能力问题定义出来。

⑤一阶逻辑表达的公理规格说明(Specification in First-Order Logic-Axioms)。本体中的公理指定了术语的定义以及约束。采用本体中的谓词将公理定义为一阶逻辑的句子。这只是本体的规格说明，并不是本体的实现。

⑥完备性定理(Completeness Theorems)。当能力问题都被形式化地表述之后，必须定义在什么条件下这些问题的解决方案是完备的。

(3)IDEF-5 方法[①]

IDEF 的概念是在 20 世纪 70 年代提出的结构化分析方法的基础上发展起来的。在 1981 年美国空军公布的 ICAM (Integrated Computer Aided Manufacturing)工程中首次用了名为“IDEF”的方法。IDEF 是 ICAM DEFinition method 的缩写，到目前为止它已经发展成了一个系列。

本体描述获取方法 IDEF-5(Ontology Description Capture Method)提供了两种语言形式，即图表语言和细化说明语言来获取某个领域的本体论。这两种语言是互为补充的，IDEF-5 的图表语言在表达能力的某些方面是很有限的，但是它的这种绘图式方式又使得它很直观，容易被理解；而 IDEF-5 的细化

① 陈禹六. IDEF 建模分析与设计方法[M]. 北京：清华大学出版社，1999：258-289.

说明语言是一种具有很强的表达能力的文本语言，它可以把隐藏在图表语言内的深层次的信息描述清楚，从而弥补图表语言的不足。

另外，IDEF 家族中的方法都是互相补充的，而在一个概念模型的描述中会遇到很多相继发生的事件，即一个过程。那么对这些过程的描述也需要有一种很好的支持语言，IDEF3 (Process Flow and Object State Description Capture Method)正是一种为获取对过程的准确描述所用的方法。它提供过程流程图和对象状态转移网图(OSTN)这两种图来获取、管理和显示过程。

IDEF-5 提出的本体建设方法包括以下五个活动：

①组织和范围(Organizing and Scoping)，确定本体建设项目的目标、观点和语境，并为组员分配角色。

②数据收集(Data Collection)，收集本体建设需要的原始数据。

③数据分析(Data Analysis)，分析数据，为抽取本体作准备。

④初始化的本体的建立(Initial Ontology Development)，从收集的数据当中建立一个初步的本体。

⑤本体的精炼与确认(Ontology Refinement and Validation)，完成本体建设过程。

(4) Bernaras 方法

欧洲 Esprit KACTUS 项目的目标之一就是调查在复杂技术系统生命周期中用非形式化概念模型语言(CML, Conceptual Modeling Language)描述知识复用的灵活性以及本体在其中的支持作用。该方法由应用控制本体开发，因此，每个应用都有表示所需知识的相应本体。这些本体既能复用其他本体，也可集成到以后的应用本体中。

(5) METHONTOLOGY 方法

METHONTOLOGY 方法由西班牙马德里理工大学 AI 实验室开发，该框架能构造知识级本体，包括：辨识本体的开发过程、基于进化原型的生命周期、执行每个活动的特殊技术。

(6)SENSUS 方法

SENSUS 方法是由美国南加利福尼亚大学信息科学院(ISI)自然语言团队为研发机器翻译提供无限概念机构所开发的，具体开发步骤如图 3-4 所示。

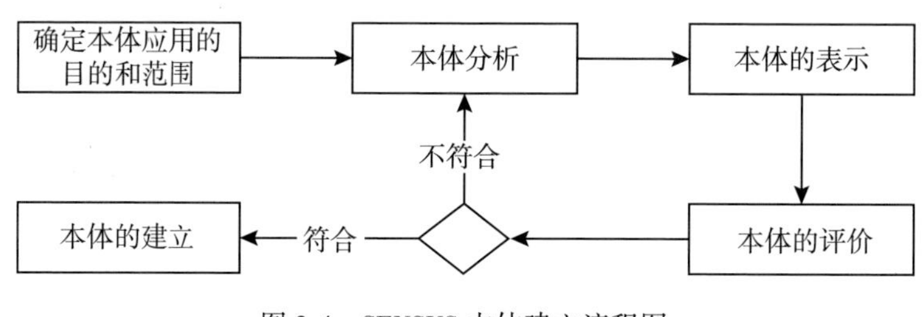

图 3-4　SENSUS 本体建立流程图

①确定本体的应用目的和范围：根据所研究的领域或任务，建立相应的领域本体或过程本体，领域越大，所建本体越大，因此需要限制研究的范围。

②本体分析：定义本体所有术语的意义及其之间的关系，该步骤需要领域内专家的参与，对该领域越了解，所建本体就越完善。

③本体表示：一般用语义模型表示本体。

④本体评价：建立本体的评价标准是清晰性、一致性、完整性、可扩展性。清晰性就是本体中的术语应被无歧义地定义；一致性指的是术语之间在关系逻辑上应一致；完整性，指本体中的概念及关系应该是完整的，应包括该领域内所有概念，很难达到的，需不断完善；可扩展性，指本体应用能够扩展，在该领域不断发展时能加入新的概念。

⑤本体的建立：对所有本体进行检验，符合标准要求的以文件形式存放，否则转第二步本体分析。

从本体的概念和作用上我们可以看出，本体建设应该是工程化生产。工程思想的核心有两点：标准化的表达方式和规范化的工作步骤。软件工程就使得软件生产从程序员的个人劳动提高成为有组织的、可控制的工程，从而大幅度地从根本上提高了软件开发的效率和质量。

相比于一般的软件，本体更强调共享、重用，它的出现本身就是为了给不同系统之间提供一种统一的语言，因此它的工程性更为明显。目前本体工程这个思路虽然已经被大家所接受，但是并没有出现成熟的方法论作为支持。

上述各种方法论也是诞生于具体的本体建设项目之中，并在相应的项目中得到实践。这些方法之间并没有太大的差别，并且都和软件工程中常见的开发过程相类似。因此可以综合一下这几种方法，从而制定自己适用的一套方法论。

3.3.4 常用的本体开发工具

本体的构建离不开工具的支持。随着本体的广泛应用，涌现出了许多本体构建工具，目前可以从网上找到的本体构建工具达到 60 多种。其中知名度较高、较常用的本体编辑工具约有 10 余种，如 DAMLIMP、KAON、OILED、OntoEdit、OpenCyc、Ontosaurus、OntoLingua with Chimaera、Protégé、RDFAuther 和 WebOnto 等。选择合适的构建工具对于快速、成功地构建一个本体至关重要。

在选择构建本体的工具时，首先要回答的问题是：目前有哪些工具可用于构建本体；哪个或哪些工具最适合用来构建本体；构建后的本体是如何存储的，等等。这时我们就要考虑本体的构建工具的特性。譬如是否拥有一个清晰、兼容、稳定而且操作便捷的用户界面，是否可以供用户免费使用、下载，或者是否可以在线使用，开发出来的本体是否可以复用，输出格式支持哪种本体语言等。也就是要从它的通用性、协作性、易用性等方面来考虑。

下面就介绍一些主要的本体工具。

（1）Protégé

Protégé① 软件是斯坦福大学医学院生物信息研究中心基于 Java 语言开发的本体编辑和知识获取软件，或者说是本体开发工具，也是基于知识的编辑器，属于开放源代码软件。这个软件主要用于语义网中本体的构建，是语义网中本体构建的核心开发工具。Protégé 提供了本体概念类、关系、属性和实例的构建，并且屏蔽了具体的本体描述语言，用户只需在概念层次上进行领域本体模型的构建。

Protégé 以 OKBC 模型为基础，支持类、类的多重继承、模板、槽、槽的侧面和实例等知识表示要素，可以定义各种知识规则，如值范围、默认值、集合约束、互逆属性、元类、元类层次结构等。另外，Protégé 最大的特点在于它的可扩展性，它具有开放式的接口，提供大量插件，支持几乎所有形式的本体论表示语言，包括 XML、RDF（S）、OIL、DAML、DAML+OIL、OWL 等系列语言，并且它可以将建立好的知识库以各种语言格式的文档导出，同时还支持各种格式间的转换。

Protégé 有如下特点：

①Protégé 是一个可扩展的知识模型。新的功能可以插件的形式增加和扩展，且具有开放源码的优势。

②文件输出格式可以定制。可以将 Protégé 的内部表示转换成多种形式的文本表示格式，包括 XML、RDF、OWL 等系列语言。

③用户接口可以定制。提供可扩展的 API 接口，用户可以更换 Protégé 用户接口的显示和数据获取模块来适应新的语言。

④有可以与其他应用相结合的可扩展体系结构。用户可以将其与外部语义模块（例如针对新语言的推理引擎）直接相连。

⑤后台支持数据库存储，使用 JDBC 和 JDBC-ODBC 桥访问数据库。

① ［EB/OL］．［2021-05-30］．http：//Protege. stanford. edu.

由于 Protégé 开放源代码，提供本体构建的基本功能，使用简单方便，有详细友好的帮助文档，模块划分清晰，提供完全的 API 接口，因此，它基本成为国内外众多本体研究机构的首选工具。

(2) OntoEdit

OntoEdit① 是由德国卡尔斯鲁厄大学开发的。它使用图形方法支持本体的开发和维护。OntoEdit 建于内部本体模型的顶层。在本体工程生命周期的不同阶段有不同的本体支持模型的图形视图。

该工具允许用户编辑概念和类的层次结构。这些概念可以是抽象的也可以是具体的，这些概念指出是否可以直接包含实例。一个概念可以有多个名字，这为概念定义了同义词，该工具提供简单的复制、粘贴功能。该工具基于灵活性大的插入式框架，可以实现以组建化方式扩展工具的功能。插入式界面是公开的，用户可以方便地为 OntoEdit 添加功能进行扩展。提供插件集为用户提供了个性化的工具应用，根据不同的用途场景个性化地调整工具。

OntoEdit 的所有版本都有免费版和专业版两种。专业版包括额外的插件集，比如合作环境和推理能力。OntoEdit 的专业版相对于免费版而言，还扩展了其他的功能，如一致性检验、分类和规则执行的推理插件；本体的合作工程；管理本体、本体的合作共享和长久存储的本体服务器。OntoEdit 支持 RDF(S)、DAML+OIL 和 Flogic，并且 OntoEdit 提供对于本体的并发操作。

(3) OILED

OILED② 是一个由曼彻斯特大学计算机科学系信息管理组构建的基于 OIL 的本体编辑工具，它允许用户使用 DAML+OIL 构建本体。OILED 的基本设计受到类似工具(如 Protégé 系列、OntoEdit)很大的影响。它的新颖之处在

① [EB/OL]. [2021-06-21]. http://www.ontoprise.de/com/start_downlo.html.
② [EB/OL]. [2021-06-21]. http://oiled.man.ac.uk/.

于：对框架编辑器范例进行扩展，使之能处理表达能力强的语言；使用优化的描述逻辑推理引擎，支持可跟踪的推理服务。OILED 更多地作为这些工具的原型测试和描述一些新方法，它不提供合作开发的能力、不支持大规模本体的开发、不支持本体的移植和合并、不支持本体的版本控制以及本体建设期间本体工程师之间的讨论。OILED 中的中心组件是描述框架，它由父类的集合组成。OILED 描述框架与其他框架的不同之处在于它允许使用匿名框架描述以及具有高复杂性，OILED 提供源代码。

OILED 能使用推理检查类的一致性，推断出包含的关系。推理服务由 Fact 提供，Fact 为两类描述逻辑 SHF 和 SHIQ 提供推理服务。Fact/OILED 并不为它的推理提供解释。

(4) Ontolingua

Ontolingua① 是斯坦福大学知识系统实验室(KSL)开发的一个本体开发环境。它包括一个服务器和一种表示语言。服务器位于斯坦福。它的主要特点是：

①使用 Ontolingua 语言的扩展版本作为半形式化的表示语言。

②使用满足面向对象的框架视图表示和浏览知识。浏览器使用超链接，使得用户的浏览可以方便、快速地从一个术语跳到另一个。用户还可以看到信息是如何推导的。Ontolingua 使用类/子类的方式展现类层次。

③将 Ontolingua 语言进行扩展，使用户能迅速地从模块库中组合新本体。Ontoligua 服务器允许用户通过包含、多态表示和限制的方式，重用模块的结构库中的已有本体。

④为用户提供三种与 Ontolingua 服务器交互的主要模式。第一，分布在远方的人们使用 Web 浏览器浏览、构建和维护存储于服务器的本体。服务器允许多个用户在共享的会话上并发地处理一个本体。第二，远程应用可以通

---

① [EB/OL]. [2021-06-21]. http://www.ksl.stanford.edu/software/ontolingua/.

过 Internet 查询、修改服务器上的本体。它使用扩展 Generic Frame Protocol 的网络 API。第三，用户可以将本体转变为特定使用的格式。

⑤能够转换为其他语言(如：IDL、Prolog、CLIPS、LOOM、Epikit、KIF)。

⑥支持合作开发本体。Ontolingua 支持对本体的维护、共享、合作开发，而且 Ontolingua 能满足易用性。

⑦在 Ontolingua 中可以实现上下文敏感的搜索，术语被用来限制搜索的结果。当前 Ontolingua 并不提供太多的推理能力。Ontolingua 是一个功能非常强大的本体开发环境，特别是它对本体的维护、共享、合作开发等环节的支持程度较高。

(5) Ontosaurus

OntoSaurus① 是南加州大学为 Loom 知识库开发的一个 Web 浏览工具，没有开放的源码。它提供了一个与 Loom 知识库链接的图形接口。OntoSaurus 同时提供了一些对 Loom 知识库的编辑功能，然而，它的主要功能是浏览本体。OntoSaurus 是一个基于高层 Loom 语言的本体环境，用户可以很容易地使用 OntoSaurus 对本体进行浏览，也可以很容易地对本体进行一些细微的修改(例如修改一个概念的细节)，但是如果要创建一个复杂的本体，那么用户就需要对 Loom 语言有一定的了解，对于一个新的用户，使用 OntoSaurus 编辑本体不是很方便。

(6) WebOnto

WebOnto② 是一个起始于 1997 年的项目，它由英国开放大学(The Open University)的 J. B. Domingue 博士和 E. Motta 博士主持开发。该项目的目的是

① [EB/OL]. [2021-06-12]. http://www.isi.edu/isd/ontosaurus.html.
② [EB/OL]. [2021-06-12]. http://kmi.open.ac.uk/projects/webonto/.

开发一个基于 Web 的本体编辑器。它能提供比 Ontolingua 更为复杂的浏览、可视化和编辑能力。WebOnto 是基于 OCML 的知识模型，提供多重继承，提供锁机制，支持用户合作地浏览、创建和编辑本体。WebOnto 没有提供源代码。WebOnto 由一个中央服务器和 Java 编写的客户端组成。它包括一个图形用户接口和用于存放细节数据的检查窗口。WebOnto 提供大量定制信息表示类型的选项。它还提供一个客户端的 API，用于从 WebOnto 的本体中检索信息，以及运行 WebOnto 建成的应用。

(7) DUET

DUET 是美国电话电报公司政府高级系统解决方案研究组开发的一个本体工具。它以 Rational Rose 插件的形式提供了一个支持 DAML+OIL 的可视化本体构建环境，但它必须注册并获得授权才能使用。这个工具主要是供数据库设计师与系统工程师使用，他们可以把他们的本体通过 UML 构建出来，再转换成 DAML+OIL 语言来表示。另外，Rational Rose 中还集成了一个可视化插件 VOM(Medius Visual Ontology Modeller)来显示构建的本体。

3.4 典型本体介绍

自从本体的思想被引入计算机科学领域，人们已开发出难以计数的本体。这些本体在规模和复杂度上都有很大的差异。有的本体针对特定的领域，有的则希望建立通用的大规模常识知识库。这里介绍国内外重要典型本体工程，它们均不局限于特定的领域，具有一定的通用性，并在本体的发展和应用中起着重要的作用。

(1) CYC

CYC 计划启动于 1984 年，由斯坦福大学的 D. Lenat 教授领导的小组研制的一个大型的、可共享的人类常识知识库系统，它的主要目的是解决计算机软件的脆弱性问题(Software Brittleness)。该小组正从《大英百科全书》和其他知识源手工地整理人类常识性知识。

CYC 的应用领域涵盖了分布式人工智能、智能检索、自然语言处理、语义 Web、知识表示、语义知识集成等方面。CYC 是大型的符号型人工智能的一次尝试，其中所有的知识都以逻辑声明的形式表示，它包含了 400000 多个关键声明，包括对事实的简单陈述、关于满足特定事实陈述时得出何种结论的规则，以及关于通过一定类型的事实和规则如何推理的标准。构建 CYC 的核心成员不相信在通往智能化或创造智能主体的途中不存在什么捷径，他们强调需要有大型的具有内容的知识主体，而知识中的联系只能通过手工组织和比较信息来获得。

(2) WordNet

WordNet 是由普林斯顿大学的一些心理学家和语言学家开发的一个大型在线知识库。WordNet 能在概念层次上查找词汇，而不仅仅是依据字母顺序来查找，因此，可以说 WordNet 是基于心理学规则的词典。WordNet 与普通标准词典的最大不同是它将词分为四类：名词、动词、形容词和副词。WordNet 的一个最显著的特征是它试图根据意义来组织分类词汇信息，而不是根据词的形式。WordNet 采用语义关系来组织词汇。语义关系是指两个意义之间的关系，包括同义关系、反义关系、上/下位关系、部分整体关系。WordNet 已被应用到诸多领域，包括知识表示、知识工程、自然语言处理、文本翻译、信息检索和语义 Web 等。

(3) SUMO(Suggested Upper Merged Ontology)

SUMO 最初由 Lan Niles 和 Adam Pease 开发，现在由 Teknowledge Corporation 维护。SUMO 包括人类认知方面的类目和现实描述的类目。SUMO 是合并现有的顶级本体而成的，被合并的本体包括：Ontolingua 服务器上可获得的本体、John Sowa 开发的顶级本体、ITBM-CNR 开发的本体、Russell 和 Norvig 开发的顶级本体和各种拓扑理论。SUMO 是一个轻量级的本体。它所包括的概念和公理都是以一种能被大多数用户理解掌握的方式来表示。

SUMO 希望通过建立公认的最高层次的知识本体，鼓励其他特定领域的知识本体以它作为标准和基础，衍生出更多的其他特殊领域的知识本体，并为一般多用途的术语提供定义。另外，SUMO 是形式化的，目前，它已经全部和 WordNet 建立了映射。SUMO 具有生成多种语言的模板，并能通过工具支持对它的浏览和编辑。在各种领域本体的组合下，SUMO 的规模变得越来越庞大，目前，它包含有 2000 个词汇和 60000 个公理。

(4)知网(HowNet)

知网是中国科学院华建集团推出的一个以英汉双语所代表的概念以及概念的特征为基础的，以揭示概念与概念之间以及概念所具有的特性之间的关系为基本内容的知识库。

建立知网的哲学基础是："世界上一切事物(物质的和精神的)都在特定的时间和空间内不停地运动和变化。它们通常是从一种状态变化到另一种状态，并通过其属性值的改变来体现。"因此，知网的运算和描述的基本单位是万物，其中包括"物质的"和"精神的"两类，如部件、属性、时间、空间、属性值以及事件。知网项目的研究着力描述了概念之间和概念的属性之间的各种关系，主要包括上下位关系、同义关系、反义关系、对义关系、属性-宿主关系、部件-整体关系、材料-成品关系、事件-角色关系。

知网的创始人董振东教授认为，对于概念的描述应该着力体现概念与概念间、概念的属性与属性之间的关系。因此，知网知识库对于概念的描述必然是复杂性描述。知网中概念的描述既具有概括性、一般性的描述，又具有因不同类别而引起的细节性描述，由此引发了概念描述的一致性和准确性问题。为了确保概念描述的一致性和准确性，知网开发出一套知识描述规范体系——知网知识系统描述语言(KDML—Knowledge Database Markup Language)。

知网词库中虽然蕴含了大量概念与概念间的关系，可以作为汉英机器翻译的语料库使用，但是并不具备作为本体系统所应具备的推理、知识发现等功能。

(5) 国家知识基础设施(NKI)

NKI是1995年曹存根研究员提出的一个在国际上首创的概念，全称是国家知识基础设施(National Knowledge Infrastructure，简称NKI)。NKI的目标是建立一个大型的可共享的知识群体。1998年，世界银行的一份研究报告中也提出了同样的概念，指出了国家知识基础设施在知识经济、科技发展和国民教育中的战略意义。

与目前人们常说的数字化图书馆不同，国家知识基础设施的建设不是将各学科的书本拷贝进计算机，然后进行简单的主题分类处理，让读者自行查找和阅读有关的电子书本，而是要对各学科知识(如地理、军事、医学、历史、生物等)进行深层次的概念分析和知识分析，研制一个可共享、可操作的庞大的专业知识群。

NKI采用半自动的方法从文本中获取知识，目前主要的知识源为中国大百科全书。从2000年3月到目前，已获取了医学、生物、地理、天文、历史、数学、化工等16个学科的110万条专业知识，建立了450个专业本体。在知识表示方面，NKI采用基于本体的类框架形式表示知识，已经建立了一套知识获取和分析方法。NKI支持本体上的一阶谓词推理，已建立了"is-a""part-of"等十多种语义关系的推理模式。

3.5 本体评估

3.5.1 本体评估的内容

本体评估内容的多元化是评估本体构建的核心，就评估内容而言，多元评估要求评估既要体现共性，更要关注各自本体的个性；既要关注结果，更要关注过程。本体的评估也应该是多角度的，用一句话说，就是以多维视角的评价内容和结果，综合衡量本体的动态发展状况。

大体来说，关于本体的评估内容可概括为以下几个层面：

①本体概念和概念间语义关系层的评估。本体作为概念及概念间关系的集合，概念表达的准确性、完整性及概念间关系的一致性、可扩充性等对于本体的质量有着决定性的影响。

②本体结构层评估。本体结构层的评估内容主要包括本体构建的概念体系的结构化及本体表示体系的结构化。结构化也即模块化，主要体现为本体概念的当前结构化状态及其未来的扩展性，好的概念体系结构表现为良好的可扩展性和灵活性，本体模块化的形式应具有易于扩展的特点。[①]

规范化、结构化的本体表示语言为本体在不同系统之间的导入和输出提供标准的机器可读格式，利于被计算机存储、加工、利用，或在不同的系统之间进行互操作，为本体表示体系的结构化提供了前提条件。

③本体语境层评估。[②] 两个本体存在语义级的概念关联时，一个本体可能是另一本体的一部分，通过语义关联，实现将源本体的实例映射到目标本体的过程，并在一些本体的学科库中互相引用(如，一个本体可能会使用在另一本体中声明的类或概念)。

通过语境层的关联，有效地实现了本体之间概念及概念间关系的重用与共享。这种语境关系可以通过多种方法用于本体的评估，比如通过链接或按照引用程度的不同给予不同的权重值。如果一个本体定义了另一本体中类的子类，或者一个本体将另一本体中的类作为某关系的定义域或值域使用，则

---

① 贾君枝，刘艳玲．顶层本体比较及评估[J]．情报理论与实践，2007，30(3)：397-400.

② Brank J，Grobelnik M，Mladenic D. A survey of ontology evaluation techniques[C]//Proceedings of the Conference on Data Mining and Data Warehouses (SiKDD 2005)，2005：166-170.

前面的引用就很可能比后面的引用要重要。

④本体应用层评估。本体在其应用方面的评估主要涉及本体作为语义网中能在知识层提供知识共享和重用的工具，实现有效的语义检索及其文本数据的推理研究。基于应用的本体评估存在一些缺陷：我们发现，当一个本体以特定的方式用于特定任务时，很难对此进行归纳；本体只是应用的一小组成部分，它对输出的影响相对较小和间接；只有将不同的本体放在相同的应用中才能进行比较。

3.5.2 本体评估的方法

目前主要的本体评估方法可以归纳为以下八种：

(1)基于用户的评估方法(User-Basedevaluation)。① 即通过用户的投票来决定本体系统的优劣。这种方法的不足之处在于忽略了判断的准则，且其中提到的适合评估的用户很难界定。

(2)基于任务的评估方法(Task-Basedevaluation)。② 该方法是结合某一特定的任务测试本体任务完成的情况如何，其基本思想是好的本体可以帮助应用程序在任务中获得好的结果。但在实际实施中这种方法很难执行。

(3)基于原则的评估方法(Principles-Basedevaluation)。③ 即从构建本体的原则来评估本体。这种方法很难与自动化测试接轨，一般是比较主观的评估。

---

① Tello A L, Gómez-Pérez A. ONTOMETRIC: A method to choose the appropriate ontology[J]. Journal of Database Management, 2004, 15(2): 1-18.

② Porzel R, Malaka R. A task-based approach for ontology evaluation[C]// Proceedings of the ECAI Workshop on Ontology Learning and Population: Towards Evaluation of Text-based Methods in the Semantic Web and Knowledge Discovery Life Cycle, 2004.

③ GUARINON. Some ontological principles for designing upper level lexical resources [EB/OL]. [2008-01-03]. http: //www. loacnr. it/Papers/LREC98. pdf.

（4）“黄金标准”评估方法（“Golden-Standard” Evaluation）。[1] 该方法是将领域内的一个现有公认的比较成熟的本体作为基准，领域内其他本体通过与这个基准本体比较来实现本体的评估。这种方法虽然比较直观，但是如何确定一个本体作为基准的“黄金标准”本体成为难以解决的问题。

（5）基于应用的评估方法（Application-Basedevaluation）。[2] 即在一个特定应用环境中测试一组本体，看哪个本体最适合该应用。相关应用包括语义网、信息抽取、信息检索等。该方法是一种最直观的评估方法，但这种评估方法也存在缺陷，评估的代价较高，很难通过结果的变化来判断本体的质量，在实际操作中工序比较繁琐，耗时费力。

（6）基于语料库的评估方法（Corpus-Basedevaluation），[3] 即将本体与一个语料库比较。使用术语抽取算法从语料库中抽出术语，计算被本体覆盖的术语数量，那些不交叉的术语可以用来减少该本体的得分，或者是用向量来表示本体和语料库，然后计算本体向量与语料向量之间的差距。

（7）数据驱动的评估方法（Data-Drivenevaluation）。[4] 该方法通过与现有的相关领域数据（通常是文本书档集）相比较来进行评估。数据驱动的评估方法通常被用来评估本体的领域覆盖面。

（8）多标准评估方法（Multiple-Criteriaevaluation）。[5] 这类评估方法首先根据影响本体质量的因素来确定一组评估指标，然后针对每个评估指标设计指标度量方法，最后结合每个指标的权重得出最终的评估结果。

---

① Yu J, Thom J A, Tam A M. Requirements-oriented methodology for evaluating ontologies[J]. Information Systems, 2009, 34(8): 766-791.

② Porzel R, Malaka R. A task-based approach for ontology evaluation[C]// Proceedings of the ECAI Workshop on Ontology Learning and Population: Towards Evaluation of Text-based Methods in the Semantic Web and Knowledge Discovery Life Cycle, 2004.

③ 马文峰，杜小勇. 领域本体评价研究[J]. 图书情报工作，2006，50(10)：68-71.

④ Brewster C, Alani H, Dasmahapatra S, et al. Data driven ontology evaluation[J]. International Conference on Language Resources and Evaluation, 2004.

⑤ Smith B. The evaluation of ontologies: Editorial review vs. democratic ranking[C]// Proceedings of the First Interdisciplinary Ontology Meeting, 2008: 29-36.

3.5.3 本体评估维度

根据本体评估的内容，针对不同的任务描述及评估目的，本体评估主要体现在三个评估维度，[①] 即结构维度（Structuraldimension）、功能维度（Functionaldimension）和可用性维度（Usability-Profilingdimension）。它们所关注的本体评估内容如下：

(1)结构维度。它主要考虑本体的拓扑结构及逻辑属性，在该层面上，本体只是作为一个简单的信息对象，独立于具体应用场景，评估衡量本体的语法及形式化语义方面的质量。

(2)功能维度。它考虑构建本体的任务，关注本体的使用，即本体与特定领域抽象的概念化模型的匹配程度。通常依照具体的应用需求和目标来评估本体，与可信度、召回率、准确性、充分性及其他各种功能性指标相关。[②]

(3)可用性维度。它关注本体的应用实施和用户交互情况，与本体说明文档直接相关。本体说明文档包含本体结构属性、功能属性以及用户元数据属性等一系列信息的注释，是用户了解、使用、维护以及复用该本体的必要工具。

本体评估者根据具体的应用领域和用户需求确定评估维度，对于进一步设定具体的本体评估指标具有指导性意义。

3.5.4 本体评估工具

随着国内外研究人员对本体评估指标和本体评估方法的不断完善，本体评估工具也得到了一定的发展。目前，国内外比较具有代表性的本体评估工

① Gangemi A, Catenacci C, Ciaramita M, et al. Modelling Ontology Evaluation and Validation[C]//Proceedings of the 3rd European Semantic Web Conference, 2006: 140-154.

② Burton-Jones A, Storey V C, Sugumaran V, et al. A semiotic metrics suite for assessing the quality of ontologies[J]. Data & Knowledge Engineering, 2005, 55(1): 84-102.

具有 OntoManage、[1] ODEval、[2] OntoQA、[3] Coer、[4] OOPS![5] 等。

OntoManage 是 Stojanovic 等人提出的一个适用于本体工程师、领域专家及行业分析家使用的管理系统，它可以根据用户需要找出满足用户需求的本体，并能促进管理人员问责制的发展。OntoManage 是基于概念体系结构来实现其功能的，将体系结构划分为四个功能，分别是监控功能、分析功能、计划功能和执行功能。通过上述这些功能整合用户应用本体的行为信息；对采集到的数据进行分析，通过可视化界面反映出改进意见，完成对本体的评估。

ODEval 是 Corcho 等人于 2004 年提出的一种从知识表示的角度来对本体进行评估的工具，其主要能够支持 RDF(S)、DAML+OIL 和 OWL 语言描述的本体。ODEval 使用基于图理论的运算法则来检测本体概念分类存在的问题。在这个运算法则中，把本体的概念类看作一个定向的曲线图 G(V, A)，其中 V 是一组节点，A 是一组定向的弧线。节点集 V 和弧线集 A 所表示的具体元素因表示本体语言和问题类型的不同而有所差异。

OntoQA 是 Tartir 等人提出的结合了用户需要对本体进行评估的工具。

---

① Stojanovic L, Stojanovic N, Gonzalez J, et al. OntoManager-a system for the usage-based ontology management[M]//On the Move to Meaningful Internet Systems 2003: CoopIS, DOA, and ODBASE, Berlin Heidelberg: Springer, 2003: 858-875.

② Corcho Ó, Gómez-Pérez A, González-Cabero R, et al. ODEval: A tool for evaluating RDF (S), DAML+ OIL, and OWL concept taxonomies[M]//Artificial Intelligence Applications and Innovations, New York: Springer, 2004: 369-382.

③ Tartir S, Arpinar I B, Moore M, et al. OntoQA: Metric-based ontology quality analysis [C]//IEEE Workshop on Knowledge Acquisition from Distributed Autonomous Semantically Heterogeneous Data & Knowledge Sources, 2005.

④ Fernández M, Cantador I, Castells P. CORE: A tool for collaborative ontology reuse and evaluation[C]//4th International Workshop on Evaluation of Ontologies for the Web (EON 2006) at the 15th International World Wide Web Conference, 2006.

⑤ Poveda-Villalón M, Suárez-Figueroa M C, Gómez-Pérez A. Validating ontologies with OOPS! [M]//Knowledge Engineering and Knowledge Management, Berlin Heidelberg: Springer, 2012: 267-281.

OntoQA 提供具体的指标来定量评估本体的质量。评估指标分为模式(Schema)指标和实例(Instance)指标两类。模式指标组是指用来评估本体结构设计的指标；实例指标组是指评估本体内实例分布的指标，包括知识库指标和类指标。知识库指标将知识库作为一个整体来评估，类指标评估本体结构中定义的类在知识库中的运用方式。

CORE(Collaborative Ontology Reuse and Evaluation System)是 Fernández 等人提出的基于本体排序的应用于本体重用及本体评估的工具。其最大的特点是通过黄金标准准则和用户需求来评估本体。黄金标准准则包括两个方面，即词汇评估和分类评估。词汇评估层面使用一套词汇评估方法来评估黄金标准与已选本体的相似性，通过比较表示它们所描述领域的词汇条目来实现；分类评估层面评估已选本体的"is-a"层级结构与黄金标准结构的重叠程度。另外，CORE 的设计结构分为三个重要模块，即黄金标准技术设计模块、系统推荐模块和协作性评估模块。该本体评估工具使用了黄金标准评估方法的思想，主要通过与黄金标准本体的比较来实现本体的评估。

OOPS！是 Poveda-Villalón 等人提出来的，是一个基于 Web 的开源的检测本体异常的工具。在本体检测异常时独立于本体的开发环境，支持用户在评估界面输入被测本体的 URI 或者被测本体的源代码即可进行本体评估。该工具使用起来方便，可操作性强，该工具还支持用户反馈使用过程中的问题、改进意见等。OOPS！支持自动检测本体中潜在的错误，能帮助开发人员提高本体构建的质量。

4 基于分层本体的情景建模理论及方法

在普适计算环境下，情景信息关联复杂，存在着跨系统、跨平台的流动，它决定了系统构建的情景本体模型需要根据实际应用需求而不断进化，并且能够理解和关联其他系统的模型。以往有关情景本体建模的研究多是相互独立，各自为政，不能从情景领域的通用性观点出发，实现对于情景领域知识的共享和维护。[①] 本章的研究将在总结和梳理已有情景本体的基础上，提炼出更为全面和概括的情景领域本体，在相应情景建模方法的指导下，实现情景模型对于情景领域本体的重用。一方面，它有利于减少模型构建的难度，促进模型的进化和扩展，[②] 缩短系统开发的周期；另一方面，更为重要的是，不同系统的情景模型通过对情景领域知识逻辑的共享，实现对于情景信息的共同理解，从而促进模型间互联互操作，[③] 为情景信息的跨系统交互奠定语义基础。

在情景信息的特点和情景建模方法研究现状的基础上，本章介绍了基于

---

① Oh Y. A survey on ontologies for context reasoning[J]. Indian Journal of Science & Technology, 2015, 8(26): 69-87.

② Zhang F, Cheng J, Ma Z. A survey on fuzzy ontologies for the semantic web[J]. Knowledge Engineering Review, 2016: 1-44.

③ Berkovsky S, Heckmann D, Kuflik T. Addressing challenges of ubiquitous user modeling: Between mediation and semantic integration[J]. Lecture Notes in Computer Science, 2009: 1-19.

分层本体进行情景建模的思路，并详细讨论了分层本体构建法的实现机制，为情景建模工作的开展提供了方法支持；在对情景信息进行分类和参考已有情景本体的基础上，构建了分层本体结构中的领域层本体——情景领域本体，为面向情景感知系统的情景模型的构建提供了统一的情景领域知识结构，并构建了情景本体评估框架，对已有的典型本体进行了评估；最后选择以家庭环境下高血压患者进行健康援助作为实验场景，基于分层本体构建法，通过 Protégé 软件实现情景建模和情景模型间互联。

本章通过对情景本体模型构建的探讨，旨在打破已有研究局限于具体应用范围的弊端，为情景本体模型的合理构建提供理论参考。

4.1 基于本体的情景建模研究现状

基于本体的情景建模方法主要有两类：第一类是传统的领域本体构建方法，第二类是基于分层结构的本体构建方法。本章也将根据该分类对基于本体的情景建模方法进行分析和比较。

对领域本体构建方法的研究从 20 世纪 90 年代开始至今，该方法用于指导领域本体的开发。领域本体被用于描述某一特定领域的共性知识，适用于领域内知识体系的参考和复用。当使用领域本体构建方法为某些具体情景感知应用建模时，主要有以下三种策略：

①复用情景领域通用本体，表达情景感知应用的相关知识，如在钟福金等人的研究中，[①] 面向旅游服务领域构建的情景领域本体包括人、组织机构、交通服务、景区、旅游线路、行程等情景元素，该本体被应用于不同的旅游服务应用案例中。

---

① 钟福金，辜丽川．旅游领域本体的构建与应用研究[J]．图书情报工作，2011，55(12)：105-108.

②针对具体情景感知应用程序的需求，从零开始进行情景建模，如 CoBrA-ONT① 是情景感知系统 CoBrA② 中的一组本体，主要用于支持智能会议应用程序的情景建模。它定义典型的概念和关系来描述物理位置、时间、人、软件代理、移动设备和会议事件。使用的范围仅限于当前开发的智能会议系统。

③兼顾前两种策略，在复用情景领域本体的基础上，根据情景感知应用的特点来扩充模型，如 Ryu③ 针对普适健康服务领域，构建了包含环境、设备、位置、活动、用户、服务和医药等元素的情景领域本体，然后结合具体的情景感知健康应用服务来实现本体扩充。

对于这三种策略，策略一复用了情景领域本体，难以完全表达具体情景感知应用程序的特点和需求，可用性较差；而通过策略二和策略三得到的情景模型仅能够适用于当前的情景感知应用服务，重用性较差。

基于分层结构的本体构建方法(以下简称为分层本体构建方法)，起源于 2002 年 Peter Spyns 等人④提出的分层本体构建思想——本体双重表达原则(The Double Articulation of an Ontology)，通过不同层级的本体对同一事物进行分层表达，逐步扩展该事物在具体领域、应用上的特性，保证本体的重用性和可用性，进而推动不同层级间本体的知识共享。

---

① Chen H, Finin T, Joshi A, et al. Intelligent agents meet the semantic web in smart spaces[J]. IEEE Internet Computing, 2004, 8(6): 69-79.

② Krause M, Hochstatter I. Lecture notes in computer science[M]. Berlin Heidelberg: Springer, 2005: 324-333.

③ Ryu J K, Kim J H, Chung K Y, et al. Ontology based context information model for u-Healthcare Service[C]//International Conference on Information Science & Applications, IEEE, 2011: 1-6.

④ Spyns P, Meersman R, Jarrar M. Data modelling versus ontology engineering[J]. ACM SIGMod Record, 2002, 31(4): 12-17.

近年来，基于分层本体的情景建模研究有很多。SOUPA① 是情景感知系统 CoBrA 中具有通用性的一组本体。SOUPA 以辐射的方式组织本体，将其分为 SOUPA Core 和 SOUPA Extension 两部分。前者包含 9 个子本体：人、代理、信念—欲望—意图(BDI)、活动、政策、时间、空间、几何和事件。后者主要用于定义扩展词汇来支持具体的普适应用程序。SOUPA 为情景建模提供了正式的方法。

CONON 本体②是情景感知架构 SOCAM(Service-Oriented Context-Aware Middleware)中的情景本体，以树形层次组织，分为上层本体和低层特定领域本体。上层本体包括计算实体、位置、人和活动四个核心概念。低层特定领域本体在上层本体基础上针对具体应用进行扩展。

CACOnt 本体③是面向情景感知系统而构建的具有通用性和可扩展性的情景感知计算本体。该本体包括用户、设备、服务、位置和环境等情景元素。为面向具体情景感知应用的情景建模提供了可以重用的通用情景领域本体。

通过以上分析可以发现，领域本体构建方法在为一些具体、个性化，尤其是跨领域的情景感知应用建模时存在着重用性和可用性差、语义不一致、覆盖领域知识不全面等问题，不适用于情景建模。

相比之下，分层本体构建方法更能有效构建情景模型。它将情景领域的通用知识构建为上层本体，而根据具体的应用程序构建下层本体。这种分层的形式较好地迎合了情景信息的特点，有助于共享对情景信息结构的通用理

---

① Chen H, Perich F, Finin T, et al. SOUPA: Standard ontology for ubiquitous and pervasive applications[C]//International Conference on Mobile & Ubiquitous Systems, IEEE Computer Society, 2004: 258-267.

② Gu T, Wang X H, Pung H K, et al. An ontology-based context model in intelligent environments[J]. Proceedings of Communication Networks & Distributed Systems Modeling & Simulation Conference, 2004: 270-275.

③ Xu N, Zhang W S, Yang H D, et al. CACOnt: A ontology-based model for context modeling and reasoning[J]. Instruments Measurement Electronics & Information Engineering, 2013: 347-350.

解，从而有利于重用领域知识，实现模型间互操作。

但是，在当前已有的研究中，基于分层本体的情景建模还存在两个问题：

①分层结构不明确。分层结构的差别主要体现在界定的建模范围和层次数量上，所分层次有两层、[①] 三层、[②] 四层[③]不等。

②通用情景领域本体不统一。尽管存在着大量可供参考的情景领域本体，但是这些本体都有各自的不足。有的情景领域本体构建过于细化，没有分清与低层应用模型之间的界限，不利于重用；[④] 有的情景领域本体构建过于粗略，没有包含所有必要的情景元素，可用性较差。[⑤] 因此，本章将在后面章节具体阐述这两个问题的解决办法。

结合对于情景本体建模研究现状的描述，本书提出了基于分层本体进行情景建模的思路。下面的内容将具体介绍本书采用的分层本体构建方法，以及如何对分层本体结构中的领域层本体——情景领域本体进行构建。

4.2 分层本体构建方法

分层本体构建主要包括两方面内容，首先是确定本体的分层结构，其次是建立不同层级间本体的映射机制。

---

① Xu N, Zhang W S, Yang H D, et al. CACOnt: A ontology-based model for context modeling and reasoning[J]. Instruments Measurement Electronics & Information Engineering, 2013: 347-350.

② 范莉娅，肖田元. 基于多层本体方法的信息集成研究[J]. 计算机工程，2008，34(2)：187-189.

③ 潘文林. 面向事实的两层本体建模方法研究[D]. 哈尔滨：哈尔滨工程大学，2011.

④ Chen H, Perich F, Finin T, et al. SOUPA: Standard ontology for ubiquitous and pervasive applications[C]//International Conference on Mobile & Ubiquitous Systems, IEEE Computer Society, 2004: 258-267.

⑤ Gu T, Wang X H, Pung H K, et al. An ontology-based context model in intelligent environments[J]. Proceedings of Communication Networks & Distributed Systems Modeling & Simulation Conference, 2004: 270-275.

4.2.1 三层本体结构

4.2.1.1 本体分层构建理论

2002年，Peter Spyns等人①提出了本体双重表达原则，成为本体分层构建的理论基础。本体双重表达原则将本体分为两层：内层为本体库，表达领域中直观的概念及其之间的关系；外层为本体承诺，每个承诺对应着一组领域公理，本体构建由内及外地通过不同层次的公理实现不同层次的本体承诺。

基于本体双重表达原则进行本体分层构建，通过不同层级的本体对同一事物进行分层表达，逐步扩展其在具体领域、具体应用上的特性，兼顾了本体的重用性和可用性，有利于实现不同层级间本体构建的知识共享，为本体开发过程提供了弹性扩展的理论支持。

4.2.1.2 本体分层结构构建应用本体与传统本体构建方法的比较

李景②指出，评价本体构建的质量有3个指标。本书根据这3个指标对基于本体分层结构构建应用本体和基于传统本体构建方法构建应用本体进行了比较，如表4-1所示。

表4-1　**利用本体构建评价指标对两种方法的比较结果**

评价指标	对指标的解释	基于传统本体构建方法构建应用本体	基于本体分层结构构建应用本体
本体在语法上是否正确或一致	本体语法的正确性主要取决于本体中的概念对其上位概念的关系和公理的继承	立足于具体的领域和应用。构建时即使是在同一领域，当应用视角发生变化，相应的概念结构也会不同。故很难得到语法一致的应用本体	分层结构保证不同应用本体共享上层的概念基础和逻辑基础，保证应用本体的构建符合正确语法

① Spyns P, Meersman R, Jarrar M. Data modelling versus ontology engineering[J]. ACM SIGMod Record, 2002, 31(4): 12-17.

② 李景. 领域本体的构建方法与应用研究[M]. 北京：中国农业科学技术出版社，2009.

续表

评价指标	对指标的解释	基于传统本体构建方法构建应用本体	基于本体分层结构构建应用本体
本体是否覆盖一个领域的重要性	支撑一个领域的重要性包括领域中的核心概念、相关领域的概念和通用概念，以及这些概念间的关系	仅对领域及应用相关的核心概念及其关系进行归纳和扩充，很少对领域相关的其他领域知识和通用知识进行关联，故不能覆盖一个领域的重要性	同一应用本体可以根据实际需要连接相关的上层领域本体，实现跨领域的知识共享，从而覆盖一个领域的重要性
本体对用户和机器来说是否易于理解	理解的程度取决于本体内部概念的逻辑结构是否正确，而这个逻辑结构的正确与否，取决于该本体对其上层本体的复用和继承	构建过程中没有复用上层本体作为逻辑结构一致性的保证，且构建受到设计者主观因素影响较大，故不能保证构建的应用本体易于理解	分层结构保证不同层级的本体通过继承上层本体使概念变得“有迹可循”，构建的应用本体易于被机器识别和理解

通过上述分析可知，利用本体分层结构构建应用本体是克服传统本体构建方法局限性的重要思路。

4.2.1.3 本体分层结构的相关研究

本体分层构建理论虽然以分层的方式解决了本体重用性和可用性之间的矛盾，但是这种分层结构的层次划分粒度和划分数量缺乏明确指标，不利于统一构建和维护，因此仍需要对本体分层结构标准进行明确和细化。

潘文林①从本体构建原则和过程以及本体应用等角度分析本体分层结构，得到本体的四层表达结构：上层本体和语言本体为一层，分别表示通用概念分类法和现实世界中存在的概念；领域本体划分为：结构本体和应用本体两层，其中结构本体表达领域内通用的概念及其之间的关系，应用本体反映的是领域中某类业务的相关知识，是对结构本体的特殊化；本体应用系统处于

① 潘文林. 面向事实的两层本体建模方法研究[D]. 哈尔滨：哈尔滨工程大学，2011.

第四层，通过重用一个或多个应用本体，使业务得到具体实现。文献虽然缩减了分层结构的层次，但是没有给出领域本体中业务划分的依据，使得业务观点下构建的应用本体无法真正实现。

Seo① 为了解决由于企业间产品数据模型的不一致而阻碍产品数据互操作的问题，提出了参考领域本体(RDO)的构建方法：使用上层本体结合企业虚拟组织中产品数据领域知识自顶向下构建出初级本体，然后整合该领域所有应用本体的语义自底向上地合并到参考领域本体中。RDO 消除了所有应用领域产品数据的不一致性并利用上层通用本体、中层参考领域本体和下层应用本体的组织形式有效解决了模型间数据互操作问题，其本体分层结构值得借鉴。

还有范莉娅等②通过对现有基于本体的信息集成方法的分析，建立了包括全局本体层、领域本体层和局部本体层的三层本体集成方法，表明该方法在支持现有本体重用和异构信息集成上的可行性。该文也证明了将本体分层结构改进为三层结构的合理性。

4.2.1.4 本体三层结构框架

通过对本体不同分层结构的比较，本书认为将本体划分为三层结构最为合理。它们分别是顶层本体层、领域本体层和应用本体层。该分层结构实现了对事物从通用角度、领域角度和应用角度的逐层完善和扩展，并且保证了对事物的认识拥有统一的逻辑基础。

在三层本体结构中，最上层是顶层本体层，该层仅包括一个顶层本体。顶层本体负责描述事物的通用性质，与具体的领域和应用无关。它涵盖了各领域通用的概念和关系，为不同领域本体的嫁接留出标准化接口，使不同领域能够共享通用的知识。

---

① Seo W, Lee S, Kim K, et al. Product data interoperability based on layered reference ontology[J]. Semantic Web-Aswc, 2006, 4185: 573-587.

② 范莉娅，肖田元. 基于多层本体方法的信息集成研究[J]. 计算机工程，2008，34(2)：187-189.

领域本体层由多个来自不同领域的领域本体组成。领域本体负责表示事物的领域特性及与其他事物的复杂关联。通过领域本体可以实现对事物在领域视角下知识结构的共性描述，实现对于领域知识的共同理解和共享重用。

应用本体层由多个针对具体应用系统而构建的应用本体组成。应用本体负责表示事物面向应用目标的最直接的应用特性和与其他事物的关联。其构建立足于具体应用系统的需求，最贴近应用程序和用户。

根据上述对本体分层结构的描述，本书将基于如图 4-1 所示的三层结构实现情景建模。情景模型依次包含顶层本体层、领域本体层和应用本体层三层。

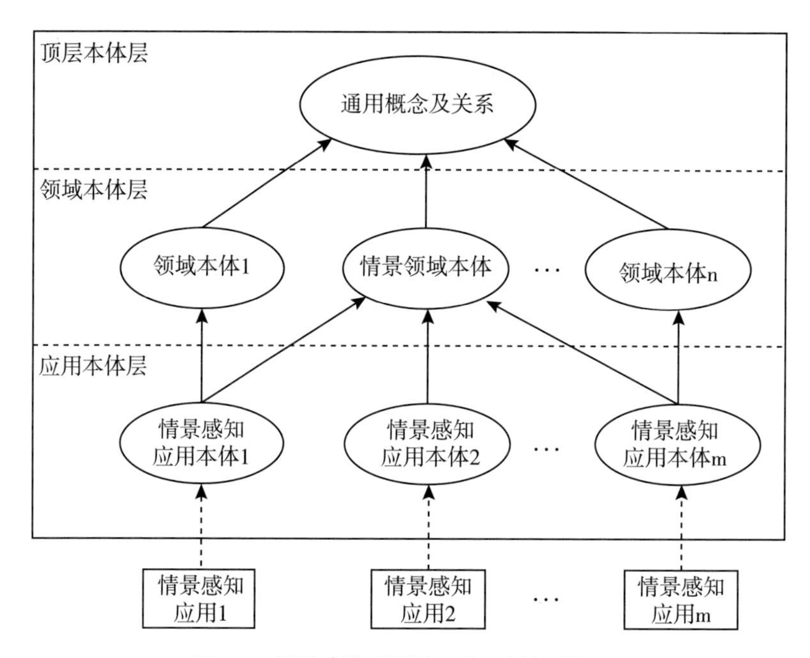

图 4-1　情景建模采用的本体三层结构框架

(1) 顶层本体层

顶层本体层仅由一个顶层本体组成。顶层本体描述一个概念的通用性质和它与其他概念之间的等级关系，与具体的领域和应用无关。通过顶层本体可以还原一个事物最初始的形态，即事物的本质形态，所有底层的概念都可以在顶层本体概念体系中找到自己的定位。顶层本体涵盖了各领域通用的概念和关系定义，为不同领域本体的嫁接留出标准化的接口，保证了不同的领域共享相同的概念和知识。

顶层本体的构建是各学科、各领域众多高层学者共同合作的产物。国际上已经存在许多有关顶层本体的研究成果。根据对当前顶层本体的综合比较，本书选择发展较为成熟的由 IEEE 标准顶层本体工程项目组研发的顶层共用知识本体 SUMO 作为本书使用的顶层本体。

(2)领域本体层

领域本体层包含来自不同领域的领域本体，各领域本体共享顶层本体的通用概念及其关系。领域本体表示一个概念的领域特性、等级关系及与其他概念的特殊(领域相关、非等级)关联。通过领域本体可以实现对事物在相应领域视角下的领域特性和关联的共性描述，提供对领域内部知识的公共理解基础。领域本体的构建需要在领域专家的协助下进行，其构建方法和途径并不唯一。

根据本体分层结构的特点，该框架下的领域本体适合采用中间扩展法进行构建。即先由领域专家通过领域分析，从领域中获取部分概念和关系，建立起本体雏形，然后将基于该领域本体的多个应用本体中具有共性的概念及其关系进行合并和修正，逐步扩充到领域本体中。因此，基于本体分层结构进行领域本体的构建是一个逐步完善的过程。丁晟春等人①为领域本体在分层结构下的构建提供了部分参考。

在领域本体层中，通过本体映射可以实现领域本体间的互连互操作，为利用由不同机构构建的领域本体提供了可能。本书着重介绍分层结构下应用本体的构建，对于领域本体间的互连机制将在以后的研究工作中进行探讨。

---

① 丁晟春，李岳盟，甘利人．基于顶层本体的领域本体综合构建方法研究[J]．情报理论与实践，2007，30(2)：236-240.

(3)应用本体层

应用本体层由多个不同类型的应用本体组成，这些应用本体针对具体的应用系统构建，可共享和重用不同的领域本体。应用本体表示一个概念建立在应用目标和任务基础上的最直接的应用特性以及与其他概念的关联。由于应用本体的构建立足于特定的应用系统在实际运行过程中的需求，因此描述的事物在原则上最贴近实际的应用目标和用户。

应用本体的构建依赖于系统开发者和领域专家的合作，但由于二者的研究背景不同导致本体开发周期长。此外，由于缺乏明确有效的应用本体构建方法，当前应用本体的构建仍处于“各自为政”的状态，导致本体的规范性差，难以实现本体间互操作。下文将会介绍基于分层结构的应用本体构建方法。

以上三层结构，一方面促进了全局通用概念、情景领域知识和情景感知应用场景的分离。减少了情景知识的规模，降低了情景建模的难度；另一方面促进了不同层次间知识的共享和重用——领域本体共享顶层通用概念，应用本体共享情景领域本体和其他相关领域本体的领域知识，最终保证了模型的逻辑一致性，有利于实现模型间的互操作。

4.2.2 分层本体间的映射机制

为了实现三层结构中不同层级间本体的关联，需要进行本体间映射。在多种映射方法中，基于概念名称相似度的匹配在本体映射中处于核心位置，① 无论是基于属性、基于实例还是基于结构的本体映射方法莫不与之息息相关。因此本书采用基于概念名称相似度的方法实现本体的两级映射。

4.2.2.1 本体概念语义解释

要计算概念名称相似度，传统的方法有两种：基于语法和基于语义。由于基于语法的方法建立在词形比较的基础上，实现的匹配较为浅显，不能区

① 刘茜茜．本体映射中概念相似度计算方法的研究[D]．武汉：武汉理工大学，2014.

分概念的实际语义，本书将以自然语言本体作为中介，通过对本体概念的语义解释，实现基于语义的本体概念名称相似度计算。

当前常用的自然语言本体有 FrameNet、WordNet 和 VerbNet 等。它们具有相同的语义观，通过从词汇的概念角度出发将具有关联度的词汇聚集在一起，使计算机能够像人类一样理解自然语言中所含的信息。尽管这些本体在理论基础、组织结构、语义关系和应用范围上存在差异，但是 FrameNet、VerbNet 都已与 WordNet 建立了映射关系，① 可见 WordNet 在众多自然语言本体中处于核心地位，因此本书选择由美国普林斯顿大学认知科学实验室开发的大型英文词汇数据库 WordNet 作为自然语言本体。本书将利用 WorNet 对概念进行语义解释。

4.2.2.2 本体两级映射

基于概念名称相似度的本体映射机制，分别实现“顶层本体-领域本体映射”和“领域本体-应用本体映射”。

首先，是对本体中概念的语义解释。本书使用自然语言本体 WordNet 来对概念进行解释，记为二元组：<ci，ci^{I}>。该二元组的含义是概念 ci 可由 WordNet 中相对应术语的某一条定义 ci^{I}进行唯一的表示。例如，在情景领域本体中，概念“Location”通过 WordNet 进行语义解释，记为< Location，WordNet((n)location#1)>，说明“Location”的语义解释对应 WordNet 中名词“location”的第 1 条定义。

其次，利用“WordNet/SUMO 映射”工具，② 实现“顶层本体-领域本体映射”。具体过程如图 4-2 所示：①根据领域本体中概念的语义，找到概念在 WordNet 中的对应术语；②根据概念的语义解释，找到对应术语在 WordNet 中的同义词集；③利用“WordNet/SUMO 映射”工具，找到 WordNet 同义词集

① 贾君枝，董刚．FrameNet、WordNet、VerbNet 比较研究[J]. 情报科学，2007，25(11)：1682-1686.

② 王效岳，胡泽文，白如江．WordNet 与 SUMO 本体之间的映射机制研究[J]. 现代图书情报技术，2011 (1)：22-30.

与SUMO中概念的映射关系；④建立领域本体概念与SUMO概念间的映射。

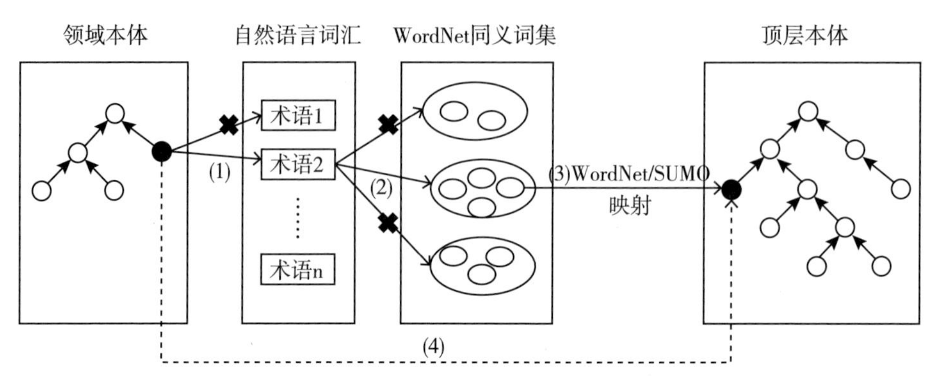

图4-2 “顶层本体-领域本体映射”机制

最后，利用概念名称相似度算法“Wu and Palmer算法”,① 实现“领域本体-应用本体映射”。具体过程如图4-3所示：①根据应用本体中概念的语义，找到概念在WordNet中对应的术语；②根据应用本体中概念的语义解释找到

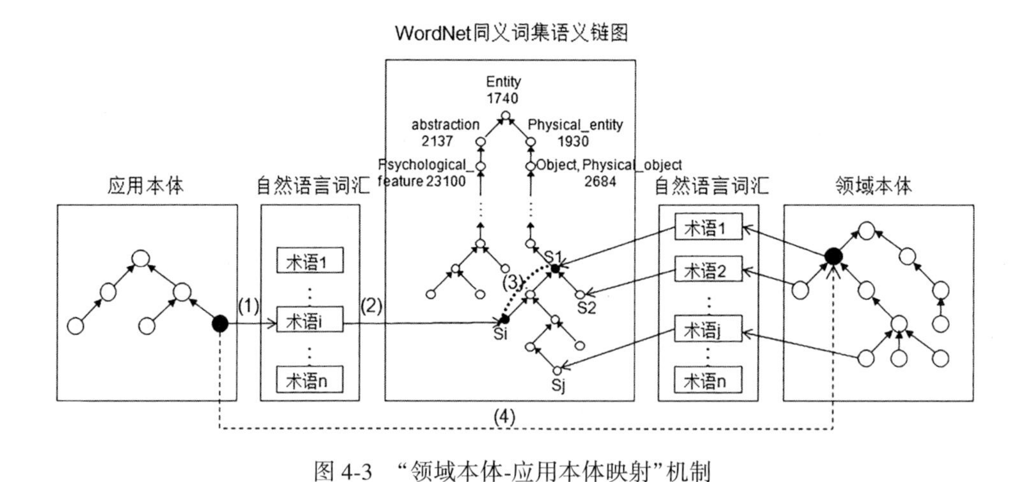

图4-3 “领域本体-应用本体映射”机制

① Wu Z, Palmer M. Verb semantics and lexical selection[C]//Proceedings of the 32nd Annual Meeting of the Association for Computational Linguistics, Morristown, NJ, USA, 1994: 133-138.

WordNet 中对应的同义词集；③通过 WordNet 找到领域本体中所有概念对应的同义词集，通过“Wu and Palmer 算法”，计算应用本体中概念对应的同义词集与领域本体中概念对应的同义词集之间的相似度；④找到阈值范围内相似值最大的两个同义词集所对应的应用本体中概念与领域本体中概念，为其建立映射。

“Wu and Palmer 算法”通过 WordNet 进行基于语义距离相似度计算，其计算公式如下：

$$\sin(c_1,\ c_2) = \text{sim}_{\text{WordNet}}(s_1,\ s_2)$$
$$= \frac{2 \times \text{depth}(\text{lso}(s_1,\ s_2))}{\text{len}(s_1,\ \text{lso}(s_1,\ s_2)) + \text{len}(s_2,\ \text{lso}(s_1,\ s_2)) + 2 \times \text{depth}(\text{lso}(s_1,\ s_2))} \tag{4.1}$$

式(4.1)中，depth ( )表示同义词集深度，len ( )表示两个同义词集的语义距离，lso(s_1，s_2)表示同义词集 s_1 和 s_2 深度最大的公共父节点。当 sim(c_1，c_2)= 1 时，说明概念 c_1 和 c_2 是等价关系；当 sim(c_1，c_2)≠1，对于阈值范围内取值最大的建立概念间的上下位关系。

通过分层本体构建方法，能实现三层本体中概念之间的上下位关系和等价关系映射，构建起具有明确等级关系和完整逻辑表达的面向具体应用的模型。

4.2.3 基于分层本体的情景建模流程

为了实现面向具体情景感知应用的情景模型构建，本书采用分层本体构建方法实现情景建模的具体流程如图 4-4 所示。

①确定情景感知应用程序的目标和范围。主要是通过对应用的功能需求、内部构成和与外部系统间的信息交互进行描述，确定本应用的信息边界。

②收集与应用相关的资源。情景模型构建者在明确应用需求和目标的基础上，通过分析当前已有的本体资源和非本体资源，选择其中合适的资源作为情景感知应用本体构建的参考。

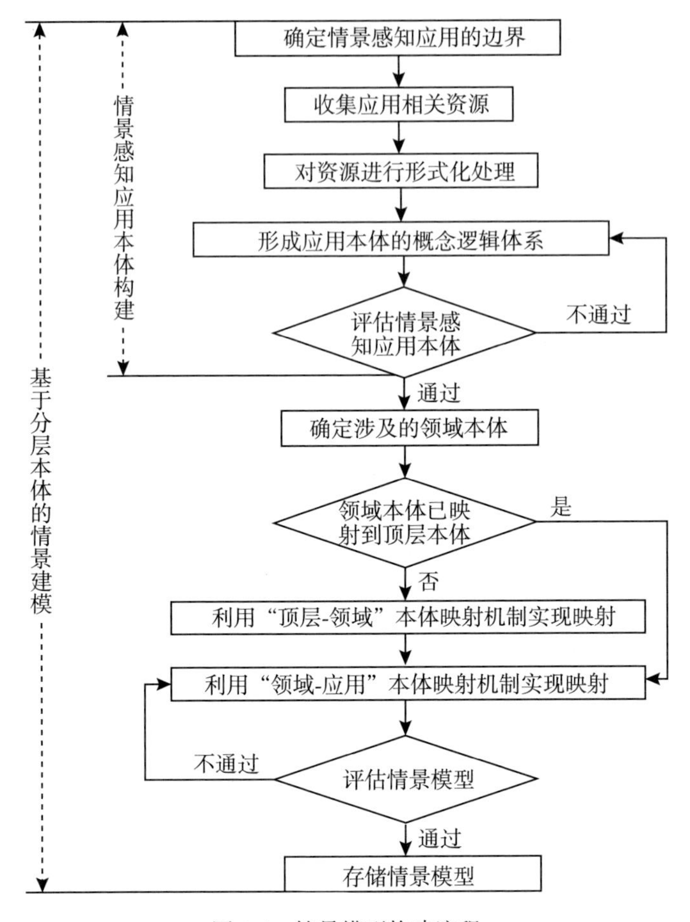

图 4-4　情景模型构建流程

③对收集到的资源进行形式化处理。对于非本体资源，如数据库、XML文档等，利用已有的转化方法，从非本体资源中识别出建模元素，将非本体资源转化为本体概念体系。对于本体资源，根据匹配程度，考虑复用和集成本体资源的部分内容。

④形成情景感知应用本体的概念体系和逻辑体系，并对其概念进行语义解释。整合应用相关的所有概念、关系，得到完整的语义关系网，再由构建者对本体中的概念进行语义解释。

⑤情景感知应用本体的表示与评估。对构建完成的应用本体进行逻辑检

测，确保本体构建合乎逻辑。

⑥确定情景感知应用所涉及的领域本体。情景感知应用往往面向特定智能环境，有特定应用需求，这就需要构建者根据应用的特点和范围确定该应用所涉及的领域。其中，情景领域本体是必然会被涉及的领域本体。

⑦完成领域本体与顶层本体的映射。若领域本体已经与顶层本体嫁接，则可跳过这一步，直接执行第⑧步。

⑧将情景感知应用本体和相关领域本体进行映射，根据映射结果修正模型中部分概念、关系及公理。

⑨执行映射，对情景模型进行最终评估和存储。

该方法中步骤①~⑤面向具体的情景感知应用程序，收集资源并构建情景感知应用本体，无需考虑与应用相关的领域知识。

步骤⑥~⑨主要利用本体两级映射机制实现情景感知应用本体到上层本体的映射，并对最终得到的情景模型进行评估。

4.3 情景领域本体的构建及评估

4.3.1 情景领域本体的构建

本书在情景的分类部分介绍了国内外关于情景信息分类的研究，从中可以看出：①不同研究者对情景信息的分类依据和范围不尽相同，多数研究中涉及的情景信息分别与其各自的情景感知应用相关；②由于情景信息的进化性，我们不可能将所有智能环境下的情景信息都包含在内，但是从以往的研究结果中，我们可以找出最基本的情景要素来进行组织构建。

本书在总结归纳和评估多个情景模型的基础上，借鉴了部分情景信息的分类方法和术语表达，提炼出重要的情景要素，力求构建较为全面、清晰、方便扩展的情景领域本体。

由于用户是情景感知的核心，所有的情景感知行为都是以感知用户状态和需求为出发点，进而调整应用系统的服务内容的适应性决策过程。因此本书对于情景信息的分类也从用户需求的内因和外因出发，分为内部情景和外部情景两大类。

①内部情景是与用户自身相关的情景元素，它包括用户的个人信息和当前状态。其中，用户的个人信息包括了用户的人口统计学信息、偏好、目标、经验和实践等，是在传统的用户建模中需要构建的内容。用户的当前状态包括用户的生理状态、心理状态、当前活动、移动类型等信息。

②外部情景是指与用户相关的周围的情景信息，这些情景包括物理情景、社会情景、计算情景和服务情景。其中物理情景是指用户所处的物理环境条件，如位置、方向、噪声。社会情景是指用户所在的社会环境信息，如社会关系、法律、风俗等。计算情景包括在用户与应用系统交互过程中，对于应用系统决策的制定有价值的所有计算实体的信息，如设备性能、参数、容量等。服务情景反映应用系统在感知到用户的状态需求后所进行的服务决策环境，包括服务策略、服务接口、可服务性环境等。

通过对用户的内部情景和外部情景进行分析，提取重要的情景元素，最终构建本书的情景领域本体，它由 5 个情景子本体组成。下面进行详细介绍。

4.3.1.1 用户情景

用户情景(User Context)主要包括用户配置文件和用户当前所处的状态。本书所设计的用户情景如图 4-5 所示。

①用户配置文件描述用户的基本概要信息(User Profile)，如人口统计学要素(姓名、年龄、性别、联系电话等)，用户配置文件记录的信息相对静止，更新周期较长。

②用户当前所处的状态是指用户当前所具有的，与其行为相关的特征状态，如当前目标(Task)、活动(Activity)等。这些要素属于高层次情景，虽然对于情景感知应用服务的适应性有着重要意义，但是难以进行直接获取，而需要结合模型中其他的情景信息，如位置情景(Location Ontology)、计算实体情景(CompEntity Ontology)、环境情景(Environment Ontology)等推理得出。

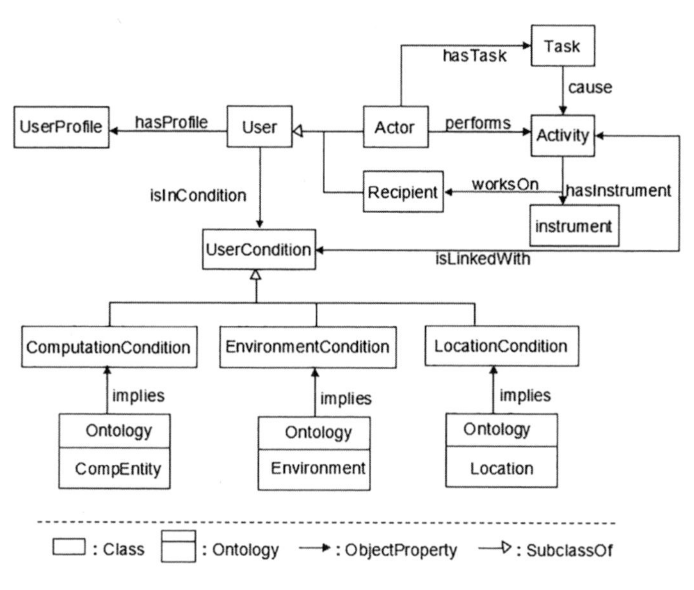

图 4-5　用户情景子本体

相比于其他情景子本体(例如位置，有其物理学基础，具有固定属性)，用户情景子本体更加主观和面向具体应用程序，难以使用通用的方式来描述一个用户的各个方面。因此已有系统基于各自角度构建的用户模型差别巨大。①

作为通用模型，考虑到其可用性和可扩展性，用户情景子本体仅需要简单定义用户的识别信息和状态信息，而其他信息如用户的兴趣、偏好等可在具体的应用中根据实际需求来进行定制和扩展。

4.3.1.2　位置情景

位置情景(Location Context)是情景感知系统中最为重要的情景元素。有学者将位置归为物理环境中的一个参数，但是考虑到位置情景与其他类型情景的联系较多，本书将位置情景单独列出，重点构建。

本书设计的位置情景子本体如图 4-6 所示，将位置分为三种类型：物理

① Mezhoudi N, Vanderdonckt J. A user's feedback ontology for context-aware interaction [C]//2015 2nd World Symposium on Web Applications and Networking, IEEE, 2015: 68-69.

位置(Physical Location)、空间区域(Spacial Region)和符号位置(Symbolic Location)。

①物理位置对应协调不同参考系统中的位置表示，通常对应着传感器收集到的原始位置坐标信息，而这些信息是很难被用户理解的，需要进行数据转换和解释。

②空间区域被用于描述区域的几何特征(如形状)。一个空间区域可以根据其几何特征使用二维坐标或三维坐标进行表示。

③符号位置是空间区域的本地名称，表示“对象在哪”的抽象概念，是物理位置和空间区域的符号标签，也是能够被用户和计算机理解的语义信息。

这三类表示彼此相关：符号位置对应着一个或多个空间区域，一个空间区域由一组物理位置(如坐标)组成。该结构通用性强，对应着不同抽象程度的位置表示。

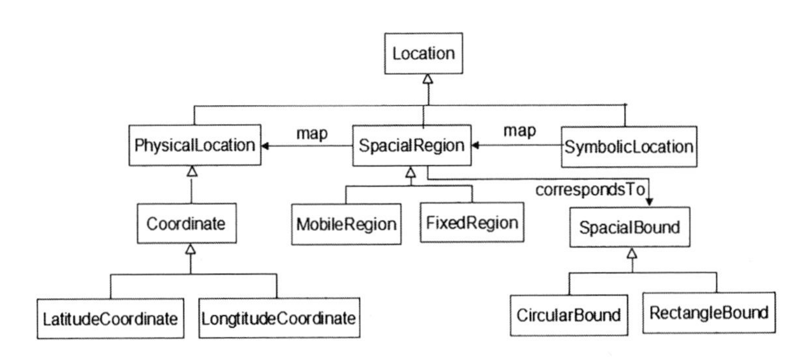

图 4-6 位置情景子本体

4.3.1.3 环境情景

学者们通常将用户所处的环境理解为自然环境。[①] 但是伴随着互联网的

① Aarab Z, Saidi R, Rahmani M D. Context Modeling and Metamodeling: A State of the art [C]//Proceedings of the Mediterranean Conference on Information & Communication Technologies 2015, International Publishing Switzerland: Springer, 2016: 287-295.

发展、社交媒体的兴盛，小至用户的社交网络，大到社会人文环境，都在加深对用户的影响，人与社会的互动是不可忽视的一环。基于此，如图 4-7 所示，本书将环境情景(Environment Context)分为两类：社会环境和自然环境。

①社会环境(Social Environment)描述用户的社会属性信息，主要包括用户的社会关系(Social Relationship)和当前的社会体制(Social Institution)。其中，社会关系描述与用户相关的群体关系，如亲属关系、同事关系、上下级关系等。每个社会关系由两个及两个以上的个体(user)组成社会体制是指在一定社会制度下，社会管理的具体形式以及组织、处理、调节公共事务的体系的总称，法律、法规、规则等都属于社会体制。

②自然环境(Physical Environment)描述用户所处的自然环境信息，如噪音、湿度、光线强度等，通常通过各种传感器等计算实体直接测量这些要素。自然环境由衡量环境水平的物理因素(Physical Factor)和环境中的无生命体(Inanimate Obiect)组成。其中，每个物理因素(Physical Factor)都由一个或多个物理参数(Physical Parameter)来测定，这些物理参数都有着各自特定的参数范围(Phy Param Range)。无生命体通过一些关联关系(如 Contains、NearTo)与周围的环境实体相联系。

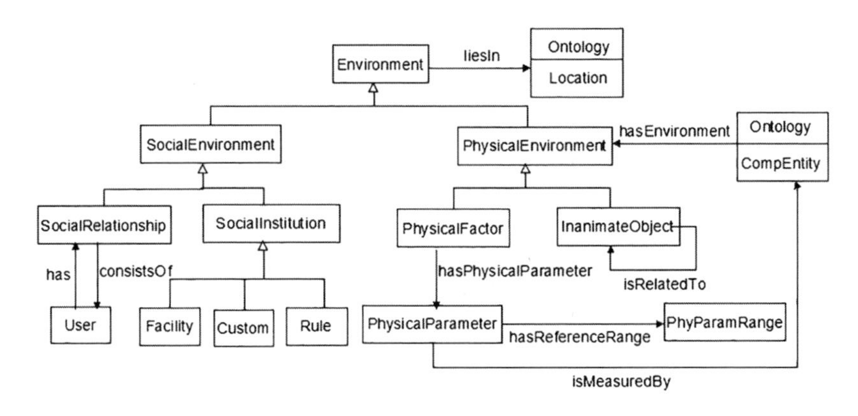

图 4-7　环境情景子本体

4.3.1.4 计算实体情景

计算实体情景(CompEntity Context)是指与用户和应用系统交互过程中相关的设备、操作系统、网络等计算要素。如图 4-8 所示，计算实体通过计算概要(Compentity Profile)来记录其软件概要信息和硬件概要信息，通过计算状态(Compentity Status)来说明当前计算实体运行的状态及性能表现。计算实体的种类很多，本书列举了三类，分别是设备(Device)、应用程序(Application)、代理(Agent)。设备被分为采集设备(如各种传感器)和执行设备(如受程序控制的家用电器)。对于采集设备，其测量性能(Measurement Capability)通过一种或多种测量参数(Measurement Parameter)来决定，每个测量参数都有其对应的测量范围(Measurement Range)。

应用系统需要根据计算实体测量的各项参数，向用户提供合适的数据输入、处理及表现方式。这些测量参数涉及的类型广泛，可以是自然环境测量参数、生物医学测量参数、工程测量参数等。

另外，由于情景信息本身存在着不完美性，需要在计算实体和交互的情景信息间进行相应的情景质量控制，以保证情景信息准确性，实现设备适应性。这部分内容将在第 8 章进行介绍。

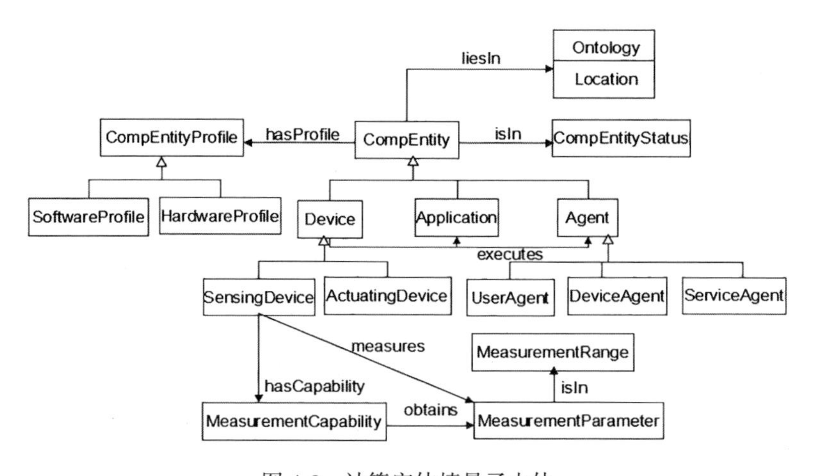

图 4-8 计算实体情景子本体

4.3.1.5 服务情景

服务情景(Service Context)与用户和计算实体紧密相连，可以说服务情景是实现情景感知系统自适应性的关键环节，它通过具有特定功能的计算实体，根据用户的当前状态和用户偏好等信息，使用规范化定义的接口辅助用户完成自身的活动或者满足其偏好。也就是说，应用系统感应当前情景，然后通过对计算实体和服务内容的综合调度来实现与用户行为的交互。

本书设计的服务情景子本体部分参考了 OWL-S 服务本体。如图 4-9 所示，服务概要(Service Profile)主要介绍服务是什么；服务基点(Service Grounding)说明如何访问服务的细节，它通过指明沟通协议、信息格式和其他信息的具体细节来处理操作；而服务策略(Service Strategy)、服务接口(Service Interface)和服务接口组件(Service Interface Component)展示了具体的服务操作流程，通过提供使用服务过程中的控制流和数据流信息，从而使用户或代理确定服务是否满足了他们的需求。

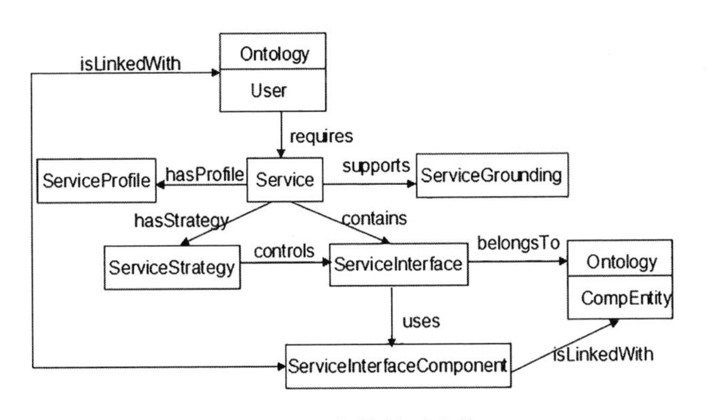

图 4-9 服务情景子本体

本书在对上述 5 个子本体进行描述和表示的基础上，利用 Protégé 本体建模工具完成了情景领域本体的构建。图 4-10 展示了情景领域本体中核心概念的层次关系图。

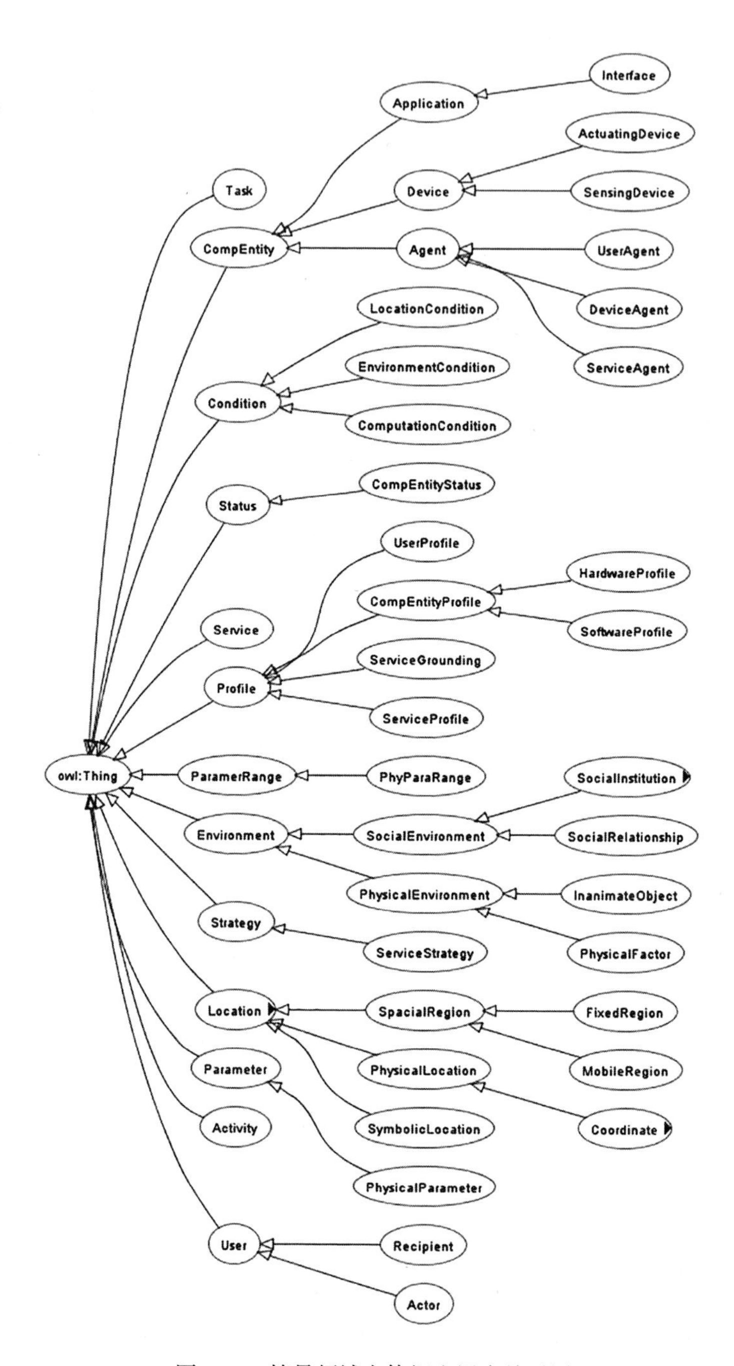

图 4-10 情景领域本体概念层次关系图

4.3.2 情景本体评估

当前情景本体建模在实体概念方面较为重视，而在系统应用及建模性能方面较为欠缺，主要体现在社交、隐私保护、不确定性处理及概念的简明性方面。为了更好地构建情景模型，本书在对前人研究进行总结的基础上，分析情景本体需具备的要素；通过文献调研法，在已有研究的基础上筛选出 19 个评价指标；提出了一个情景本体评估框架，最后选择国内外 7 个较为典型的情景模型进行比较分析，以检验该评价框架的可行性。

4.3.2.1 情景本体评估研究现状

情景模型评估是评价情景模型在特定应用领域或特定情景中的性能和适用性，通过对情景本体进行评估，可以产生科学的、工程化的方法和技术来控制情景本体的质量，从而帮助用户定义和调整情景建模的质量。目前已有学者对基于本体的情景模型评估框架和策略进行了研究。

Abdualrazak B 把差分参数应用到情景系统的分类中，提出了 7 个方面的评估标准，分别是软硬件体系、设计模型、应用目标、自动性、集成策略、交互性、情景智能和服务，旨在提出一个情景系统评估基准模型。①

Poveda-Villalon M 在 NeOn 方法学的基础上，提出了 mIO！本体概念，认为一个完善的情景本体需要满足的 11 个领域是：设备、环境、接口、位置、网络、服务提供商、角色、服务、情景信息源、时间、用户，② 为后来关于情景本体评估的研究提供了一种参考标准。

Chen H 研究情景本体模型时率先提出，每个用户和计算实体具有一定

① Abdualrazak B, Malik Y, Yang H I. A taxonomy driven approach towards evaluating pervasive computing system [M]//Aging Friendly Technology for Health and Independence, Berlin Heidelberg: Springer, 2010: 32-42.

② Poveda-Villalón M, Gómez-Pérez A, Suárez-Figueroa M C. OOPS! (Ontology pitfall scanner!): An on-line tool for ontology evaluation[J]. International Journal on Semantic Web & Information Systems, 2014, 10(2): 7-34.

的信念(Believes)、期望(Desires)或者意图(Intends)(合称为BDI)等“思想”概念，认为对BDI的研究更有利于研究用户需求,① 是情景本体发展到一定阶段后产生的新趋势。Baymax与阿里巴巴、日本软银集团、富士康科技集团联合推出“pepper情感机器人”就反映了情景感知领域在感情和思想方面新的发展趋势。

Motorola人机接口实验室的Brooks K博士在研究情景感知系统设计时提出的“5Ws”(Who, What, When, Where, Why)理论认为：如果一个情景感知系统能够感知到用户的社交情景，掌握用户初始关系以及关系变化，可以根据这些信息为用户做出更好的决策。② 社交网络的研究在情景建模中的重要性日渐凸显，是情景本体模型评估的重要因素。

Chen H在提出SOUPA本体时，认为情景本体需要考虑安全隐私问题，除此之外，在Baumgartner N提出的本体比较评估框架中也着重说明隐私在情景建模中的重要性。Hervás R在对情景感知系统的研究中，提出情景模型需要满足的12个目标：信息完备性、可拓展性、通用性、语义表达明确、推理、分布式存储、部分验证、信息质量、不确定性出路、可实施性、互操作性、便捷性，并对安全隐私规则的构建进行了强调。③ 隐私建模一直是情景本体评估的一个重要标准。

芬兰VTT技术研究中心的Korpipää P等人提出设计情景本体时最重要的10个要素：简洁性、可拓展性、通用性、表达性、情景分类、情景数据、实

① Rodríguez N D, Cuéllar M P, Lilius J, et al. A survey on ontologies for human behavior recognition[J]. ACM Computing Surveys, 2014, 46(4): 43.

② Ribino P, Cossentino M, Lodato C, et al. Requirement analysis abstractions for AmI system design[J]. Journal of Intelligent & Fuzzy Systems: Applications in Engineering and Technology, 2015, 28(1): 55-70.

③ Hervás R, Bravo J, Fontecha J. A context model based on ontological languages: A proposal for information visualization[J]. Journal of Universal Computerence, 2010, 16(12): 1539-1555.

体描述、时间戳、信息源、置信度;① Gruber T R 认为情景感知模型设计时需要强调模型的可实施性，提出本体构建需要满足最小编码倾向(Minimal Encoding Bias)，目的就是为了提升执行过程中的便利性;② 另外，Natalia Díaz Rodrí 等人在情景本体构建与评估的相关研究中，也提出需要强调情景模型的可实施性。

4.3.2.2 情景本体构建要素的选择和评价框架的构建

本书在前人对情景本体评估研究的基础上，对情景本体模型的特点进行深入分析，并对相关特点进行筛选和整合，提炼出 19 个情景本体模型构建要素:

①设备(Device):设备支持情景系统的信息访问和计算，实现人机交互。对设备知识建模时，相关特征包括表现形式(软件、硬件)和实现方式(操作系统、虚拟机)。

②环境(Environment):外界环境要素(温度、亮度、湿度、噪音等)。情景感知系统的所有实体都存在于一定的环境中，环境是情景感知、过滤和推理的对象。

③接口(Interface):接口包括人机界面、统一数据视图和用户查询处理。接口的语义化表达，具有较强的灵活性、适应性，突破了传统查询关键词匹配方法抽象层次低、语义表达欠缺等限制。

④位置(Location):包括位置基本信息和位置之间的拓扑关系，位置建模可以更好地实现信息世界和物理世界的统一。

⑤网络(Network):对通信网络相关知识进行建模，如网络拓扑结构、管理员、可访问性、成本，覆盖范围等相关概念以及各概念之间的关系和约

① Perera C, Zaslavsky A, Christen P, et al. Context aware computing for the internet of things: A survey[J]. IEEE Communications Surveys & Tutorials, 2014, 16(1): 414-454.

② Wimalasuriya D C, Dou D. Ontology based information extraction: An introduction and a survey of current approaches[J]. Journal of Information Science, 2010, 36(3): 306-323.

束条件，协助基于情景感知系统的 web 端建模。

⑥服务提供商(Provider)：对各种各样的服务提供商进行建模。在现有情景本体中，多数本体根据服务提供商是否对服务进行整合分为单一服务提供商和聚合服务提供商。

⑦角色(Role)：主要指用户角色。情景感知系统规模大，信息复杂，但是对用户和资源的访问控制要求高，本体模型对角色和访问控制策略进行知识建模，并可以通过基于规则的推理实现访问控制，解决基于角色的访问控制(RBAC)中实体—关系缺少形式化定义、表达复杂、维护难度大、不能处理语义互操作等方面的难题。

⑧服务(Service)：服务是情景智能系统的设计目标，服务是具备某种特定功能的计算实体，使用规范化定义的接口辅助用户完成自身任务或活动。①

⑨情景信息来源(Source)：情景系统中根据情景信息来源对不同用户提供不同服务，信息来源建模可以确定信息的起源(用户、设备、服务)并辅助进行高层情景推理。

⑩时间(Time)：时间对于物理环境和信息环境都是极其重要的信息，情景本体需要对时间相关知识(时间单元、实体、时刻和时间间隔)进行建模，共享对时间的常规表达。

⑪用户(User)：用户是情景模型服务的对象，是最重要的情景信息。

⑫BDI：通过对 BDI 进行建模，结合"思想"概念更完整地理解用户，有利于设备之间、人与设备之间、人与人之间的协作。

⑬社会交互(Social Interaction)：社会交互是用户制定决策的重要途径。情景感知系统通过用户的交互情景感知，可以掌握用户之间的关系，并根据这些信息做出更好的决策。

⑭隐私规则(Privacy Policy)：情景本体模型需要定义一组隐私规则，来

① Paganelli F, Giuli D. An ontology-based system for context-aware and configurable services to support home-based continuous care [J]. IEEE Transactions on Information Technology in Biomedicine, 2011, 15(2): 324-333.

赋予或撤回对不同信息(服务)的访问(使用)权限。情景感知系统中，用户的信息暴露在整个网络环境中，更需要保护用户和系统平台的隐私，防止其被非法搜集和侵犯。

⑮不确定性处理(Ambiguity Solving)：客观世界的复杂性、多变性以及人类自身认识能力的有限性，导致通过传感器获得的信息具有不确定性，这种不确定性无法避免，需要情景感知系统能够表示和处理不确定性知识。

⑯历史数据处理(Historical Context Data)：情景感知系统对历史情景数据进行本体建模，可以通过历史数据访问接口对历史数据进行分析和推理，预测事件发展趋势。

⑰可实施性(ImplEmentation Available)：一个情景本体模型的可实施性直接关系到该模型能否投入实践。

⑱可拓展性(Extendibility)：可拓展性是指模型应用在新的领域时，无需修改其已有的概念定义和结构，只需根据新领域中的特殊需求添加或更改所需概念，扩展出适应新领域的情景信息概念和关系，来满足新领域的需求。①

⑲简明性(Clarity)：一个本体应该有效传达其中概念的本意，保证所有概念的客观性。情景本体中对各个概念的定义要有正规的声明，满足必要充分条件而不只是部分定义(必要或充分条件)。②

为了便于研究，根据以上各个要素的特点将其分为三个维度，作为评估标准的情景本体建模框架：

第一维度是情景感知本体实体概念，包括设备、环境、接口、位置、网络、服务提供商、角色、服务、情景信息源、时间、用户 11 个要素，是情景本体的各个逻辑属性，该维度独立于具体的应用场景，是一个情景本体应包含的实体概念。

---

① Gómez-Romero J, Patricio M A, García J, et al. Ontology-based context representation and reasoning for object tracking and scene interpretation in video[J]. Expert Systems with Applications, 2011, 38(6): 7494-7510.

② Yu J, Thom J A, Tam A. Requirements-oriented methodology for evaluating ontologies [J]. Information Systems, 2009, 34(8): 766-791.

第二维度是情景感知系统应用，包括 BDI、社会交互、隐私规则、历史数据处理和不确定性处理 5 个要素，主要是情景本体在构建的时候需要考虑的社会规则、用户需求(常见的一些应用需求、隐私需求和数据处理需求等)。

第三维度包括可实施性、可拓展性和简明性 3 个要素，是情景本体模型性能，该维度关注点在于基于本体的情景感知系统在实现之时需要考虑的问题。

4.3.2.3 典型情景本体评估

为了对本书提出的评价框架进行可行性检验，本部分主要结合实体概念、系统应用和建模性能三方面，对国内外 7 个典型的情景本体模型进行分析和评价。

①CONON 本体:[①] CONON 本体(CONtext ONtology)是最早使用 OWL 进行普适计算情景建模的方法之一，CONON 本体的核心概念包括情景实体的一系列子计算实体：位置、活动、用户和设备。以位置为例，CONON 进行了定量描述，可以准确定位经纬度信息。情景建模性能方面，CONON 采用分层结构对概念进行拓展，强调了模型的可拓展性；在可实施性方面，CONON 基于本体推理的描述逻辑和基于情景推理的一阶逻辑推理，支持 OWL/RDF 描述推理机制，并提供 Jena2 语义网工具包，为开发提供便利。但简明性是 CONON 本体构建不足的地方。

②CoBrA 本体:[②] CoBrA 是基于中间件的智能空间情景感知系统，是 SOUPA(普适应用标准本体)的拓展本体。其核心概念包括设备、环境、位置、用户、角色、时间、隐私规则。CoBrA 架构采用数据库存取数据，支持

① Wang X H, Zhang D Q, Gu T, et al. Ontology based context modeling and reasoning using OWL[C]//Proceedings of the Second IEEE Annual Conference on Pervasive Computing and Communications Workshops, Washington D. C., USA: IEEE Computer Society, 2004.

② Chen H, Finin T, Joshi A. The SOUPA ontology for pervasive computing[M]//Ontologies for Agents: Theory and Experiences, Basel: Birkhäuser Basel, 2005: 233-258.

SQL查询和计算。情景建模构建性能方面，CoBrA采用SOUPA本体的分层结构，具有可拓展性，且可实施性较强，已经实现了原型系统Easy Meeting，但是并未对简明性进行相关说明。

③COSS：[1] COSS基于清华大学计算机系普适计算组智能空间软件基础平台Smart Platform的研究基础，借鉴Context Stack方法，采用OWL语言描述智能环境中的各种实体：用户、时间、服务、角色、环境和设备。COSS通过知识库(Knowledge Base)进行历史数据存储。本体构建过程中着重考虑模型的可拓展性和可实施性，并进行了原型设计，但是没有对简明性进行阐述。

④Situation Ontology：[2] Situation Ontology的研究源于普式计算领域。Situation Ontology的Context层对情景数据、情景实体数据等进行了定义，包括设备、环境、位置、情景信息来源、时间、用户。在构建上层概念中，Situation Ontology对available-Memory Context进行建模实现历史数据存储。关于情景建模构建特征，机器可读性和可拓展性都是Situation Ontology的构建目标之一，但未对两个特性的实施进行明确说明。另外，Situation Ontology的抽象层次过于聚合，情景概念表达不够明确，不满足简明性。

⑤mIO!：[3] mIO！本体是一个移动网络本体，旨在表达用户相关情景，解决基于用户情景的适应性和应用性。mIO！本体包括11个核心概念：用户、角色、环境、位置、时间、服务、提供商、设备、接口、情景信息来源和网络。mIO！本体的研究遵循NeOn方法学构建网络本体的标准，强调了

① Weijun QIN, Zhang D, Mokhtari M, et al. A collaborative-based approach for context-aware service provisioning in smart environment[C]//Proceedings of Workshop on SinFra'09: Singaporean-French IPAL Symposium, 2009: 135-144.

② Yau S S, Liu J. Hierarchical situation modeling and reasoning for pervasive computing [C]//Proceedings of Fourth IEEE Work-shop on Software Technologies for Future Embedded and Ubi-quitous Systems, 2006: 5-10.

③ Poveda Villalon M, Suárez-Figueroa M C, García-Castro R, et al. A context ontology for mobile environments[C]//Proceedings of Workshop on Context, Information and Ontologies, Lisbon, Portugal, 2010: Vol. 626.

可重用性和可实施性的目标，但并没有对简明性进行相关说明。

⑥COMANTO：[1] COMANTO（Contact Management Ontology）的设计目标是综合之前情景模型的优点，提出一个更结构化的、更统一的模型，完善表达情景信息中的语义模型。COMANTO 的情景实体（Semantic Context Entity，SCE）包括：Person，Place，Activity，Time，Sensor，Service，Network。COMANTO 架构通过数据库对概念及其之间的关系按层次结构进行数据存储。COMANTO 模型较为完善，强调了可拓展性，但是没有考虑情景本体的可实施性和简明性。

⑦TCOM：[2] 旅游情景本体模型（TCOM，Tour Context Ontology Model）情景分类方法类似于 CONON 的分类方法，核心概念包括：位置、设备、环境、用户、网络和服务。TCOM 具备数据库模块并采用 SPARQL 语言进行查询推理。TCOM 未对简明性进行说明，目的单一，可拓展性欠缺，但是利用 Jena 和 Racer 系统提供的一系列 API，便于开发用户编程，可实施性较强。

如表 4-2 所示，根据本书提出的 19 个情景本体模型构建要素对以上 7 个本体模型进行比较发现：CONON 的优势在活动和服务建模，具有较强的可用性，但是对基础结构方面的描述较为欠缺；CoBrA 对位置和隐私规则的建模比较完备，适合对隐私有较高要求的情景；COSS 对历史数据进行存储，但是基础结构功能较弱；Situation Ontology 强调了时间建模以及历史数据处理；mIO！最大的优势是对结构维度进行了全方位的建模，尤其是设备交互建模，提供了一个较为标准的可重用框架；COMANTO 侧重于位置建模并对历史数据处理，提供了一个相对全面的可重用标准本体；TCOM 目的单一，可重用性较差，着重对旅游相关活动建模。

对于以上 7 个本体，除了 CoBrA 本体，其他情景本体中都未能考虑隐私

---

① Strimpakou M A，Roussaki I G，Anagnostou M E. A context ontology for pervasive service provision[C]//Proceedings of the 20th International Conference on Advanced Information Networking and Applications，Vienna，Austria，2006：775-779.

② 奚凡. 基于情景感知的自适应旅游活动与推荐系统研究[D]. 上海：东华大学，2013.

规则。隐私是当今网络社会的一个重要领域,[①] 情景本体能否构建隐私领域本体，直接影响到情景本体能否得到广泛的应用。

从表 4-2 中可以看出，表中列出的情景本体模型对于建模性能诸因素的考虑不完善，表中列出的所有情景模型都没有对不确定性进行处理，这是基于本体的情景建模语言本身的不足所导致的。OWL 的固有缺陷是不能够对不够精确的、不确定的信息建模，且无法处理不够确定的数据。目前没有任何一个情景本体可以解决这个问题。这是情景模型面临的挑战之一，目前较有前途的策略是与其他建模方法相融合。[②]

另外，因为情景信息数据的异构性、复杂性，情景本体中对各个概念以及关系要有正规的声明，以确保情景模型可以有效存储和处理情景数据，但是以上 7 个情景模型均没有考虑模型的简明性，这也是以后情景模型研究中需要考虑的重要因素。

基于本体的情景建模面临的最大挑战是社会交互问题，交互是情景感知中为用户制定决策的重要途径，表 4-2 中的 7 个本体都没有对社会交互进行建模。目前，虽然已经有很多人尝试在情景本体中对社交行为进行建模，但是仍采用简化形式。目前，情景本体模型的构建很少考虑情景本体建模实施过程中需要满足的性能，比如表 4-2 中的简明性原则，在很大程度上阻碍了情景本体的研究从理论到应用的发展进程。

一个好的情景感知系统需要关注情景的具体性和增量性，对情景中的实体进行充分、规范的表达和建模。未来情景建模的研究需要解决当前情景本体的缺陷，尤其需要致力于以下两个方面的研究：①对用户在一定的社会环境中的应用需求、隐私需求和数据处理需求的满足；②对不确定的信息进行表达和处理，为用户构建更可靠的情景模型。

---

① Perera C, Zaslavsky A, Christen P, et al. Context aware computing for the internet of things: A survey[J]. IEEE Communications Surveys & Tutorials, 2014, 16(1): 414-454.

② Bettini C, Brdiczka O, Henricksen K, et al. A survey of context modeling and reasoning techniques[J]. Pervasive and Mobile Computing, 2010, 6(2): 161-180.

表 4-2　　　　　　　　　　**七个情景本体的比较分析**

维度	情景本体	CONON	CoBrA	COSS	Situation Ontlogy	mIO !	COMANTO	TCOM
情景感知本体实体概念	设备	+	+	−	+	+	−	+
	环境	+	+	+	+	+	+	+
	接口	−	−	−	−	+	−	−
	位置	+	+	+	+	+	+	−
	网络	+	−	−	−	+	+	+
	服务提供商	−	−	−	−	+	−	−
	角色	−	+	+	−	+	−	−
	服务	+	−	+	−	+	+	+
	情景信息来源	−	−	−	+	+	−	−
	时间	+	+	+	+	+	+	+
	用户	+	+	+	+	+	+	+
情景感知系统应用	BDI	−	+	−	−	−	−	−
	社会交互	−	−	−	−	−	−	−
	隐私规则	−	+	−	−	−	−	−
	不确定性处理	−	−	−	−	−	−	−
	历史数据处理	−	+	+	+	−	+	+
情景本体模型性能	可实施性	+	+	+	~	~	−	+
	可拓展性	+	~	+	−	~	+	−
	简明性	−	−	−	−	−	−	−

由于情景本体模型的比较较为复杂，受到制约的主客观因素较多，本书提出的基于本体的情景建模评价框架仍存在不完善的地方，如指标体系的精确性和实用性等，有待进一步的定性描述和定量分析。

4.4 实证研究：健康信息服务中的情景建模

基于情景感知的健康信息服务方式借助可穿戴或可植入医疗传感器实时采集用户情景，通过情景信息的处理达到为用户提供健康信息服务的目的。①这种信息服务方式不仅实现了对疾病的实时监测、早期预防干预和及时诊断治疗，而且允许用户参与自我健康状况的管理。

情景感知健康信息服务包括如下几种类型。

①电子病历访问服务，即用户通过用户名和密码登录 Web 站点访问存储在远程数据库中的用户电子病历。② 随着 m-Health 应用的发展，用户也可以通过移动设备访问电子病历。

②提醒及警示服务，即通过对用户生理参数进行推理和分析，检测到异常状况后及时向用户发送提醒和警示信息。第一类是异常提醒警示。当情景信息超出预设阈值时，系统会自动检测到异常状况并触发相应的提醒及警示服务，同时通过 SMS 或 Email 将异常状态发送给病人或医护人员。Logan③开发的高血压管理系统可进行数据分析，当两周内的平均血压超过预设阈值时，系统将以短信形式发送警示至用户手机。第二类是基于计划活动的提醒警示。系统可以按照预设的日程表提醒用户在规定的时间、地点完成规定的活动，如在规定的时间提醒病人按照治疗方案服药、按照日程安排进行锻炼

---

① Chiang T C, Liang W H. A context-aware interactive health care system based on ontology and fuzzy inference[J]. Journal of Medical Systems, 2015, 39(9): 1-25.

② Chang N W, Dai H J, Jonnagaddala J, et al. A context-aware approach for progression tracking of medical concepts in electronic medical records[J]. Journal of Biomedical Informatics, 2015, 58: S150-S157.

③ Logan A G. Transforming hypertension management using mobile health technology for telemonitoring and self-care support[J]. Canadian Journal of Cardiology, 2013, 29(5): 579-585.

等。Zhang 等人[1]开发的 iMessenger 系统可以监控用户日常活动，并将用户当前状态与计划事件(Schedule Event)进行对比，当检测到用户未按计划执行活动时及时发送提醒。

③疾病诊断服务，即通过分析推理将采集的生命体征参数转化为症状信息，并将症状与规则库进行匹配实现疾病的诊断。Tartarisco 等人[2]开发的智能移动健康监护系统将采集的生理情景与医疗专家制定的症状规则库进行匹配，进而判断疾病类型。

④信息推荐服务，即结合用户的生理参数、个人病史、饮食偏好等向用户推荐个性化的健康信息，如饮食搭配建议、运动建议、教育信息等。Kang 等人[3]使用基于内容的过滤、协同过滤等方法，根据用户情景与服务的相似性对医疗服务进行最优化选择，向用户推荐运动和饮食，帮助用户改善健康状况。

⑤流行病预测服务。通过对数据库中所有病人的健康数据进行挖掘分析实现对流行病的预测，出现异常情况时系统会及时通知医疗机构。如 Shahriyar 等人[4]的智能移动健康监护系统可以对某段时间、某个地区所有用户的健康状况进行分析。若短时间内同一地区多数用户感染了同一种疾病，则系统会预测该疾病可以传染，并通知医疗机构及时采取行动阻止流行病扩散。该服务对卫生机构有着重要的现实意义。

---

① Zhang S, Mccullagh P, Nugent C, et al. An ontology-based context-aware approach for behaviour analysis[M]// Activity Recognition in Pervasive Intelligent Environments, Paris: Atlantis Press, 2011: 127-148.

② Tartarisco G, Baldus G, Corda D, et al. Personal health system architecture for stress monitoring and support to clinical decisions[J]. Computer Communications, 2012, 35(11): 1296-1305.

③ Kang D O, Kang K, Lee H J, et al. A systematic design tool of context aware system for ubiquitous healthcare service in a smart home[C]//Future Generation Communication and Networking (fgcn 2007), 2008: 49-54.

④ Shahriyar R, Bari M F, Kundu G, et al. Intelligent mobile health monitoring system (IMHMS)[M]//Electronic Healthcare, Berlin Heidelberg: Springer, 2009: 5-12.

本节我们将通过对高血压患者基于家庭环境的健康情景数据进行本体建模并给出相应的提醒及警示服务，进而验证上述分层本体情景模型构建理论的合理性和有效性。

4.4.1 研究背景

传统的高血压患者一般通过定期或不定期的血压测量来判断其当前的身体状态，并被给予相应的治疗方案。这种基于偶测血压的健康服务具有很多片面性，相比之下基于家庭环境的高血压患者健康援助服务具有更多的优势：

①首先它可以避免患者因见到医生时交感神经活动增强而造成的血压升高的现象。患者在家庭环境中的状态更具稳定性、真实性。

②它有助于综合判断高血压患者的病情程度。患者的血压易受到外界环境因素、血压内在变化规律和测量误差的影响。基于家庭环境的健康援助测量的情景数据不仅包括患者的体征数据，同时也包括患者所处的物理环境和用户当前的状态。这种数据监测有助于判断波动性的缘由，为接下来解决方案的提出奠定基础。

③它能够在不干预患者正常生活的前提下，为患者提供合适的健康援助服务。其参与者主要来自三个方面：患者、患者的家人和保健团队(如医生)。能够提供的服务主要包括：紧急救援、日常协助(如营养管理)和患者自我提高(如娱乐)。该健康援助能有效调动各方面资源，促进患者信息跨领域共享，在满足患者个性化需求的同时，也能做到最大限度地节约和利用资源。

4.4.2 实验场景描述

本书将通过实验对上文提出的分层本体情景建模方法的可行性进行验证。具体的实验场景描述如下：

某用户是高血压患者，和家人住在一起。患者房中先后安装了两套感应设备，一套是感应室内环境条件的物理传感器(室内温度、室内湿度)，另一套是感应身体指标的生物传感器(心率、体温和血压)。为了向患者提供综合全面的健康监护，现对两套监测设备进行整合，根据收集到的情景数据，推理出可能的重要情况以提供相应的警告提醒服务。

当警告被激活，包括患者标识、警告级别和警告触发条件的信息会被发送到健康服务系统。然后，健康服务系统通知患者的健康服务团队成员(内科医生、护士和亲属)。系统根据这些人的角色、当前介入的可达性和警告级别选择联系哪些人及合适的通知渠道(如短信或电话)。

4.4.3 应用情景本体构建

下面使用分层本体构建法进行情景建模，即采用三层本体结构：顶层本体、情景领域本体、情景感知应用本体，通过本体两级映射机制，实现情景模型的整个构建过程。

本节采用的三层本体结构中，顶层本体使用 SUMO 本体，情景领域本体在第 4.3 节已经完成了构建，因此下面主要完成面向具体情景感知应用程序的应用本体构建。根据对实验场景的分析，可以发现该场景中与高血压患者相关的情景主要分为三类：患者所处的物理环境、患者个人的生理情景和患者的社会关系情景，而为患者提供的服务是紧急情况通知服务。前三类情景信息分别通过物理环境感知系统、患者生理信息感知系统和患者社会关系管理系统采集和管理，经过综合推理，为患者提供健康援助。因此本节共设计了四个应用本体，分别是家庭环境本体、患者生理信息本体、患者社会关系本体和警告通知本体。

4.4.3.1 家庭环境本体

如图 4-11 所示，该本体主要包括患者的活动信息和患者所处的室内环境信息。患者在室内的日常活动主要用于判断用户当前的状态。室内环境信息主要用于客观表征用户当前所处的环境。室内环境的好坏程度由若干物理环境参数(Physical Parameter)来决定，如室内温度、湿度、音量等。每一个物理环境参数都有各自的参数范围(PhyParam Range)，也即正常取值范围。

物理环境参数是测量参数(Measurement Parameter)的子类，该测量参数由传感器(Sensor)感应收集。传感器是设备(Device)的子类，继承设备类的基本概要信息和功能信息。

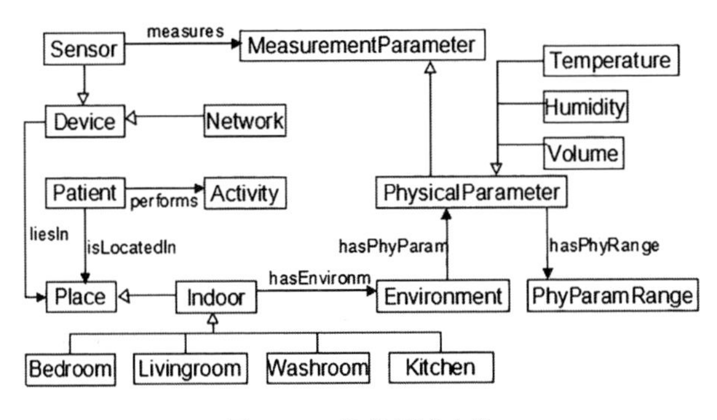

图 4-11 家庭环境本体

4.4.3.2 患者生理信息本体

如图 4-12 所示，该本体主要包括患者的概要信息(Patient Profile)和患者的生理情景。其中，患者的概要信息包括患者的人口统计学数据和患者的健康信息(如病历)。而生理情景主要是指患者的身体状态，它由一系列生物医学参数(Biomedical Parameter)决定。这里我们主要研究高血压患者的健康程度，方便在家庭环境下实时监测的参数有体温、心率、血压等，其中血压又分为收缩压(SBP)和舒张压(DBP)。每个生物医学参数都有各自的正常取值范围(BioPara Range)。

生物医学参数是测量参数的子类，该测量参数由传感器感应收集。

4.4.3.3 患者社会关系本体

如图 4-13 所示，该本体主要包括患者个人的概要信息和为患者提供健康

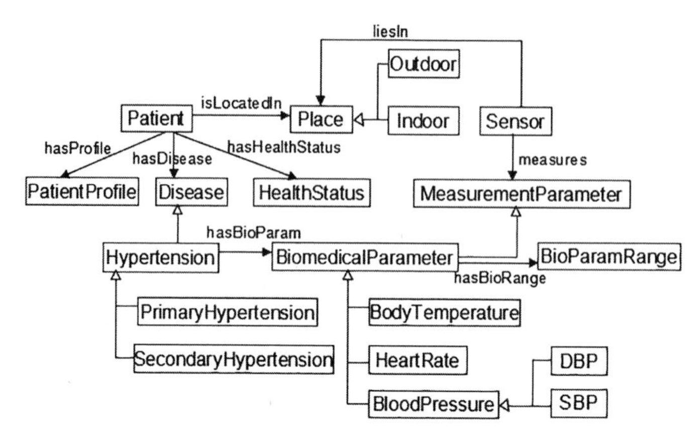

图 4-12　患者生理信息本体

服务的社会关系(Social Relation)。通过分析为患者提供健康援助的社会群体，可以概括出与患者有关的两种社会关系：亲属关系(Relative Relation)和健康援助关系(Health Assistance Relation)。其中，亲属关系主要由家庭成员(Family)组成；健康援助关系主要由健康运营者(Health Operator)和社会团体成员(Social Community Member)组成。

在患者的社会关系网络中，不同的社会成员扮演着不同的角色：

①家庭成员需要即时了解患者的状态，并被告知合适的健康援助计划。

②健康运营者由具有专业医学技能的成员组成，包括医生和护士。医生负责阅读更新病历、定义患者各项监测指标的合理范围和制订健康援助计划，它们是阈值筛选和推理规则确定的依据。在紧急的情况下，医生需要被告知患者当前状态，并及时参与患者的援助活动。护士仅有阅读病历的权限，不能参与计划的制订，需要在特定情况下被告知患者的实时信息并提供及时干预。

③社会团体成员主要是指一些业余但愿意承担照顾义务的社会援助组织，包括志愿者(Volunteer)和社区居委会成员(Committee Member)。这些成员支持紧急情况救助，即当监测出患者处于危险状况时，他们将被通知以采取紧急救助措施。

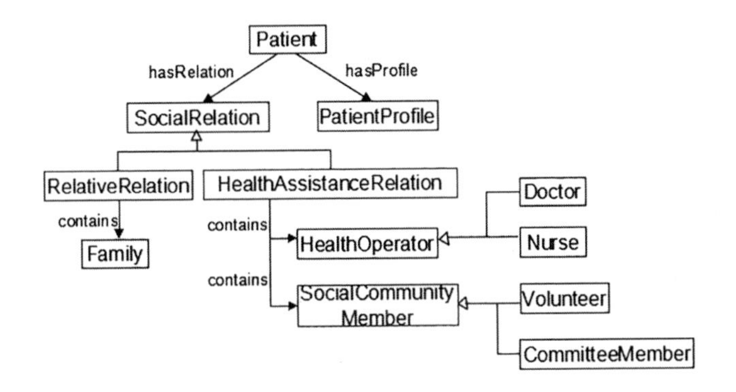

图 4-13　患者社会关系本体

4.4.3.4　警告通知本体

本实验在对高血压患者的生理情景、家庭环境情景和社会关系情景进行综合分析的基础上，通过判断患者当前的身体状态，进而提供相应的紧急情况通知服务。

本书给出了 4 个警告级别，不同级别对应着患者当前身体状态的不同危险程度。针对不同的警告级别，有相应的警告通知策略，为预警服务提供依据。

表 4-3 中，警告级别(Alarm Level)共包括 4 种，依次是非常低、低、中等和高。每个警告级别都对应着相应的警告策略(Notification Policy)。警告策略中详细列举了要联系的人群(Contact Person)，联系的方式(Way)、被联系者的优先级(Priority)和是否需要被联系者给予应答(RequiresAck)。以警告级别“High”为例，系统对应两个联系队列，在第一个队列中，系统呼叫患者的家属，并需要得到对方的确认；在第二个队列中，有三类援助者且他们有不同的呼叫优先级：①呼叫患者的医生，并需要得到对方的确认；②若在固定时间内没有得到医生的答复，则呼叫护士；③若在固定时间内没有得到护士的答复，则呼叫社会团体成员。

该策略为患者的健康监测提供了完善的预警服务，充分调动患者的社会关系来为患者提供合适的援助活动。同时，该策略成为推理规则制定的依据。

表 4-3 **警告通知策略**

Alarm Level	Notification Policy			
	Way	Contact Person	Priority	RequiresAck
Very Low	sms	Relative	1	No
Low	sms	Relative	1	No
		Doctor	1	No
Medium	sms	Relative	1	No
		Doctor	1	Yes
		Nurse	2	Yes
High	call	Relative	1	Yes
		Doctor	1	Yes
		Nurse	2	Yes
		SocialCommunityMember	3	Yes

根据该警告通知服务，构建警告通知本体(Alarm Notification Ontology)如图 4-14 所示。其中患者的健康状态(Health Status)有数据属性：警告级别(Int 型)。通过警告级别和警告通知策略，可以得出警告通知队列(Contact Queue)。在警告通知队列中包含联系人(Contact Person)的信息，包含数据属性：优先级(Int 型)和是否应答(Boolean 型)；还包含联系渠道(Contact Channel)的信息。

4.4.4 不同层次本体的映射

在完成了具体的情景感知应用本体构建之后，下面需要根据两级本体映射机制，实现不同层次本体的映射。

首先根据“顶层本体—领域本体映射”机制，使用 WordNet/SUMO 映射工

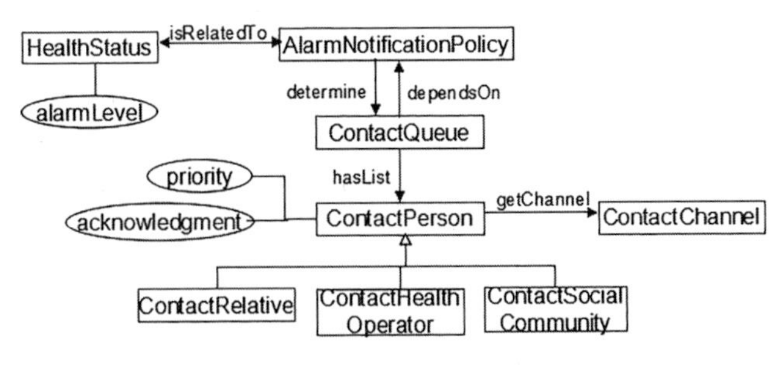

图 4-14　警告通知本体

具，完成情景领域本体到 SUMO 顶层本体的概念间映射。表 4-4 中展示了情景领域本体的一级核心类到 SUMO 的映射情况。

表 4-4　　　　　　　**“顶层本体—领域本体映射”结果列表**

领域本体	一级核心类	WordNet 术语解释	SUMO 中对应的映射及映射关系
Context Ontology	User	WordNet((n)user#1)	Experiencer(subsuming mapping)
	Condition	WordNet((n)condition#1)	Manner(subsuming mapping)
	Profile	WordNet((n)profile#1)	Graph(equivalent mapping)
	Task	WordNet((n)task#1)	IntentionalProcess(subsuming mapping)
	Activity	WordNet((n)activity#1)	IntentionalProcess(equivalent mapping)
	Location	WordNet((n)location#1)	Region (equivalent mapping)
	Environment	WordNet((n)environment#1)	SubjectiveAssessmentAttribute (subsuming mapping)
	CompEntity	WordNet((n)computational#1)	Computation(subsuming mapping)
	Status	WordNet((n)status#2)	Manner(subsuming mapping)
	Parameter	WordNet((n)parameter#2)	Causes(subsuming mapping)
	ParameterRange	WordNet((n)parameter#2∪range#7)	TraitAttribute(equivalent mapping)
	Service	WordNet((n)service#2)	Cooperation(subsuming mapping)
	Strategy	WordNet((n)strategy#1)	Plan(subsuming mapping)

接下来，根据“领域本体—应用本体映射”机制，采用基于概念语义相似

度的方法——“Wu and Palmer 算法”，计算出应用本体中概念与领域本体中概念的相似度，选择符合阈值范围内相似度最大的概念进行映射。表 4-5 展示了家庭环境本体(Home Environment Ontology)、患者生理信息本体(Patient Physiology Ontology)、患者社会关系本体(Patient Social-Relation Ontology)和警告通知本体(Alarm Notification Ontology)与上文所建立的情景领域本体(Context Ontology)进行映射后得到的结果。

表 4-5 **“领域本体—应用本体映射”结果列表**

应用本体	一级核心类	WordNet 术语解释	Context 领域本体中对应的映射	相似度	映射关系
Home Environment Ontology	Patient	WordNet((n)patient#1)	User	0. 75	Subsuming
	Activity	WordNet((n)activity#1)	Activity	1	Equivalent
	Place	WordNet((n)place#4)	SymbolicLocation	0. 5	Subsuming
	Environment (Indoor)	WordNet((n)environme-nt#1 ∪ (adj)indoor#1)	Physical-Environment	0. 722	Subsuming
	Device	WordNet((n)device#1)	Device	1	Equivalent
	Measurement-Parameter	WordNet((n)measurement#1 ∪ (n)parameter#2)	Measurement-Parameter	1	Equivalent
	PhyParam-Range	WordNet((adj)physical#7 ∪ (n)parameter#2 ∪ (n)range#7)	PhyParamRange	1	Equivalent
Patient Physiology Ontology	Patient	WordNet((n)patient#1)	User	0. 75	Subsuming
	PatientProfile	WordNet((n) patient # 1 ∪ (n) profile#1)	Profile	0. 5	Subsuming
	Disease	WordNet((n)disease#1)	NULL	0	NULL
	HealthStatus	WordNet((n)health#2 ∪ (n)status #2)	Status	0. 731	Subsuming
	Place	WordNet((n)place#4)	SymbolicLocation	0. 5	Subsuming
	Device	WordNet((n)device#1)	Device	1	Equivalent
	Measurement-Parameter	WordNet((n)measurement#1 ∪ (n) parameter#2)	Measurement-Parameter	1	Equivalent
	BioParam-Range	WordNet((adj)biomedical#1 ∪ (n) parameter#2 ∪ (n)range#7)	ParameterRange	0. 667	Subsuming

续表

应用本体	一级核心类	WordNet 术语解释	Context 领域本体中对应的映射	相似度	映射关系
Patient Social-relation Ontology	Patient	WordNet((n)patient#1)	User	0.75	Subsuming
	PatientProfile	WordNet((n) patient #1 ∪ (n) profile#1)	Profile	0.5	Subsuming
	Social-Relation	WordNet((adj) social #1 ∪ (n) relation#1)	SocialRelation-ship	1	Equivalent
Alarm Notification Ontology	AlarmNotific-ationPolicy	WordNet((n)notification#2 ∪ (n) policy#1)	ServiceStrategy	0.625	Subsuming
	ContactQueue	WordNet((n)contact#8 ∪ (n)list#1)	NULL	0	NULL
	ContactPerson	WordNet((n) contact #8 ∪ (n) person#1)	User	0.76	Subsuming
	Contact -Channel	WordNet ((n) contact8 # ∪ (n) channel#5)	ServiceInterface	0.667	Subsuming
	HealthStatus	WordNet((n)health#2 ∪ (n)status #2)	Status	0.731	Subsuming

完成了四个应用本体到 Context 领域本体的映射后，此时为了实现四个情景模型之间的互联，需要对四个情景模型进行本体映射以产生关联。本书依然采用基于概念名称相似度的方法，完成四个情景模型的概念之间的上下位映射和等价映射。经过分析，四个情景模型间的映射结果如表 4-6 所示。

表 4-6　**四个情景模型间的映射关系**

Home Environment	Patient Physiology	Patient Social-relation	Alarm Notification	映射关系
Patient	Patient	Patient	\	Equivalent
Place	Place	\	\	Equivalent
Indoor	Indoor	\	\	Equivalent
Sensor	Sensor	\	\	Equivalent
Measurement-Parameter	Measurement-Parameter	\	\	Equivalent

续表

Home Environment	Patient Physiology	Patient Social-relation	Alarm Notification	映射关系
\	PatientProfile	PatientProfile	\	Equivalent
\	\	Family	ContactRelative	Equivalent
\	\	HealthOperator	ContactHealth-Operator	Equivalent
\	\	SocialCommunity	ContactSocial-Community	Equivalent
\	HealthStatus	\	HealthStatus	Equivalent

经过基于分层本体的情景建模以及不同情景模型之间的映射和调整，对最终构建完成的逻辑互联的情景模型使用 Pellet1. 5. 2 推理机进行检验。Protégé 窗体中间会出现类阶层图，下方对话框中会指出错误的地方并说明原因。该检测结果如图 4-15 所示。实验证明最终得到的模型符合逻辑一致性要求。

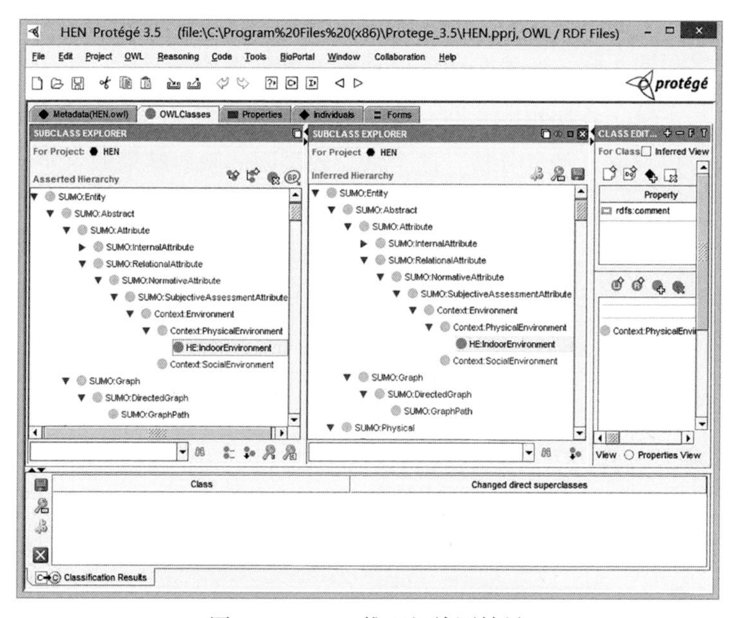

图 4-15 Pellet 推理机检测结果

5 基于本体集成的社会情景建模

随着社交媒体平台(例如新浪微博、QQ、优酷、Fackbook、Twitter、YouTube、Delicious、LinkedIn、Wiki等)的兴起，互联网用户面临“社交过载”(与社交网络好友的频繁交互)和“社交信息过载”(来自社交网络的海量信息)问题。同时，智能移动终端的快速发展以及信息获取能力的提高，使得人类在混合网络中进行社交活动时留下的数字信息正在以惊人的速度增长和积累。如何感知并利用这些用户社会情景，实现“以人为本”的智能化服务，是目前信息服务领域的重要问题。社会情景感知计算(Social Context Aware Computing)是一种计算模式,[①] 在这种模式中应用可以发现并利用社会情景信息,[②] 其与普适计算、移动计算和智能计算密切相关。[③] 同时，社会情景感知计算也是情景感知计算与社会计算融合的产物，是一种对用户情景的社会属性进行分析处理而向用户提供所需服务的计算模式。社会情景感知计算有三层含义：识别社会情景、感知社会情景以及计算社会情景。

社会情景感知计算与物联网、语义网、信息检索、信息推荐、应急管理等热门技术相结合，在多个领域为人们提供多样化的智能服务，已经得到国

---

① 顾君忠．情景感知计算[J]．华东师范大学学报(自然科学版)，2009(5)：1-20.

② 於志文，於志勇，周兴社．社会感知计算：概念、问题及其研究进展[J]．计算机学报，2012，35(1)：16-26.

③ Lukowicz P，Ferscha A. From context awareness to socially aware computing[J]. IEEE Pervasive Computing，2011 (1)：32-41.

外学者广泛关注并取得了一定的研究成果。[1] 社会情景感知计算本质上是情景感知计算研究的一个子领域。根据 Dey 对情景的定义，情景是指描述一个实体情形(Situation of an Entity)的所有信息，[2] 因此情景既有物理属性也有社会属性。传统的情景感知计算研究主要关注情景的物理(Physical)属性，如位置(基于位置的服务，Location-Based Service)、时间、温度、天气、血压等。然而，随着智能手机以及社交媒体的快速发展，目前越来越多的学者开始研究情景的社会(Social)属性，如社会角色、社会关系、社交事件等，逐渐从单一系统单一用户的传统(物理)情景感知计算研究转换到多系统多用户交互的社会情景感知计算研究。

与传统的情景感知计算研究进行比较，社会情景感知计算研究有如下特点：①在数据来源方面，传统情景感知计算主要使用传感器获取简单、客观、易表示的物理情景，其主要代表为基于位置的服务(LBS)；而社会情景感知计算主要使用复杂的和相对主观的社会情景数据，其表达相对复杂。一个社会交互事件不能像位置一样用一组准确的数据表示，且其某些属性(社会关系、社会角色)是由社会定义的，具有主观性、模糊性和动态性。底层基础数据源的差异使二者在情景信息处理的各个阶段都有所不同。②在情景管理方面，传统情景感知计算偏向于单用户情景管理，可以通过对单用户数据进行训练并交付；社会情景不仅包括用户个人基本信息，还涉及两个及两个以上用户的交互信息，[3] 因此社会情景感知计算更注重多用户关联社会情

---

① Liang G, Cao J. Social context-aware middleware: A survey[J]. Pervasive & Mobile Computing, 2015, 17: 207-219.

② Dey A K, Abowd G D, Salber D. A conceptual framework and a toolkit for supporting the rapid prototyping of context-aware applications[J]. Human-computer Interaction, 2001, 16(2): 97-166.

③ Salehi-Abari A, Boutilier C. Preference-oriented social networks: Group recommendation and inference[C]// ACM Conference on Recommender Systems, ACM, 2015: 35-42.

景管理。[①] 但是如何消除底层个人社会情景和高层群组社会情景之间的鸿沟仍是社会情景感知计算面临的一个巨大挑战。③在技术支持方面，社会情景感知计算研究框架与传统情景感知计算研究框架基本相似，包括社会情景获取、社会情景建模、社会情景推理、安全与隐私等模块，但具体模块的技术处理过程和关注点不同。社会情景感知计算主要从电子通信设备以及社交媒体平台获取文本(Text)、图片(Picture)、视频(Video)等社会情景数据信息，且更注重对社会关系、群组情景以及交互活动的建模和推理。

由于"社交过载"和"社交信息过载"使得社交平台中有海量的个人社会情景信息和群组社会情景信息，如何对这些异构的社会情景信息进行统一的、形式化的表达，将面临比传统情景感知系统更加复杂的环境。本章将利用本体集成技术对社会情景进行本体建模。首先，介绍基于本体集成的本体模型构建理论和方法；其次，对本体建模对象即社会情景的概念进行界定，确定本章的建模对象；然后，以本章提出的社会情景概念维度为一级核心类，利用本体集成对社会情景进行建模；最后，以微信中的用户活动为例证明本书所构建的社会情景本体能够对用户的社会情景进行丰富的、动态的语义描述。

5.1 基于本体集成的本体构建方法

本书已经对本体的相关基础理论进行了介绍，由于本体的创建者不同，使用的创建方法不同，即使是对同一领域内的问题建模，不同的领域专家开发出的本体也存在着差别。本书第 4 章介绍了基于分层本体的情景建模方法，通过不同层级的本体对同一事物进行分层表达，逐步扩展该事物在具体领域、应用上的特性，保证本体的重用性和可用性。本章将使用另外一种本

① Christensen I, Schiaffino S, Armentano M. Social group recommendation in the tourism domain[J]. Journal of Intelligent Information Systems, 2016: 1-23.

体构建方法即本体集成（Ontology Integration），它是指使用已经存在的不同主题的本体建立一个范围更广或更具体的本体，本质上讲就是消除本体语义异质、实现语义通信并达到最高层级的语义融合的过程。在国内外文献中，对本体集成和本体融合或本体合并（Ontology Merging）这两个概念的确切意义，并没有形成统一而严格的认识，并且使用较为混乱。主要有以下两类观点：

①两者基本含义一致，都表示通过合并两个或更多初始本体产生一个新本体的过程。Klein M 认为两者是等同的，即“从两个或更多具有交叠部分的现有本体中产生一个新的本体，交叠部分可以是虚拟的或真实的”。① SEKT 与 KW 的报告都将本体融合定义为“依据两个或更多本体创造一个新的本体”，② 而且 N. F. Noy、Stumme G 等人也分别提出了与之相似的定义，③ 他

---

① Sven A, Liane H, Axel H. Identifying ontology integration methods and their applicability in the context of product classification and knowledge integration tasks[R]. Report No. WI-OL-TR-01-2005, Oldenburg: Department of Business Information Systems, University of Oldenburg, Germany, 2005; Kiu C C, Lee C S. Ontology mapping and merging through OntoDNA for learning object reusability[J]. Educational Technology & Society, 2006, 9(3): 27-42.

② Bruijn J D, Martín-Recuerda F, Manov D, et al. State-of-the-art survey on ontology merging and aligning v2[R]. Deliverable D4. 2. 2. Semantically Enabled Knowledge Technologies (SEKT), 2005; Bouquet P, Ehrig M, Euzenat J, et al. Specification of a common framework for characterizing alignment[R]. Document Identifier: KWEB/2004/D2. 2. 1/v2. 0, Knowledge Web, 2005; Kalfoglou Y, Schorlemmer M. Ontology mapping the state of the art[J]. The Knowledge Engineering Review, 2003, 18(1): 1-31.

③ Noy N F, Musen M A. Smart: Automated support for ontology merging and alignment [R]. Report NO. SMI-1999-0813. Stanford Medical Informatics, 1999; Noy N F, Musen M A. An algorithm for merging and aligning ontologies: Automation and tool support[C]//Proceedings of the Workshop on Ontology Management at the Sixteenth National Conference on Artificial Intelligence (AAAI'99), Orlando, FL: AAAI Press, 1999; Stumme G, Mädche A. FCA-Merge: Bottom-up merging of ontologies, Proceedings of IJCAI'01[C]. Seattle, USA, 2001: 225-230; Stumme G, Mädche A. Ontology merging for federated ontologies on the semantic web: Proceedings of IJCAI'01 workshop on ontologies and information sharing[C]. Seattle, USA, 2001.

们对本体融合的定义与 Klein M 本质上是一致的。另外，奥尔登堡大学商业信息系统系的技术报告也提出了类似的理论，并把本体融合作为本体集成的最高层次，强调了两者相同的方面。①

②两者具有不同的含义。最具代表性的是 Pinto H S 等提出的理论：他们将“Integration”的定义限定为“复用不同主题领域的其他可用的本体构建一个新本体”，而将“Merging”的定义限定为“合并同一主题领域的不同本体，产生一个统一的本体”。② Pinto 等多次在不同的文献中阐述这个观点，强调以复用本体的主题领域来区分本体集成与融合的含义。③

通过以上分析，可以发现 Integration 与 Merging 的含义确实存在不同的观点，但毫无疑问，它们的核心意义都指向“通过复用本体构建新本体”。本书认为，“集成”是比“融合”含义更为广泛的概念，应用时，不能强加条件、限定使用范围，也不能无条件限制地混用滥用。因此，依据两个词语的基本含义，本书强调“本体集成”的“一体化、综合”的特点，把本体集成定义为“结合两个或多个领域相关的本体构建一个新本体”；强调“本体融合”的“归并、合并”特点，把“本体融合”定义为“结合两个或多个同主题领域的本体构建一个本主题领域的新本体”，即本体集成是一个较大的概念，本体融合是本体集成的一种类型。

本书没有刻意地区分本体集成和本体融合，一概用本体集成来描述。在集成过程中将两个或多个本体中的知识以一种统一的形式表示在新的本体

---

① Sven A, Liane H, Axel H. Identifying ontology integration methods and their applicability in the context of product classification and knowledge integration tasks[R]. Report No. WI-OL-TR-01-2005, Oldenburg: Department of Business Information Systems, University of Oldenburg, Germany, 2005.

② Pinto H S, Gomez-Perez A, Martins J P. Some issues on ontology integration[C]//Proceedings of the IJCAI'99 Workshop on Ontologies and Problem-Solving methods (KRR5), Stockholm, Sweden, 1999.

③ Pinto H S, Martins J P. A methodology for ontology integration[C]//Proceedings of the International Conference on Knowledge Capture, ACM Press, 2001: 131-138; Pinto H S, Martins J P. Ontology integration: How to perform the process[C]//Proceedings of International Joint Conference on Artificial Intelligence, Seattle, Washington, USA, 2001.

中，如果源本体由于某种原因需要调整，其直接或间接引用的本体也需要进行相应的更新。

5.1.1 本体集成需要解决的问题

本体集成的问题在于不同组织机构开发的本体描述的领域可能相关或重叠、采用的语言和组织方式不同、对领域知识描述的侧重点和详细程度不同、存储格式不同，从而导致了本体异质，形成了大量异构本体。表 5-1 给出了一些本体异构问题以及相应的解决方案。①

表 5-1 **异构问题及其解决方案**

层次	不一致类型		存在问题	解决方案
概念层	建模	概念范围	两个类看似表达相同的概念，但实际拥有不同的实例	在全局本体中创建对应的上层本体，然后以它为子树根节点生成两个兄弟节点，并建立与类的映射
		粒度	建模时采用不同的建模粒度	在全局本体中创建对应的新概念名，并生成层次结构，然后与局部本体中的概念建立映射
	模型表示		同一概念采用不同模型类别表示	全部转化为采用统一格式表示
语言层	语法		不同的本体语言采用不同的语法	重写机制
	逻辑关系表达		不同的逻辑表达式表示相同的含义	提供两者之间的逻辑转换规则
	原语		同一语言构造符字符串在不同语言中语义不同	在集成本体库中用不同的构造符字符串表示
	语言表达能力		一种语言可以表达另一种语言无法表达的内容	无

① 王真星，但唐仁，叶长青，等．本体集成的研究[J]．计算机工程，2007，33(2)：4-5.

续表

层次	不一致类型	存在问题	解决方案
其他	同义词	不同词之间具有相同的含义	在全局本体中创建新的概念名，并将其和同义词建立映射
	同词异义	同一词在不同本体中具有不同含义	用不同的名字、空间解决
	编码	具有数值类型的本体可用不同的编码表示	直接转换

本体集成主要解决两类问题：构建新本体时重用现有本体，实现对本体及其结构的持续改进和丰富；跨领域应用本体知识时，对不同领域本体进行集成，以解决不同应用间的信息异构问题。

5.1.2 本体集成原则

本体集成应该遵循以下四条基本原则：

①完备性原则。主要指数据(语义) 完备性和约束(关联)完备性，待集成本体中如果有数据(语义)符合本体应用需求，则该语义一定要在目标本体中体现；如果所需求的语义之间有约束(关联)，则该约束也一定要出现在目标本体中。

②本体进化原则。本体的集成是一个动态的过程，集成后形成的本体一定要具有可复用性，具备二次开发的空间和能力。源本体变化后，可能导致整个系统语义上的不一致，以及功能上的错误，因此，集成后的本体要能随着源本体的变化进行不断更新。

③覆盖度和粒度兼顾的原则。覆盖度是指本体对领域的覆盖程度，粒度是指领域本体对领域知识的细化程度。本体的集成不但要求“广”(覆盖度) 而且要求“深”，要两者兼顾。

④实用性的原则。本体的集成是个异常复杂的过程，到目前为止，国外所进行的一些本体集成的尝试，都需要大量的人工参与。因此，所谓实用性原

则，就是一方面要尽量减少人的工作量，另一方面要考虑集成的复杂程度，如果集成多个本体比重新构建一个新本体还要复杂，那就无所谓集成了。

5.1.3 本体集成框架

本体集成框架主要包括三个部分：异质本体层、中间层和用户层：①

①异质本体层，包括不同的异质的领域本体，是集成的对象。

②中间层，实现本体的管理，包括本体映射管理、本体查询管理和通信平台。

本体映射管理主要是本体的范化、本体映射的生成和进化，以实现异构本体之间的互操作。它包括本体范化插件、范化本体库、近义词汇库、本体语义映射生成器和本体映射库。本体范化插件根据各个异质本体的存储形式不同，把各个异质本体转化为标准形式，只需要概念、属性以及它们之间的语义、层次关系的信息，不涉及具体的实例。范化本体库存储范化后的本体。

本体映射的实现需要计算本体元素的相似度，所以需要构建一个近义词汇库。范化本体输入到本体语义映射生成器，根据近义词汇库，输出本体映射集，把映射集存放在本体映射库里。

本体查询管理包括：查询扩展器、查询转换器、查询插件和查询结果集成器。根据本体映射库，查询扩展器把查询扩展为相关领域本体的查询，查询转换器把各个查询转换成各个领域本体的查询语言，再把各个领域本体的查询结果集成反馈给用户。

通信平台负责领域本体、本体范化插件、本体语义映射生成器和领域专家之间的通信。

③用户层，包括用户和领域专家。用户选择某个领域本体，提出查询需求，查询与这个领域本体相关的本体信息。领域专家管理本体的映射，负责近义词汇库的建立和管理、本体映射算法的制定以及对本体自动映射后产生

---

① 韩文骥．基于语义映射的本体集成研究[D]．南京：南京航空航天大学，2007.

的映射库进行修正和管理。

5.1.4 基于 WCONS+的本体集成

WCONS[①](Word and Context Similarity)是一种基于词语和语境相似度的本体映射方法，其依据是：词语相似度和语境相似度表现本体概念的语义相似度，语境相似度起决定作用；词语相似度较高而语境相异度较低的概念的语义相似度较高，词语相似度较低但语境相似度较高的概念的语义可能相似，这两种情况都可能产生映射。WCONS 将概念语境分为结构面、关系面、属性面、实例面四个分面语境，比较充分地考虑了语境对概念语义的作用，通过采用 Levenshtein 距离[②]与 Tversky 相似度模型[③]等语义相似度度量方法来计算概念间的映射关系。

随后卢胜军等[④]在 WCONS 的基础上提出了本体集成方法：WCONS+。WCONS+方法主要是通过发掘两个领域本体中的概念与概念、关系与关系、属性与属性等同类元素间的等同关系的映射，实现两个领域本体的有效集成。也就是说，WCONS+仅讨论两个同一领域或相关领域的、具有重叠部分的本体的集成，且仅限于两个本体中概念与概念、关系与关系、属性与属性这三种相同类型元素间的等同关系的映射。现阶段，WCONS+针对的仅是采用 OWL DL 描述的领域本体。

WCONS+方法是本体集成基本过程的深化和重组，它分为准备、映射、集成和检测四阶段，如图 5-1 所示。

---

① Zhen Z, Shen J, Lu S. WCONS: An ontology mapping approach based on word and context similarity[C]// IEEE/WIC/ACM International Conference on Web Intelligence and Intelligent Agent Technology, IEEE, 2008: 334-338.

② Levenshtein V I. Binary codes capable of correcting deletions, insertions and reversals[J]. Soviet Physics Doklady, 1966, 10(10): 707-710.

③ Tversky A. Features of similarity[J]. Readings in Cognitive Science, 1988, 84(4): 290-302.

④ 卢胜军, 李法勇, 钱建军, 等. WCONS+: 一种基于 WCONS 的本体集成方法[J]. 现代图书情报技术, 2009, 3(2): 18-22.

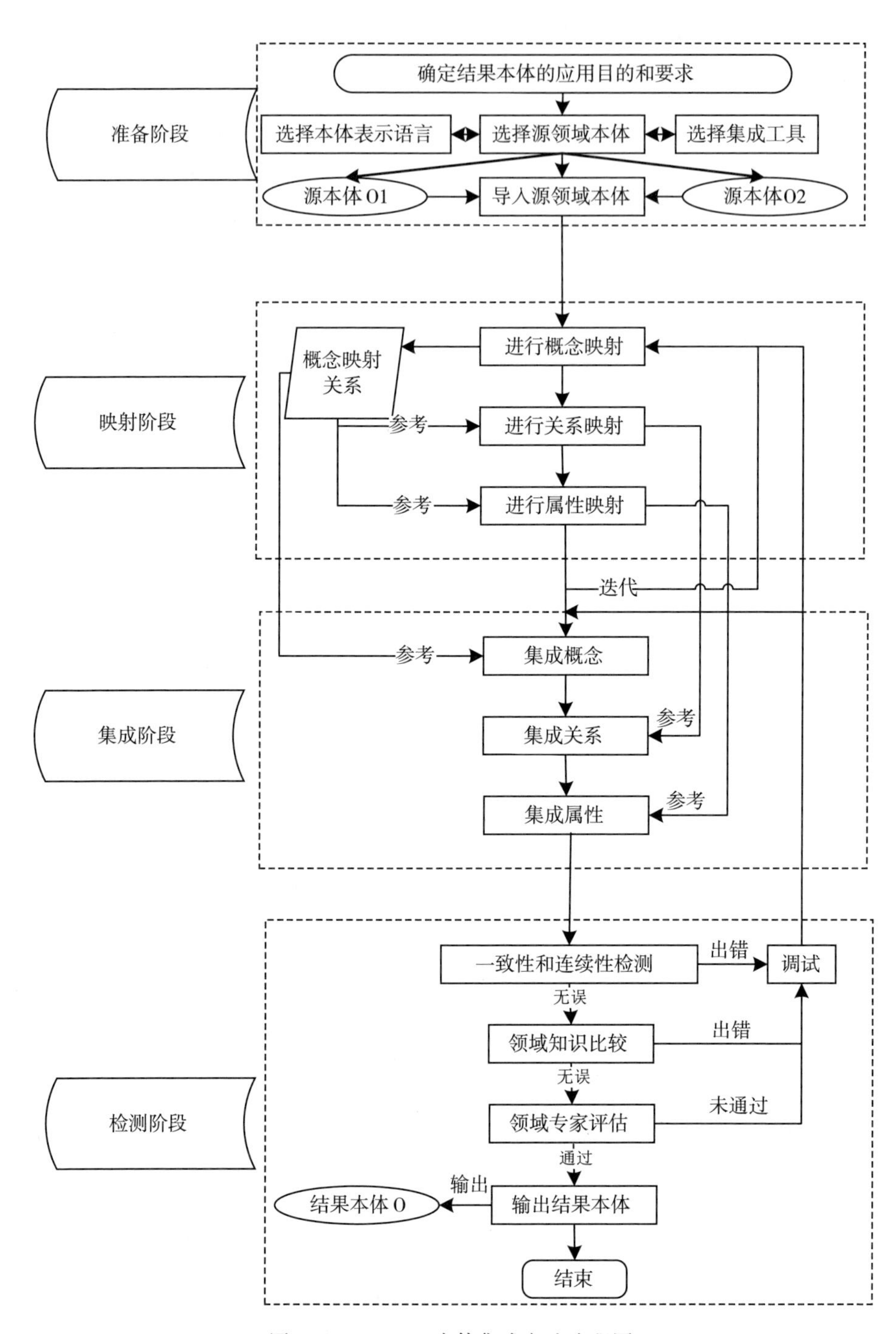

图 5-1　WCONS+本体集成方法流程图

①准备阶段。这一阶段的主要任务是获取可用于集成的领域本体，并为下一阶段消除本体语言层方面的异质障碍做好准备。主要工作包括：确定结果本体的应用目的和要求，为以后所有的操作设定依据和限制；选择最佳的源领域本体、选择本体表示语言、选择合适的本体工具等，为实现本体映射做好原始资源、表达方式与工作环境等方面的准备。

②映射阶段。这一阶段的主要任务是计算两个本体中同类型元素间的语义相似度，发掘、选择及确定相互匹配的概念，最终产生元素间的映射。主要工作包括：导入源领域本体；采用 WCONS 方法进行概念、关系与属性等元素的映射操作。WCONS 方法是这一阶段的核心。

③集成阶段。这一阶段的主要任务是依据本体元素间的映射关系类型，结合本体集成工具的功能，对本体元素执行添加、删除、修改、合并等类型的集成操作，最终实现本体的集成。概念、关系与属性等元素的集成操作顺序与映射阶段相同。

④检测阶段。高质量的本体描述的知识应是一致和连续的。集成后的本体，即结果本体，必须检测知识的一致性和连续性。这一阶段的任务就是采用推理机推理、对照比较领域知识、领域专家评估等方式消除集成后本体中存在的矛盾知识。若出现不一致或不连续的情况，应该依据已进行过的映射操作和集成操作以及领域知识，调整并消除本体中的矛盾。若结果本体在一致性和连续性检测以及领域知识比较等方面无错误出现，并且通过了领域专家的评估，则表明成功实现了本体集成。

WCONS+方法的准备阶段正是针对语言层上可能出现的异质问题；映射阶段主要是解决本体层上的异质问题；而集成阶段是在前两个阶段的基础上进行的更为深入的工作，它使本体以紧密的形式无障碍、无中介地进行语义通信，并能执行语义推理，实现知识的完全融合，从而产生一个集成的本体；然而，此时的本体仍不能称为一个严格的本体，其知识可能并不完全一致和连续，并且可能不完全符合领域知识，检测阶段正是为解决这些问题而设置的，通过对上述工作的校验、论证和总结，最终构建出一个具有较高质量的本体。

本章将使用 WCONS+本体集成方法对 FOAF、RELATIONSHIP、SIOC、SKOS、OWL-Time、SEM 六个外部本体进行集成，在此基础上构建社交媒体中以事件为中心的社会情景本体（Event-Centered Social Context Otology，ECSCO）。

5.2 社会情景建模研究现状

由于社会情景建模更关注于社会关系及多用户交互的社会情景，且社会情景比物理情景复杂，因此目前学者使用的社会情景建模技术为基于图形的（Graphical Modeling）和基于本体的（Ontology Based Modeling）。

（1）社会情景图形模型

20 世纪 30 年代，Moreno① 最早提出用图形模型“sociogram”来表示用户在社交网络中的关系，圆圈表示个人用户，矩阵表示用户之间的关系，但其只表示吸引和排次关系，这种表示用户关系方法只使用于小型群组，对现在的大型社交网络来说不具备可读性。

21 世纪中期，图形理论②成为表示用户关系的主要方法，图形模型由顶点的集合与边的集合组成，包括有向的和无向的、加权的和未加权的、标注的和未标注的。

有向图形可以表示社会情景中用户的对称关系，如 Facebook 中的朋友关系、家人关系；相反，无向图形可以表示社会情景中用户的非对称关系，如新浪微博中的关注关系。

---

① Moreno J L. Emotions mapped by new geography[J]. New York Times, 1933, 3: 17.

② Harary F, Norman R Z. Graph theory as a mathematical model in social science[M]. Ann Arbor: Institute for Social Research, University of Michigan, 1953.

加权的图形模型用来表示社会情景中用户之间的密度水平，即两个用户之间发生交互的频率或亲密度，如发送信息的数量、点赞的数量、评论的数量等。

有标注的图形模型适用于社会情景中对用户不同的社会关系类型进行建模，如在 Facebook 或新浪微博中标注朋友关系、同学关系、家人关系等。

时间图形模型近年来用来表示动态的社交网络关系，用持续时间序列和间隔时间序列对交互关系进行建模。持续时间序列表示两个用户实体之间即时的联系，如 Facebook、新浪微博中的消息发送；间隔时间序列表示有时间间隔的交互，经常用来对对话交互建模，如 WeChat、虚拟会议等。

CML(Context Modelling Language)是 ORM 图形建模技术的一种，能够通过结构化方法描述情景类型和不同情景之间的关系。图形模型能够很好地支持社会关系建模，适合对大量的长期社会情景数据进行永久性存档，如 Hatzi 等[①]对 UML 图形模型进行扩展来表示企业社交网络中的交互历史。CAMEO[②]采用 Henricksen K 等人[③]的 CML 语言来对社会情景进行建模，描述了三个社会情景对象：人(People)、邻居(Neighbor)和社区(Community)，并对不同的社会情景对象之间的关系进行了定义，如"People belong to community"。

使用图形模型表示社会情景时主要应用节点(Node)来表示用户，应用节点与节点之间的链接关系来表示用户之间的关系。用图形模型表示社会情景只是把社会情景表示成一个简单的网络，没有考虑节点、链接之间的异构性。

在一个真实的社交平台 Facebook 中，一个节点可以表示个人、组织、资

① Hatzi O, Meletakis G, Katsivelis P, et al. Extending the social network interaction model to facilitate collaboration through service provision[M]//Enterprise, Business-Process and Information Systems Modeling, Berlin Heidelberg: Springer, 2014: 94-108.

② Arnaboldi V, Conti M, Delmastro F. CAMEO: A novel context-aware middleware for opportunistic mobile social networks[J]. Pervasive & Mobile Computing, 2014, 11(2): 148-167.

③ Henricksen K, Indulska J. Developing context-aware pervasive computing applications: Models and approach[J]. Pervasive and Mobile Computing, 2006, 2(1): 37-64.

源等；链接可以表示不同类型的关系，如朋友关系、家人关系、同事关系；个人用户同时可以有不同的角色和地位。

图形模型也没有考虑社会情景的动态性问题，用户的社会结构无时无刻不在发生变化，个人可以加入或者离开一个社交网络，社会情景会随着时间进行演变，这对社会情景的建模非常重要，然而目前的社会情景模型都是对社会情景的静态描述，而其动态性经常被忽视。

图形模型的另外一个问题就是互操作性比较差，其不能实现不同社交平台中数据的互操作。图形模型的研究已经取得了显著的成果，但是其明显的局限性是不能对复杂的社会情景进行有效的表示。

(2)社会情景本体模型

本体模型支持语义推理，能够表示复杂的社会情景，且标准化高、可重用，是目前社会情景建模领域中最为常用的技术。

SCIMS① 定义了顶层本体和领域本体来描述社会情景，顶层本体包括四个实体类：人、社会角色、社会关系和目前状态。在顶层本体的基础上，SCIMS 定义了细粒度的领域本体，如关系领域本体包括家人关系、同事关系、同学关系、共同兴趣关系；目前状态领域本体包括在家里、在办公室、在购物、在旅游。SoSmart② 按照组织社会学原理用三个维度来定义社会情景本体：规模、密度、关系类型。TSEF③ 通过本体定义了社交事件，根据用户社会情景和 Web 文档情景相似性进行专家推荐。

目前开放的可用于构建社会情景的本体有 FOAF、RELATIONSHIP、

---

① Kabir M A, Han J, Yu J, et al. SCIMS: A social context information management systemfor socially-aware applications[C]//Proceedings of the 24th International Conference on Advanced Information Systems Engineering, Berlin: Springer-Verlag, 2012: 301-317.

② Biamino G. Modeling social contexts for pervasive computing environments[C]//Proceedings of Pervasive Computing and Communications Workshops, New York: IEEE, 2011: 415-420.

③ Li Y, Ma S, Huang R. Social context analysis for topic-specific expert finding in online learning communities[M]. Berlin: Springer Berlin Heidelberg: Springer, 2015: 57-74.

SIOC、SWRC。

FOAF(Friend-of-a-Friend)①是目前使用范围最广的用来表述人以及人们之间关系的本体，FOAF 是一种 XML/RDF 词汇表，它以计算机可读的形式描述通常可能放在社交媒体上的个人信息。FOAF 词汇表通过 name、e-mail、web/blog address、interests 等定义用户个人配置文件；用“Known”属性来链接人与人。

RELATIONSHIP② 是用来描述人与人之间关系的一组词汇，通常映射到 FOAF 本体中，用来标注 FOAF 中的“Known”属性。

SIOC(SemanticallyInterlinked Online Communities)③本体描述在线社区的交互以及内容的产生和交换。SIOC 本体中的“Forum”描述了讨论发生的平台、讨论的内容以及涉及的用户。SIOC 定义了到 FOAF 本体的映射。

SWRC(Semantic Web for Research Communities)④本体是对研究社区(Research Communities)中实体的建模，如人(Persons)、组织(Organisations)、出版物(Publications)以及它们之间的关系。

FOAF 本体和 RELATIONSHIP 本体是以人(people)为中心对社交媒体中的用户及用户关系进行描述；DC 本体和 SKOS 本体是对社交网络中的对象资源进行系统分类及描述；SIOC 本体和 SWRC 本体是对社交媒体中的在线社区的形式化表达，但二者均没有考虑时间动态性，且 SWRC 本体是对学术研究特定领域的在线社区的描述，其不具有通用性。用户和社会交互事件(浏览新闻、点赞、评论、转发、发布信息等)构成了社交媒体中的核心内容，但目前可用于构建社会情景的本体研究主要从人和对象资源的角度出发来构建本体，且都是静态社会情景本体模型，没有考虑社会情景的时间演变性。

本书将以社交事件为中心，并对已有可以构建社会情景的外部本体进行

---

① FOAF[EB/OL]. [2020-11-21]. http://www.foaf-project.org/.

② RELATIONSHIP[EB/OL]. [2020-11-21]. http://vocab.org/relationship/.

③ SIOC[EB/OL]. [2020-11-21]. http://sioc-project.org/.

④ [EB/OL]. [2020-11-21]. http://ontoware.org/swrc/.

WCONS+集成，构建能够表示时间性的社会情景本体。

5.3 社会情景概念及描述维度

社会情景感知计算应用可以在各种不同的领域为人们带来潜在的经济价值和社会价值。例如，根据群组社会情景来识别最有影响力的个人，从而实施最优的广告策略；① Lu Y 等利用用户之间的关系和交互历史等社会情景对评论质量进行了评估和管理；② Alves D 等根据用户在虚拟社交网络上的社会情景为用户提供个性化的信息检索结果；③ Xuan H P 等根据用户的社会情景(Where and When and with Who)以 Facebook 的 MyMovieHistory 应用为平台为用户提供个性化的电影推荐。④ 他们都使用了社会情景的概念，但对其定义却缺少统一的标准。

社会情景(Social Context)是情景的一个子集，主要是指用户社会活动以及社会关系的集合，其关注点从用户的物理环境(位置、时间、温度等)转换到用户的社会环境(社会关系、社会角色、交互事件等)。关于社会情景的定义有很多，表 5-2 对典型的社会情景感知系统中关于社会情景的概念进行了总结和分析，从中可以看出其定义的差别。

从表 5-2 中可以看到，虽然学者们对社会情景没有统一认可的定义，但

---

① Adams P. Grouped: How small groups of friends are the key to influence on the social web[M]. Berkeley: New Riders, 2011.

② Lu Y, Tsaparas P, Ntoulas A, et al. Exploiting social context for review quality prediction[C]//Proceedings of the 19th International Conference on World Wide Web, New York: ACM, 2010: 691-700.

③ Alves D, Freitas M, Moura T, et al. Using social network information to identify user contexts for query personalization[C]//Proceedings of the International Conference on Advances in Databases, Knowledge, and Data Applications, USA: IARIA, 2013: 45-51.

④ Xuan H P, Jung J J, Le A V, et al. Exploiting social context for movie recommendation[J]. Malaysian Journal of Computer Science, 2014, 27(1): 68-79.

都围绕着不同平台上用户与用户之间的关系和交互进行研究。其研究维度主要集中在人、社会关系、社交事件、地点方面，只是没有对社会情景维度以及维度之间的关系进行完整体现和表述。

表 5-2 **典型社会情景感知应用系统中的社会情景概念及维度**

社会情景感知系统	社会情景概念	描述维度
Yarta①	社会情景是对具有物理相近性用户之间关系的描述	事件、发生地点、对象(话题)
MobiSoc②	社会情景是指一定地点范围内人和人之间交互信息的集合	人、地点、人和人之间的关系、人和地点之间的关系
SCAN③	社会情景是对虚拟社区中用户之间关系的描述	人和人之间的关系强度(信任度)
TSEF④	社会情景是指虚拟平台中用户交互活动信息的集合	社交事件、人和人之间的关系(影响)
SCIMS⑤	社会情景是指物理的和虚拟的社会活动以及社会关系的集合	人、社交事件、社会角色

① Toninelli A, Pathak A, Issarny V. Yarta: A middleware for managing mobile social ecosystems[C]//Proceedings of the Sixth International Conference on Advances in Grid and Pervasive Computing, Berlin Heidelberg: Springer, 2011: 209-220.

② Gupta A, Kalra A, Boston D, et al. MobiSoC: A middleware for mobile social computing applications[J]. Mobile Networks and Applications, 2009, 14(1): 35-52.

③ Liu G, Wang Y, Orgun M A. Social context-aware trust network discovery in complex contextual social networks[C]//Proceedings of the Twenty-Sixth AAAI Conference on Artificial Intelligence, Cambridge, 2012, 12: 101-107.

④ Li Y, Ma S, Huang R. Social context analysis for topic-specific expert finding in online learning communities[M]. Berlin Heidelberg: Springer, 2015: 57-74.

⑤ Kabir M A, Han J, Yu J, et al. SCIMS: A social context information management systemfor socially-aware applications[C]//Proceedings of the 24th International Conference on Advanced Information Systems Engineering, Berlin: Springer-Verlag, 2012: 301-317.

续表

社会情景感知系统	社会情景概念	描述维度
SocioPlatform①	社会情景是指用户的社会环境，包括和其相关的其他个人和群组的信息	人、社交事件、对象
Prometheus②	社会情景是指人和人之间真实社交活动信息的集合	人、关系类型、关系强度

通过对他们定义的梳理，本书给出了一个综合性的描述：社会情景是指描述物理和虚拟世界中用户关系和用户交互事件的所有信息的集合。图 5-2 是本书对社会情景的描述。根据特征表述可以将其分为五个维度：

Social context =< People, Social event, Object, At time, At place>

人(People)：人是社会情景中的主体，是社交事件的执行者。人和人之间通过社交事件相互作用和联系，进而具有社会角色和社会关系两个属性。社会角色是指在社会交互中所具有的身份，如父亲、教师、律师等。社会关系是指人和人之间相互关系的总称，如以人为中心(People-Centric)的同事关系和以物为中心(Object-Centric)的驴友关系；也可以从信任度(Trust)和影响度(Influence)两个方面对社会关系进行判断和理解，③ 如密友关系、好友关系、陌生人关系。

根据社会交互所涉及的人的数量可以把社会情景分为个体层、二元体层和群体层三个层次。④ 个体层是指个人的社会文档，如个人教育背景、家庭

① Kabir M A, Colman A, Han J. SocioPlatform: A platform for social context-aware applications[M]//Context in Computing, New York: Springer, 2014: 291-308.

② Kourtellis N, Finnis J, Anderson P, et al. Prometheus: User-controlled p2p social data management for socially-aware applications[C]//Proceedings of the ACM/IFIP/USENIX 11th International Conference on Middleware, Berlin: Springer-Verlag, 2010: 212-231.

③ Yan S R, Zheng X L, Wang Y, et al. A graph-based comprehensive reputation model: Exploiting the social context of opinions to enhance trust in social commerce[J]. Information Sciences, 2015, 318: 51-72.

④ Brereton B, Hurley N. Social network analysis: History, Theory and methodology[J]. AISHE-J: The All Ireland Journal of Teaching & Learning in Highe, 2014, 6 (2): 2001.

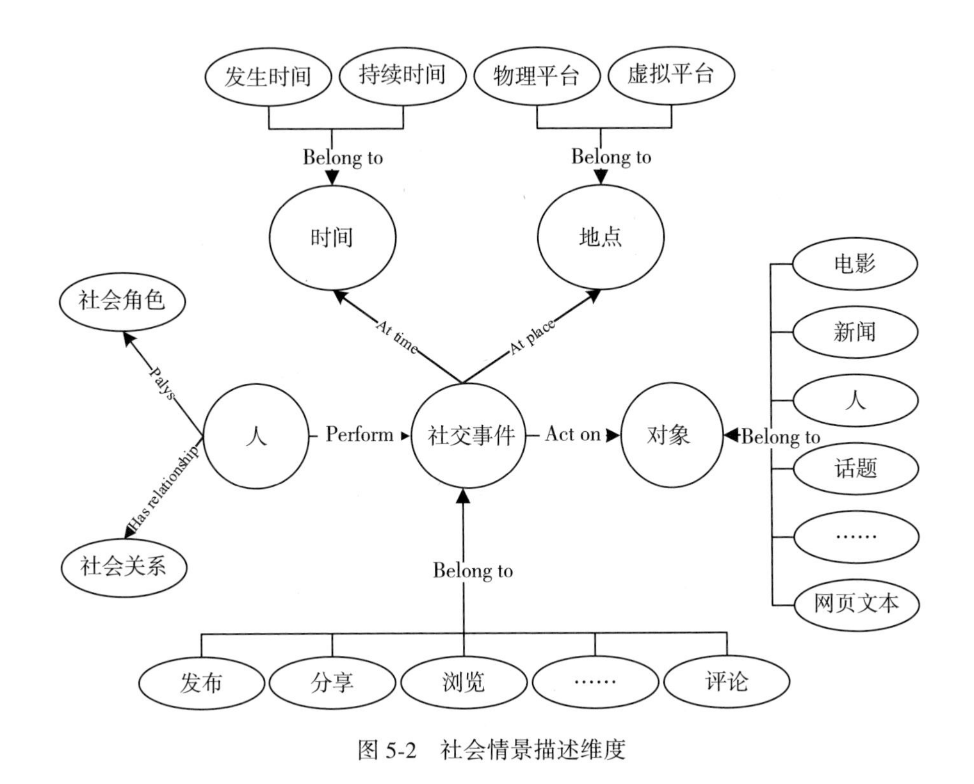

图 5-2　社会情景描述维度

背景、个人兴趣等；二元体层描述的为两个用户之间的交互情景，如社会关系、关系强度等；群体层是对多人(两人以上)社会关系和交互的描述，如群体动态、群体偏好等。

社交事件(Social Event)：社交事件是社会情景的核心，是指人在交互过程中执行的一系列活动。如，在电子社交网络(物理平台)中发短信、打电话、传输文档等；在虚拟社交网络(虚拟平台)中发表评论、分享文档、@某人等。在社会情景中人(主体)执行社交事件，社交事件作用于对象(客体)。

对象(Object)：对象是社会情景中的客体，是社交事件作用的对象，如电子社交网络中的短信文本和虚拟社交网络中的 Web 文档等。需要强调的是，人也可以是社交事件作用的对象，所以对象也包括人本身。

时间(Time)：社会情景的时间维度包含社交事件的发生时间和持续时间

两层含义。

地点(Place)：社会情景的地点维度是指社交事件发生的平台，可以分为物理平台和虚拟平台。物理平台是指用户通过电子社交网络进行交互，如智能手机、平板电脑、可穿戴设备等；虚拟平台是指用户通过虚拟社交网络进行交互，如 Facebook、Twitter、微博、微信等。

5.4　社会情景模型构建

社交媒体允许用户在不同平台上进行交互并共享和交换不同类型的信息，用户会根据不同的目的需求以及应用的功能在不同媒体平台上注册账户，从而和不同的群体进行交互，但有时用户会同时在不同的社交媒体平台上发布相同的社交信息，如同时在 QQ 空间和微信朋友圈发布相同的内容，会产生大量的冗余社会情景信息；同时，从社会情景的描述维度可知，社会情景信息包括人(用户)、对象(资源)、交互事件、时间和地点(平台)，大量的社会情景信息是非结构化的，因此，用恰当的模型表示社会情景是迫切需要解决的问题。本书通过对已有的社交网络相关本体模型、时间本体模型、事件本体模型进行集成，利用 WCONS+本体集成方法以社交事件为中心对社会情景进行建模，可以实现社会情景模型的动态性、异构性和互操作性，为社会情景感知应用服务的开发奠定理论基础。

5.4.1　用于构建 ECSCO 的外部本体

本书以社交事件为中心，参照事件本体 SEM 核心基本概念，对 FOAF、RELATIONSHIP、SIOC 和 SKOS 本体进行集成，并加入时间维度即 OWL-Time 本体来构建 ECSCO。本书构建 ECSCO 所用到的外部本体如表 5-3 所示。

表 5-3 **扩展的外部本体**

本体	前缀	域名空间
SEM	sem	http：//semanticweb. cs. vu. nl/2009/11/sem/
FOAF	foaf	http：//xmlns. com/foaf/0. 1/
RELATIONSHIP	rel	http：//purl. org/vocab/relationship/
SIOC	sioc	http：//rdfs. org/sioc/ns#
SKOS	skos	http：//www. w3. org/2004/02/skos/core. html
OWL-Time	time	http：//www. w3. org/2006/time

①SEM 简单事件本体模型是对事件进行建模，用以描述不同领域和领域之间的数据，该模型允许事件类型为个体或类。其优点是可以方便地描述事件实例，实现概念重用；缺点是无法表示事件之间的关系；没有从真正意义上解决时间、空间的动态表示。SEM 本体概念层次结构及概念之间的关系如图 5-3 所示。

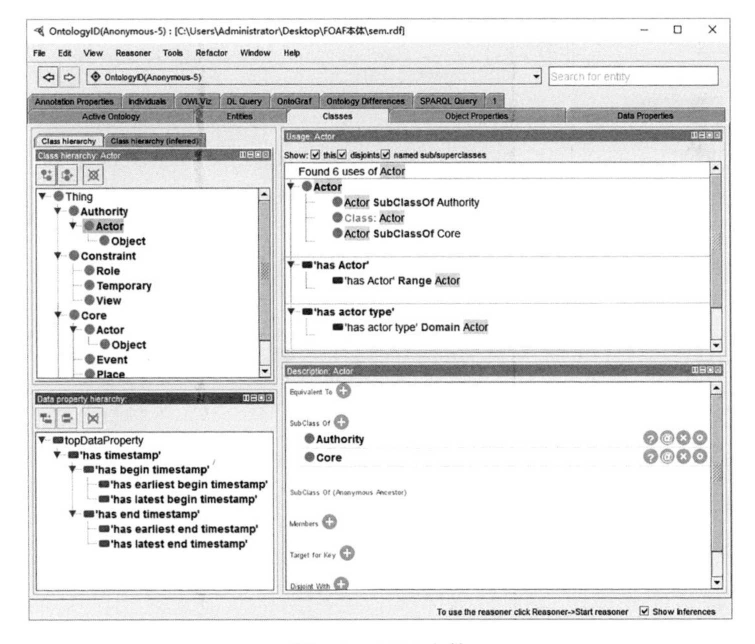

图 5-3 SEM 本体

②FOAF 描述 people（以及他们的 interest、relationship 及 activities）、groups 和 company 的术语，以 RDF/xml 进行发布。社交媒体中最基本的无非就是用户，而用户依赖的就是社区，FOAF 可以是组成社区最基本的元素。FOAF 本体概念层次结构及概念之间的关系如图 5-4 所示。

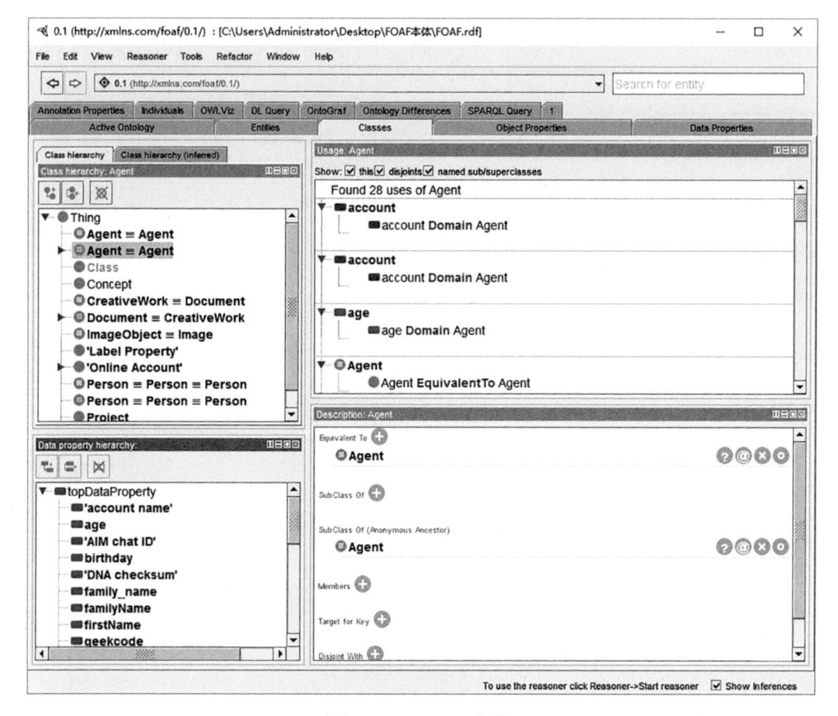

图 5-4 FOAF 本体

③RELATIONSHIP 是对人们之间社会关系的语义描述。RELATIONSHIP 本体概念层次结构及概念之间的关系如图 5-5 所示。

④SIOC 提供描述在线社区如 blogs、discussion forums、Q&A sites 等。以 RDFS 的格式建立本体，并重用了 DC 和 FOAF 术语。同时，以技术为导向的术语描述方法使它很容易被许多社区进行应用集成和补充扩展，因为其和 SWRC 有很好的兼容性。SIOC 本体概念层次结构及概念之间的关系如图 5-6 所示。

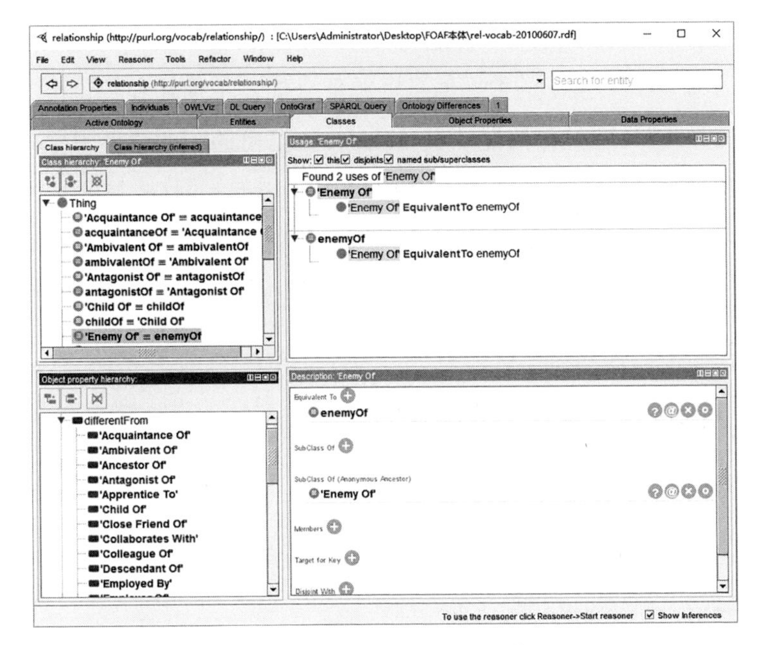

图 5-5 RELATIONSHIP 本体

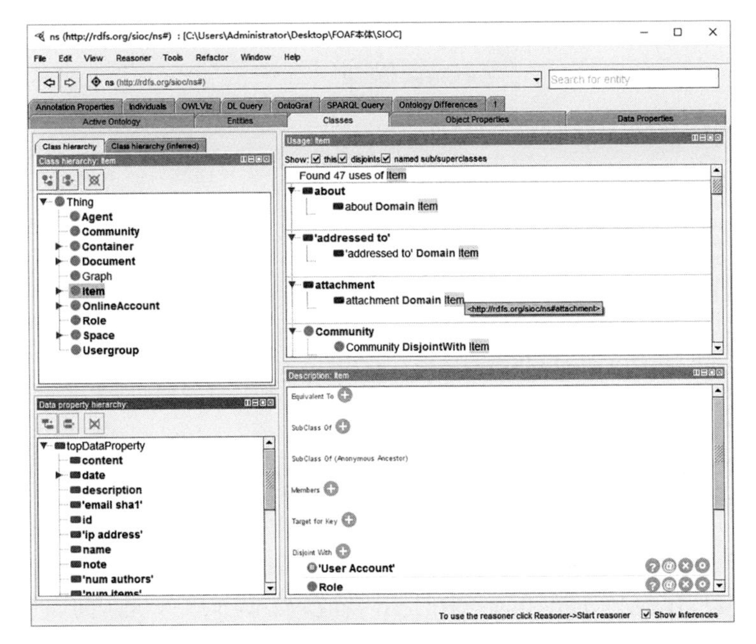

图 5-6 SIOC 本体

⑤SKOS 描述分类系统(Taxonomies)和轻量级结构化知识的通用模型。SKOS 为语义 Web 环境下的数字信息资源整合提供了描述和转化机制，解决了信息资源的语义互操作问题。其是由 W3C 提出的，在语义网框架下，用机器可理解的语言来表示知识组织系统的一个模型。SKOS 核心词汇表是一个 RDF 的应用，提供了一个模型来表达概念模式的基本结构和内容，包括叙词表、分类系统和其他类型的受控词表。SKOS 本体概念层次结构及概念之间的关系如图 5-7 所示。

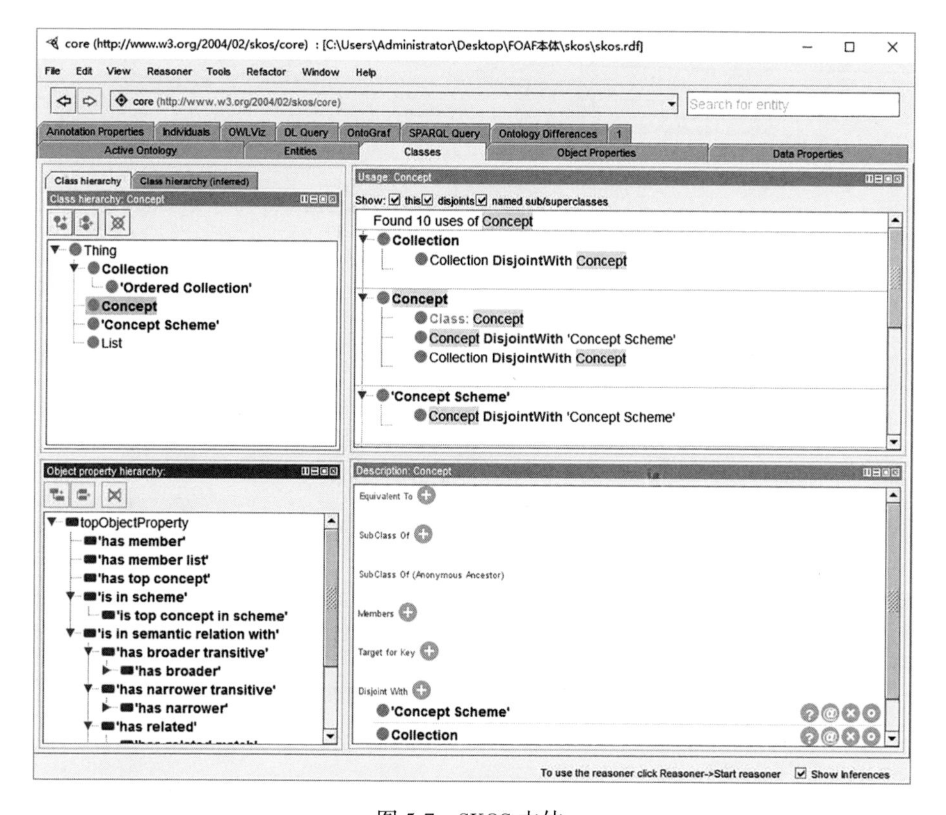

图 5-7 SKOS 本体

⑥OWL-Time 用于描述网页的时间内容以及 Web 服务的时间属性，此本体用一组词汇表表达发生时间以及持续时间信息，并用此信息建立瞬时和间

隔之间的拓扑关系。OWL-Time 本体概念层次结构及概念之间的关系如图 5-8 所示。

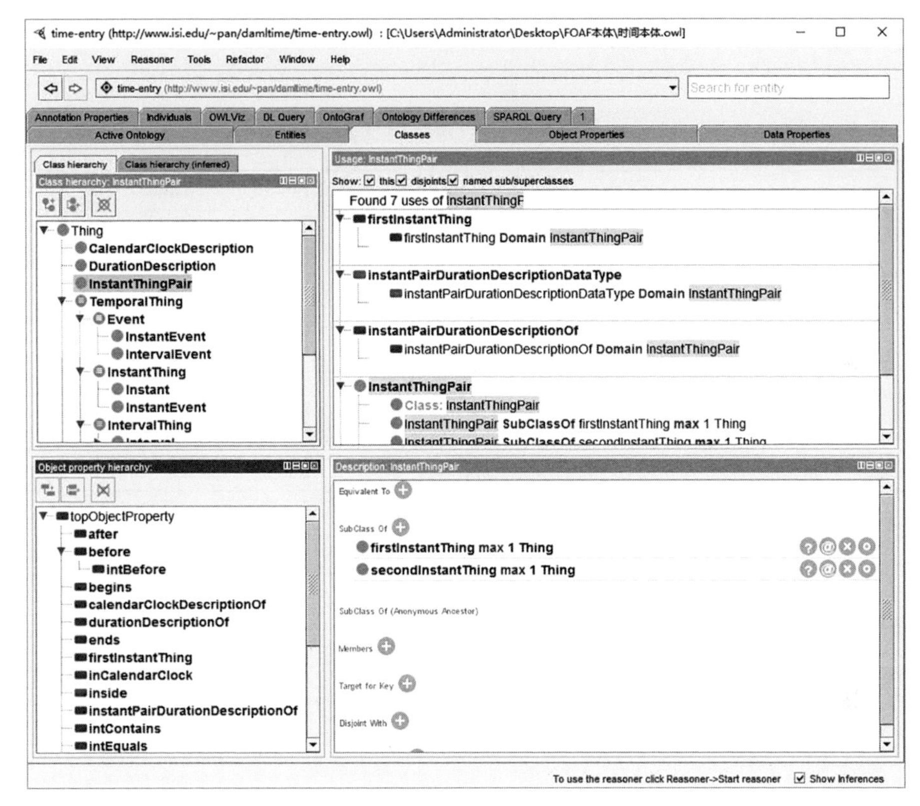

图 5-8 OWL-Time 本体

5.4.2 外部本体集成

在 FOAF 词汇表中“Known”属性表述的是两个 persons 之间的关系，RELATIONSHIP 本体提供了一组属性来描述丰富内部关系，RELATIONSHIP 中的这些对关系描述的属性和“foaf：Knows”的映射可以描述为 rdfs：SubClassOf。

SIOC 本体描述的是社交网站和在线社区，其精确定义了一组基元，如用户、用户分享的内容、其他用户基于此分享内容下的活动。SIOC 定义了与 FOAF 词汇的映射，如 sioc：User 可以和 foaf：Agent 进行映射。

SKOS 本体提供了通过语义属性来组织概念的方法，如 narrower、broader 和 related，这些概念可以通过“sioc：IsSubjetcOf”属性与 sioc：post 完成映射。

表 5-4 描述了 FOAF、SIOC 和 SKOS 之间的部分映射关系。

表 5-4　　**FOAF、SIOC、SKOS 本体之间的映射**

Subject	Predicate	Object
sioc：User	rdsf：SubClassOf	foaf：OnlineAccount
sioc：UserAccount	rdsf：SubClassOf	foaf：OnlineAccount
foaf：Person	foaf：HoldsAccount	sioc：User
sioc：Post	rdsf：SubClassOf	foaf：Document
skos：Concept	skos：IsSubjectOf	sioc：Post
sioc：Post	sioc：Topic	skos：Concept
skos：concept	foaf：InterestTopic	foaf：Person

社会情景通常是动态的，如用户关系、用户工作单位、用户位置等都会随着时间而发生变化；用户会在不同的时间线上进行交互。本节通过复用 OWL-Time 本体来描述社会情景的动态性。表 5-5 显示了 SIOC、FOAF 和 OWL-Time 本体间的映射。

表 5-5　　**SIOC、FOAF 和 OWL-Time 本体间的映射**

Domain	Propriety	Mapping	Range	Propriety
Sioc：User	CreatedAt	owl：EquivalentProperty	time：Instant	time：inXSDDateTime
	ModifiedAt	owl：EquivalentProperty	time：Instant	time：inXSDDateTime
Sioc：Post	ClosedAt	owl：EquivalentProperty	time：Instant	time：inXSDDateTime
	CreatedAt	owl：EquivalentProperty	time：Instant	time：inXSDDateTime
	ModifiedAt	owl：EquivalentProperty	time：Instant	time：inXSDDateTime

续表

Domain	Propriety	Mapping	Range	Propriety
Sioc：Forum	CreatedAt	owl：EquivalentProperty	time：Instant	time：inXSDDateTime
	ModifiedAt	owl：EquivalentProperty	time：Instant	time：inXSDDateTime
foaf：Person	Birthday	owl：EquivalentProperty	time：Instant	time：inXSDDateTime
foaf：Group	Birthday	owl：EquivalentProperty	time：Instant	time：inXSDDateTime

社会情景本体的二元时间属性定义如表5-6所示。

表5-6　　**社会情景本体的二元时间属性**

Domain(s)	Property	Range(s)
foaf：Organization	SemTemp：BuiltAt	time：Instant
foaf：Group	SemTemp：FormedAt	time：Instant
foaf：Group	SemTemp：ClosedAt	time：Instant
foaf：Project	SemTemp：HasDuration	time：ProperInterval
sioc：OnlineAccount	SemTemp：CreatedAt	time：Instant

本节所构建的社会情景本体为了把时间本体整合到已有的本体中，定义了一些复杂的新的关系，如通过单向关系建立不同主体之间的N元关系，替代现有本体中两个主体之间的简单关系。因此，本节所构建的社会情景本体能够对描述关系的开始时间和结束时间进行建模。如，可以对二元关系中涉及两个people的“foaf：Knows”关系进行扩展，用日期描述关系的开始时间和结束时间。如，定义三元关系“semtemp：Knows_At”表示两个用户“foaf：Person”的相识时间“time：interval”。表5-7描述了本书所构建社会情景本体的N元关系。

表 5-7 **社会情景本体 N 元关系**

Domaine(s)	Classe
foaf: Person, foaf: Group, time: Instant	SemTemp: JoinGroupAt
foaf: Person, foaf: Person, time: Instant	SemTemp: KnowPersonAt
foaf: Person, foaf: Document, time: Instant	SemTemp: IntersetedDocumentAt
sioc: UserAccount, sioc: UserAccount, time: Instant	SemTemp: StartingFollwingAt
foaf: Person, sioc: Role, time: Instant	SemTemp: HasFunctionAt

5.4.3 ECSCO 描述和实现

ECSCO 共包含 5 个顶层一级概念类，分别是 Agent、Action、Item、Time、Platform(在构建本体时，我们用更抽象的词 Agent、Action、Item 替换社会情景描述中的 People、Event、Object)。ECSCO 基本框架如图 5-9 所示。

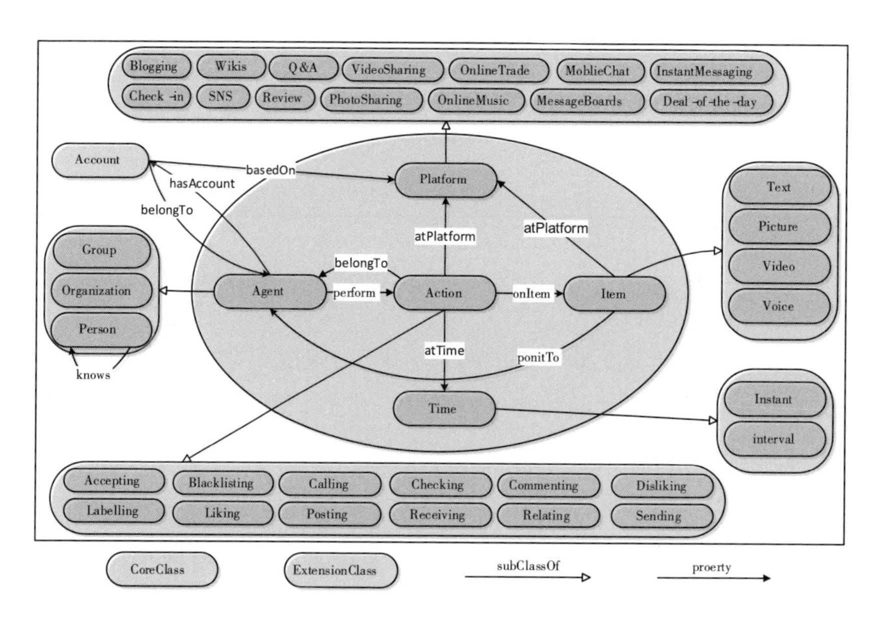

图 5-9 ECSCO 基本框架

Action 是社会情景中核心的概念，是指在社交媒体平台中进行的一系列交互活动。Agent 是社交媒体中进行交互的主体，包括 Group、Organization 和 Person，Person 和 Person 之间的关系用对象属性 Knows 表示。Item 是社交媒体中的各种资源，包括 Text、Picture、Video 和 Voice。Platform 是 Agent 进行交互的各种社交媒体平台。Time 是指 Agent 进行各种交互活动时的时间戳以及交互活动的持续时间，包括 Instant 和 Interval。

利用 protégé 构建社会情景本体 ECSCO，如图 5-10 所示。

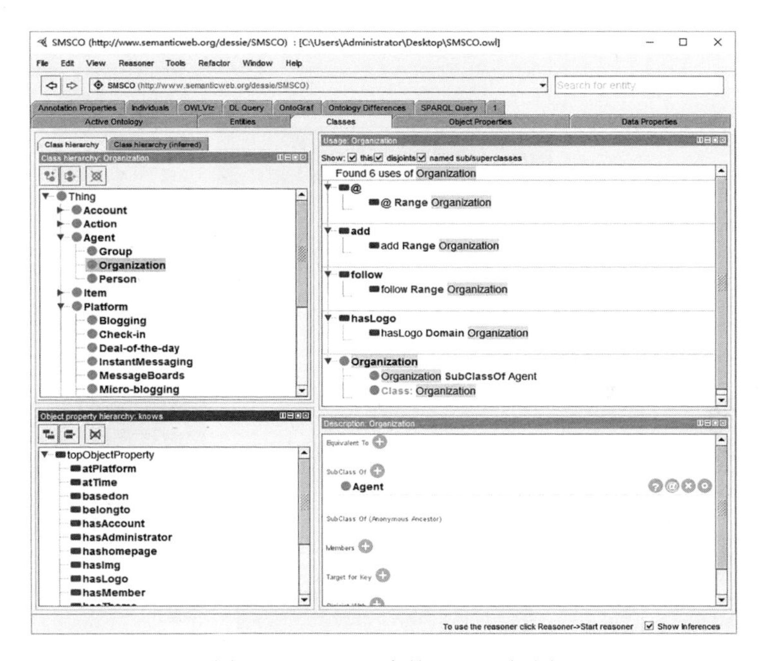

图 5-10　Protégé 中的 ECSCO 视图

5.4.4　社会情景本体实例

本节以微信社交媒体平台为例，对用户某个时间段内的社会情景进行描述，证明本书所构建的社会情景本体 ECSCO 能够对社会情景进行动态的、丰富的语义描述。用户 A 微信平台社交场景如下：

①A 在 2015 年 7 月 29 日 10：45 加入了老农民红包群，如图 5-11(a)所示。

②A 和 B 在 2015 年 8 月 6 日 19：08 成为好友，如图 5-11(b)所示。

③A 在 2016 年 5 月 7 日 10：43 发布了朋友圈，如图 5-11(c)所示。

(a) (b) (c)

(d) (e) (f)

图 5-11 用户 A 微信平台社交场景

④A 在 2016 年 5 月 16 日 20：30 关注了中国银行微银行公众号，如图 5-11(d)所示。

⑤A 在 2016 年 5 月 25 日 12：02 评论了 C 发布的朋友圈，如图 5-11(e)所示。

⑥A 在 2016 年 5 月 31 日点赞了 D 发布的朋友圈，如图 5-11(f)所示。

利用 ECSCO 对用户 A 的社会情景的描述如图 5-12 所示。

用户 A 在微信平台的社交情景可以很容易地通过 ECSCO 进行描述，然而目前存在的能够用于构建社会情景的本体模型则不能完整、动态地描述这一场景。

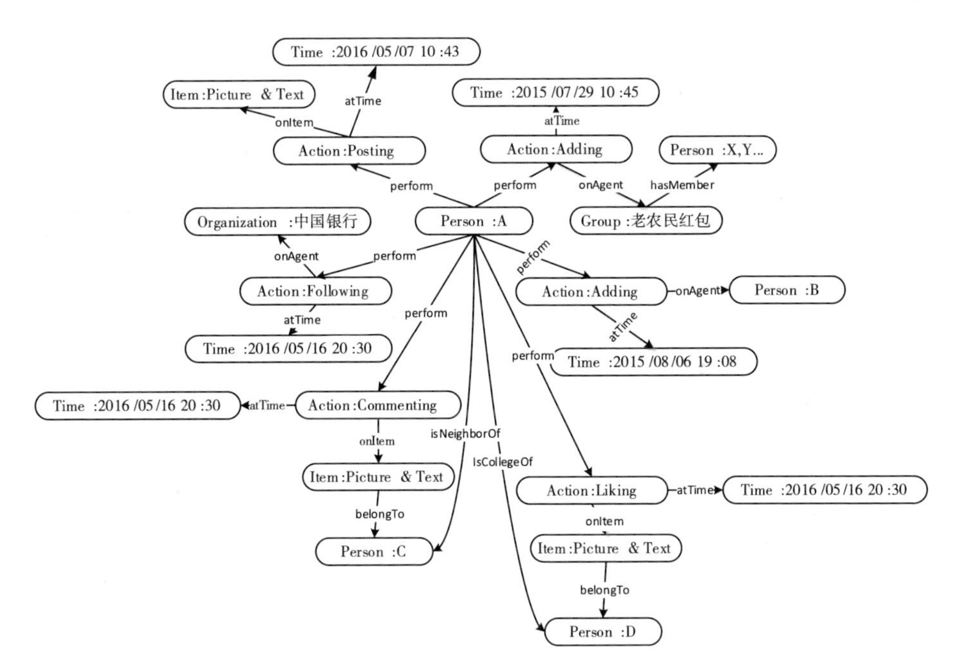

图 5-12 ECSCO 对用户 A 的社会情景的描述

6 基于情景感知和规则推理的医药信息推荐服务

近年来，学者们已经开始将情景感知的方法应用于各类个性化信息服务中，包括个性化推荐服务。潘旭伟等[①]在研究了情景识别、更新合成等情景感知的核心问题后，尝试建立了情景感知的自适应个性化信息服务体系框架。并且以电子商务网站的礼品推荐服务为例进行了应用实例研究，结果表明引入情景较好地实现了礼品推荐服务的个性化。杨君等[②]在基于协同过滤的推荐服务中引入情景因素，通过基于情景相似度的多维推荐系统模型来提高推荐的效率，核心在于增加了计算不同情景的相似度。Meehan 等[③]综合了情景感知、协同过滤以及基于内容的方法来帮助用户做出旅行决策，该方法体系强调对多种情景信息的使用。吕苗等[④]在移动餐饮服务中为了提高餐饮菜品推荐服务的质量，对用户的情景信息建模，并构建规则进行推理，实验

---

① 潘旭伟，李娜，周莉，等．情境感知的自适应个性化信息服务体系框架研究[J]．情报学报，2011，30(5)：514-521.

② 杨君，吴菊华，艾丹祥．一种基于情景相似度的多维信息推荐新方法研究[J]．情报学报，2013，32(3)：262-269.

③ Meehan K，Lunney T，Curran K，et al. Context-aware intelligent recommendation system for tourism [C]//2013 IEEE International Conference on Pervasive Computing and Communications Workshops (PERCOM Workshops)，IEEE，2013：328-331.

④ 吕苗，金淳，邓晓懿，等．基于情境的移动商务餐饮服务知识建模及推理研究[J]．情报学报，2013，32(2)：138-147.

结果表现良好。

在健康信息服务领域，人们也采用了基于情景的信息服务方式，旨在向用户提供个性化的健康信息服务，增强用户自我健康状况的管理。目前国外的研究主要分为5大类：①电子病历访问服务；②提醒及警示服务；③疾病诊断服务；④信息推荐服务；⑤流行病预警服务。Zhang 等[①]开发的 iMessenger 系统能够对用户当前的状态和计划事件进行分析对比，当它们不一致时及时向用户发出警示。Klenk 等[②]强调帮助用户实现健康的生活方式需要系统持续对用户的行为进行反馈，它提出的健康信息服务系统将关于用户生活方式的健康数据与流行病数据进行比较，然后评估结果并提出备选方案。Kim 等[③]为了实现普适的健康护理环境，基于一定的医学知识构建了基于本体的健康情景模型，包括用户个人、医疗、服务、位置、设备、活动、环境7大类的数据，并实证研究了食物与运动的推荐，该方法已经涉及较专业的健康信息服务领域。

然而，国内却缺乏相关的研究，尤其是基于情景的健康信息服务研究。对于一个医疗资源不是很充裕的国家来说，更多、更好的健康信息服务能有效地弥补医疗资源上的不足。根据基于本体的情景建模与基于 SWRL 规则的推理的结合优势，本章以抗高血压药物信息服务系统设计为背景，讨论了基于本体的情景建模以及结合描述逻辑推理与 SWRL 规则推理识别高层的情景信息的形式，并给出了基于情景的推理优化方法。最后以具体的医药信息推荐服务为例，验证本方法的有效性。本书是对个性化医药信息推荐服务进行的有意义的探索，试图满足普通用户在专业领域中的个性化信息需求。本章

---

① Zhang S, Mccullagh P, Nugent C, et al. An ontology-based context-aware approach for behaviour analysis [M]// Activity Recognition in Pervasive Intelligent Environments, Paris: Atlantis Press, 2011: 127-148.

② Klenk S, Möhrmann J, Burkovski A, et al. A personalized health information system to foster preventive medicine[C]//Proceedings of 12th International Conference on Bioinformatics & Computational Biology (BIOCOMP'11), to appear, 2011.

③ Kim J, Chung K Y. Ontology-based healthcare context information model to implement ubiquitous environment[J]. Multimedia Tools & Applications, 2014, 71(2): 873-888.

的方法体系能够容易地推广到其他疾病领域的药物信息推荐服务或其他类型的信息服务中。

6.1 本体与规则结合的语义推理

本体提供的基于描述逻辑的推理局限于以类别为基础的关联性推理，只能发现潜在的二元关系。① 为了弥补 OWL 在推理能力上的缺陷，在描述逻辑推理的基础上结合基于 SWRL(Semantic Web Rule Language)的规则推理，实现 If-Then 的判断，可以很好地增强 OWL 识别高层情景的能力。

6.1.1 基于描述逻辑的语义推理

本体不但具有丰富的语义表达能力，而且还能提供基于描述逻辑的语义推理。② 描述逻辑是基于对象的知识表示的形式化，是一阶谓词逻辑的一个可判定的子集，能够提供可判定的推理服务。描述逻辑的重要特征是其强大的表达能力和可判定性能够确保推理算法总能停止，并返回正确的结果，非常适用于有概念分类的地方。

描述逻辑是建立在概念(Conception)和关系(Relation)之上，其中概念是对象的集合，关系是对象之间的二元关系。一个描述逻辑系统包含四个基本组成部分：表示概念和关系的构造器、Tbox(Terminologoical Part)术语断言、Abox(Assertion Part)实例断言、Tbox 和 Abox 上的推理机制。描述逻辑通常至少包含以下构造器：交(∩)、并(∪)、非(¬)、存在量词(∃)和全称量词(∀)，

① Hempo B, Arch-Int N, Arch-Int S, et al. Personalized care recommendation approach for diabetes patients using ontology and SWRL[M]// Information Science and Applications, 2015: 959-966.

② Arndt D, Meester B D, Bonte P, et al. Ontology reasoning using rules in an ehealth context[M]// Rule Technologies: Foundations, Tools, and Applications, Springer International Publishing, 2015: 465-472.

通过这些构造器就能在简单的概念和关系上构造出复杂的概念和关系。

Tbox 是描述领域内概念、概念间的关系、关系间关系的公理集，而 Abox 是描述具体情形的公理集，用于判断一个个体对象是否属于某个概念以及个体对象间是否满足某种联系。Tbox 与 Abox 共同构成了描述逻辑推理的知识库（Knowledge Base，KB）：KB＝<TBox，ABox>。Tbox 上的推理主要是检测概念的可满足性和包容性，而 Abox 上的推理体现在对 Tbox 的一致性验证上。

OWL 从类和属性方面来描述一个领域的结构，它描述逻辑之间具有相互对应的关系，即 OWL 的类和属性分别跟描述逻辑中的概念和关系相对应。在构建本体的过程中，定义类和类之间的层次关系和定义本体的公理，就是建立 TBox 的过程；而构建实例集就是建立 Abox 的过程。基于描述逻辑，对 OWL DL 描述的本体进行推理，使已建立的本体层次结构清晰，相互间无冲突，能够很好地发现一些潜在的二元关系。其推理主要包含以下工作：①一致性检测，即确保知识模型不包含任何矛盾；②分类，即计算父子类关系，构建完整的类层次结构；③实例化，为个体找到所属的特定的类。

Racer、Pellet、FaCT 和 HemiT 均是常见的基于描述逻辑的专业推理机，针对的是几种标准的本体语言，例如 RDF(S)和 OWL 等。它们采用 Tableau 算法，推理效率很高，使用非常方便，但是由于它们不是通用的推理机，将推理能力限定在集中具体的本体语言上，用户很难对它们进行扩展。现在，FaCT 与 HemiT 已经集成到 Protégé4. x 版本中，借助 Protege 本体开发工具能够较方便实现基于描述逻辑的推理。

6.1.2 基于 SWRL 的语义推理

SWRL 是基于 OWL DL 与 OWL Lite（OWL 的子语言）以及 Unary/Binary Datalog RuleML（Rule Markup Language 的子语言），符合 W3C 规范的规则描述语言。① SWRL 具有丰富的关系表达能力，支持“If... Then...”的关系推理，

① Horrocks I，Patel-Schneider P F，Boley H，et al. SWRL：A semantic web rule language combining OWL and RuleML [EB/OL]. [2021-11-30]. http：//www. w3. org/submission/SWRL/.

关于将本体与SWRL结合起来进行语义推理的方法，国内外有相对较多的研究,① 研究也表明SWRL可以很好地增强OWL识别情景的能力。

OWL本体包含一系列的公理和事实，而规则用于扩展公理，基于SWRL的规则公理由两部分组成：antecedent与consequent，规则的形式如公式6-1所示，其要表达的意思是：前件中的条件成立时，后件中的结果也就成立。

$$\text{antecedent} \Rightarrow \text{consequent} \tag{6-1}$$

前件和后件都可以包含零个或多个原子，当前件为空时，视前件中的条件满足所有的解释，后件中的结果也要满足所有的解释；当后件为空时，视后件中结果不满足任何解释，前件也不满足任何解释。原子类似于实例断言，其形式有：①$C(x)$，C是OWL的类描述或数据值域，表示x的类或数据值域为C；②$P(x, y)$，P是OWL的属性，表示x的P属性值为y；③sameAs(x, y)，表示x和y相等；④differentFrom(x, y)，表示x和y不同；⑤builtIn(r, x, …)，r是SWRL所内嵌的谓语关系，表示x，…之间具备关系r。其中x和y可以是变量、OWL individuals或是OWL data values。那么规则的具体形式为：

$$\text{parent}(?x, ?y) \wedge \text{brother}(?y, ?z) \Rightarrow \text{uncle}(?x, ?z)$$

builtIn relations可以改写成函数的形式，例如op：numeric-add(?x, 3, ?z)可以改写成?x=op：numeric-add(3, ?z)。

对于规则的构建我们可以借助SWRL Tab Widget，它是Protégé的一个外部插件，它将Protégé、描述逻辑推理机与规则推理机联系在一起，用于支持

① Golbreich C, Dameron O, Bierlaire O, et al. What reasoning support for Ontology and Rules? The brain anatomy case study [C]//Workshop on OWL Experiences and Directions, 2007; Ricquebourg V, Durand D, Menga D, et al. Context inferring in the Smart Home: An SWRL approach [C]//21st International Conference on Advanced Information Networking and Applications Workshops(AINAW'07), IEEE, 2007, 2: 290-295; Golbreich C. Combining rule and ontology reasoners for the semantic web [M]//Rules and Rule Markup Languages for the Semantic Web. Berlin Heidelberg: Springer, 2004: 6-22; Zhang S, McCullagh P, Nugent C, et al. An ontology-based context-aware approach for behaviour analysis [M]//Activity Recognition in Pervasive Intelligent Environments. Paris: Atlantis Press, 2011: 127-148.

OWL 本体与 SWRL 规则相结合的推理。下面我们将介绍本章选择的规则推理机 Jess 推理引擎。

6.1.3 Jess 推理引擎

Jess(Java Expert System Shell)是本章选择的规则推理引擎，它非常小巧、轻灵。通过 Jess 可以构建具有推理能力的 Java 软件，推理基于以声明规则描述的知识。Jess 使用增强版的 Rete 算法来处理规则，Rete 能够高效地处理高难度的多对多匹配问题。Jess 具有许多特性，包括后向链接和工作记忆查询，并且能够直接处理和推理 Java 对象，是最快的规则引擎之一。

Jess 是基于 Java 的 CLISP 推理机，原则上可以处理各种领域的推理任务，只要能为 Jess 提供这个领域的特有规则和事实信息。Jess 的优点是推理机是开放的，用户提供不同的规则系统，就可以进行不同领域的推理工作，并且用户可以对推理机的推理能力进行扩展。但是，作为前向推理系统，Jess 用空间换时间，推理会产生大量的中间数据，空间效率很低；同时，由于 Jess 是通用推理引擎，不可能提供针对各种具体领域的优化能力，使得这种推理机制的效率很难优化。

6.2 情景推理在医药信息服务中的应用

本章将情景感知的方法应用于医药信息推荐服务。情景模型必然会具有医药信息领域属性，因此可以选择领域本体构建方法。

本章的医药信息推荐服务目的是为用户提供医药信息，而将情景感知的方法引入其中是为了能够获取用户的情景信息，演绎用户的高层病理情景，然后再根据高层病理情景向用户推荐与其病理情景最相关的医药信息，以此来增强信息服务的个性化。在了解服务的目的和需要提供的功能之后，就可以确定支撑该服务的医药信息推荐服务情景本体的领域和范围。

6.2.1 医药信息服务情景本体的构建

本章在构建情景本体时，主要考虑两个方面的因素：①与本章的医药信息服务相结合；②扩展性。在上述情景信息分类研究的基础结合本章的应用需求，本章将情景信息分为 7 大类：用户、活动、位置、环境、设备、服务以及医药信息，如图 6-1 所示。

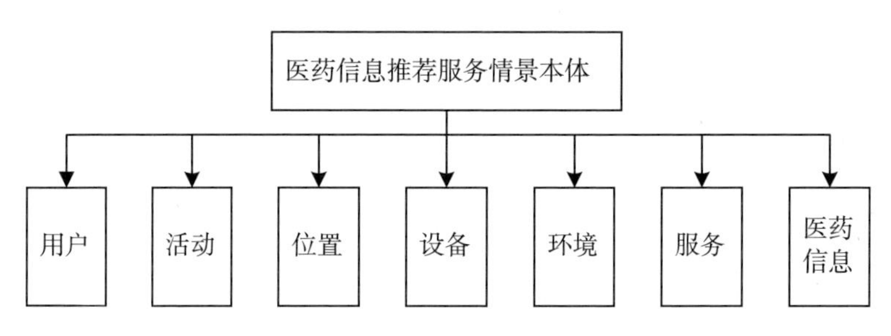

图 6-1 医药信息推荐服务情景本体框架

用户情景本体和医药信息本体是医药信息推荐服务情景本体的核心，因此对其进行详细介绍。

(1)用户情景本体

本章是要为用户提供医药信息推荐服务，用户情景模型更强调的是用户的健康信息，它主要包含三大类信息：① 用户的基本信息，例如人口统计学要素(姓名、年龄、性别、职业等)，该类信息相对比较静止，更新周期比较长；② 用户的健康信息，这是本章要重点描述的信息，包括用户的疾病情况、专项检测以及基本体征信息，这一类情景信息涉及专业的医疗健康领域，在建模时需要严谨地参考领域知识；③ 用户情景与其他情景的关联信息，例如用户的活动、位置、设备以及服务信息。

(2)医药信息本体

医药信息推荐服务的关键是对药物信息进行建模，国外关于药物知识的本体建模已经有了很好的成果，RxNorm 是美国国立医学图书馆(The National Library of Medicine，NLM)在 2004 年发布的临床药物本体，并且逐渐得到生物医学信息领域的认可，成为临床药物信息交换的新标准。

RxNorm 借鉴一体化医学语言系统(Unified Medical Language System，UMLS)为药物数据构建概念、属性和关系。RxNorm 本体相当庞大，概念、属性以及关系的数量均在 10 万以上，现在有大量的研究是关于 RxNorm 本体映射，以期将其用在相关的研究上。本章借鉴 RxNorm 本体的知识组织方式来快速构建满足本书研究服务需求的医药信息知识模型，它主要包括两个核心概念：药物与疾病。

药物是关于药物的基本知识，包括药物分类体系、适应症、用法用量、药理等信息，具有时序性、概念多样性、高一致性以及更新快等特点。而药物的种类繁多，相关知识的梳理要求具备一定的专业知识，尤其是药品实例化过程是本研究建模的难点之一。本章在参考了专业的理论基础后力求清晰地表达药物的适应症以及药理相关的信息，在建药品实例时严格参考其药品说明书并进行复查以免出错。

在作医药信息推荐时必然会涉及药物的适应证、禁忌证以及慎用药物等情况，本章中疾病知识是辅助药物知识的表达，所以相对简单。关于疾病的分类，本章采用国际疾病分类(International Classification of Diseases，ICD)第 10 版本(World Health Organization，2004)。IDC 是 WHO 制定的国际统一的疾病分类方法，分类依据四个主要特征：病因、部位、病理以及临床表现，构建了一个清晰的三层结构层次，例如循环系统疾病下包括高血压、心力衰竭等类疾病，高血压又包含继发性高血压、肾性高血压等具体的疾病。IDC 相当完善，不仅包括可确诊的疾病，还包括症状、体征等各因素，完全能够满足本章的应用需求。

6.2.2 语义推理框架

由于本体提供的基于描述逻辑的推理局限于以类别为基础的关联性推

理，只能发现潜在的二元关系，于是在描述逻辑推理的基础上结合基于SWRL的规则推理。SWRL本身是基于本体的语言，具有丰富的关系表达能力，支持“If... Then...”的关系推理，研究也表明SWRL可以很好地增强OWL识别情景的能力。所以本章的推理系统模型包括两类推理：基于描述逻辑的本体推理以及基于SWRL的规则推理。基于描述逻辑的本体推理主要是进行一致性检测、分类以及实例化，而SWRL规则是本体公理的扩展，负责高层次的情景演绎以及信息推荐，总的推理框架如图6-2所示。

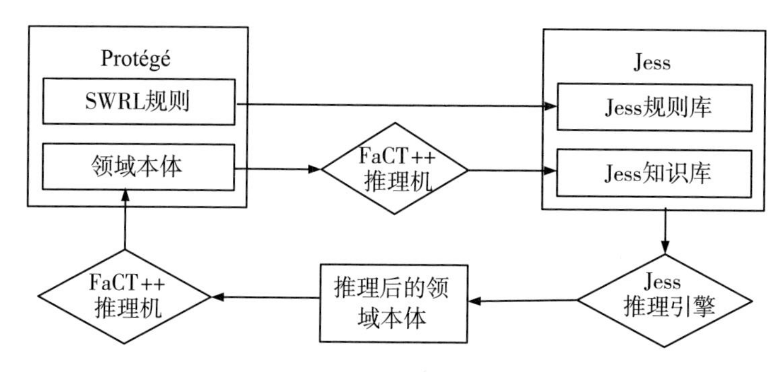

图6-2 基于本体和SWRL规则的推理系统模型

具体的推理步骤如下：

①将Protégé构建领域本体导入描述逻辑推理机中，进行一致性检测及冗余度推理，所得到的新本体以OWL DL表示的知识保存。

②在OWL DL基本元素的基础上，根据推理要求产生和本体良好结合的SWRL规则，该规则的定义结合领域本体中的概念、属性或者实例。

③将领域本体与SWRL规则转换为推理引擎可接受的知识库和规则库，将转换后的结果导入推理引擎。

④推理引擎进行推理，产生新的知识。

Racer、Pellet、FaCT和HemiT均是常见的基于描述逻辑的专业推理机，针对的是几种标准的本体语言，例如RDF(S)和OWL等。它们采用Tableau算法，推理效率很高，使用非常方便。现在，FaCT与HemiT已经集成到

Protégé4. x 版本中，借助 Protege 本体开发工具能够较方便地实现基于描述逻辑的推理。

对于规则的生产我们可以借助 SWRL Tab Widget，它是 Protégé 的一个外部插件，它将 Protégé、描述逻辑推理机与规则推理机联系在一起，用于支持 OWL 本体与 SWRL 规则相结合的推理。而关于支持规则的推理机，本章选用的是开放的 Jess，只要用户提供不同的规则系统，就可以用 Jess 进行不同领域的推理工作。

6.2.3 情景演绎规则

情景可以简单分为低层情景和高层情景，相对应的推理又分为低层推理和高层推理，低层推理实质上是数据融合的过程，而高层推理是基于低层情景对实体情景做出识别或预测。情景演绎规则用于高层推理，它是本章应用实现的基础。

本章的医药信息推荐服务中，主要的目的是向高血压用户提供适合的医药信息，其中用户的心血管风险水平是实现服务而主要需要识别的高层情景，根据《中国高血压防治指南》(以下简称为《指南》),[①] 高血压患者心血管风险水平由血压水平和其他危险因素及病史决定。因此，为识别用户的心血管风险水平以及初始推荐的药物结果集，需要构建四大类情景演绎规则，它们均有权威的理论依据：①血压水平分类规则；②其他危险因素、靶器官损害以及伴临床疾患判定规则；③心血管风险水平分层规则；④药物初始推荐规则。

规则的构建一定要有准确的理论基础，正确的情景演绎规则是最终服务有效性的保障，SWRL 为 Comparisons、Math、Boolean Values、Strings、Date、Time、Duration、URIs 以及 Lists 内置了许多函数，基本能够满足我们的知识表达需求。

---

① 刘力生. 中国高血压防治指南 2010[J]. 中华高血压杂志，2011，19(8)：701-708.

6.2.4 信息推荐规则

通过情景演绎规则可以进行初步的信息推荐，但是此时的信息推荐个性化程度是很弱的，并未充分利用用户的情景信息，因此本章设计了三类基于用户情景信息的信息推荐规则：过滤性规则、优先选择规则和保留选择规则。最为关键的是，本章还为这三类规则设计了不同的优先级别以及相应的优先级算法，借此来进一步增强信息推荐服务的个性化。

6.2.4.1 过滤性规则

过滤性规则是研究中常见的一类规则，它表达的是一种刚性的要求，满足过滤性规则的对象会直接从结果集中过滤掉，不再出现在返回给用户的结果集中。在不同的应用中，过滤性规则的含义也不相同，结合医药信息推荐服务，本章的过滤性规则是指药物的禁忌证出现在用户的情景中，则直接将其从初步的药物推荐结果集中删除，这一类规则可以抽象为下式：

$$\text{RestrictionContext}(\text{ValueOfRestrictionContext}) \rightarrow \text{filter}(f) \tag{6-2}$$

其中，RestrictionContext 表示特定属性，它可以是用户的情景属性，也可以是药物属性，RestrictionContext = {患有_疾病，具有_禁忌，…}；ValueOfRestrictionContext 表示特定属性值，可以是具体的症状，也可以是药物成分；filter 指直接过滤该结果。

每一种药物说明书都会对该药物的成分以及禁忌情况进行详细的说明，例如是否对妊娠或伴有某些临床疾患的用药者有影响，根据这些说明构建的过滤性规则能够直接有效地优化推荐结果。

例如：如果用户伴有 2 型糖尿病，则过滤掉禁忌为 2 型糖尿病的抗高血压药物。

用户(？x)∧患有_疾病(？x，2 型糖尿病)∧降压药(？y)∧具有_禁忌(？y，2 型糖尿病)→禁用_药物(？x,？y)

6.2.4.2 优先选择规则

优先选择规则用于表达当某对象具有的某种属性符合用户的情景时，将该对象优先推荐给用户，这也是研究中常见的一类规则，常被命名为优化选择规则或用户偏好规则，该类规则在信息个性化中发挥着重要作用。例如在以位置情景信息为基础的餐饮推荐服务中会优先将就近的餐馆推荐给用户，当然同时还会结合餐馆的价位、评分等方面的规则来综合计算最后的推荐结果。

结合医药信息推荐服务，本章的优先选择规则是指药物的适应症出现在用户的情景中，则优先将该药物推荐给用户，这一类规则可以抽象为下式：

$$\text{PriContext}(\text{ValueOfPriContext}) \rightarrow \text{recommend}(f) \tag{6-3}$$

其中，PriContext 与 ValueOfPriContext 表示特定属性与属性值，recommend 表示优先推荐该结果。

正如药物的禁忌证，每一种药物也都有自己的适应证，例如伴随的临床疾患或靶器官受损情况。实际情况是患者的病理情景是非常复杂的，各种疾病常可能是并发出现，用户的年龄、性别等情景都会影响最终的用药决策。优先选择规则基于药物的适应证以及高血压领域用药的一些基本原则来优化推荐结果。

例如：如果用户患有 2 型糖尿病，则向用户推荐适应证为糖尿病 2 型的抗高血压药物。

用户(？x)∧患有_疾病(？x，2 型糖尿病)∧降压药(？y)∧具有_适应证(？y，2 型糖尿病)→适用_药物(？x,？y)

6.2.4.3 保留选择规则

保留选择规则是医药信息推荐服务中一类特有的规则，由于患者病理情景复杂，多种并发症可能导致药物虽然适应用户的某一情景，但是对用户的另一情景不利，不能笼统地将其过滤掉，该药物的使用常常需要在医师的详细指导下进行。这类药物信息对用户来说处理上更有难度，因此本章对其采取保留做法，即置后处理对象，这一类规则可以抽象为下式：

$$\text{ResContext}(\text{ValueOfResContext}) \rightarrow \text{reserve}(f) \tag{6-4}$$

其中，ResContext 与 ValueOfResContext 表示特定属性与属性值，reserve 表示置后推荐该结果。

在药物说明书中有详细的慎用症说明，慎用并非表示不能使用，只是使用容易产生不良反应，所以对使用过程需要特别注意，例如用法、病情趋势等。本章在考虑药物这一特征时构建的保留选择规则，能够进一步优化推荐结果。

例如：如果用户患有 2 型糖尿病，则置后推荐慎用症为糖尿病的抗高血压药物。

用户(？ x) ∧ 患有_疾病(？ x，糖尿病 2 型) ∧ 降压药(？ y) ∧ 具有_慎用症(？ y，糖尿病 2 型)→慎用_药物(？ x,？ y)

6.2.4.4 优先级设计及算法

三类信息推荐规则设计完成后就需要对其设置不同的优先级别，因为在实际的推荐过程中不同类的规则之间可能产生冲突矛盾，设置优先级可以帮助规避该问题。过滤性规则代表的是刚性的要求，将不适合的对象直接从结果集中过滤掉，因此具有最高的规则优先级别；优先选择规则是将较适合的对象优先推荐给用户，其优先级别要低于过滤性规则；保留选择规则是结合了本章的具体应用提出的优化规则，其优先级别低于优先选择规则。设过滤性规则为 R_1，优先选择规则为 R_2，保留选择规则为 R_3，≤表示优先级别高于的偏序关系，则它们的优先次序可表示为下式：

$$R_1 \leqslant R_2 \leqslant R_3 \tag{6-5}$$

规则的优先级别设定完成后就可以通过推荐优化算法对结果集进行优化排序了，基于情景的推荐优化过程主要包括三个阶段：①基于过滤性规则 R_1 过滤掉禁忌药物；②基于优化选择规则 R_2 以及打分公式来优化排序；③在上一步的基础上再次基于保留选择规则 R_3 和打分公式优化排序。假设有 m 条过滤性规则 R_1，r 条优先选择规则 R_2 以及 z 条保留选择规则 R_3，算法如图 6-3 所示。

```
输入：初始抗高血压药物推荐集合 f，含有 n 种药物。
输出：基于情境推荐优化后的抗高血压药物推荐列表 f ***。
1. for (int i=1; i<=n; i++)
      for(int j=1; j<=m, j++)
         基于过滤性规则验证药物；
         if(未通过验)then 从推荐集合中过滤掉该药物；
      end for
   end for
2. /*假设步 1 的推荐列表为 f*，f*中有 n*种药物，其中每种药物都有一个标记数组*/
   for(int i=1; i<=r; i++)
     fon(int j=1; i<=n*, i++)
       if 第 j 种药物符合优先选择规则 then 在该药物的标记数组的第 i 项打上标记FLAG;
     end for
   end for
   for(int i=1; i<=n*; i++)
     第 i 种药物的得分 Si= $\sum_{m=1}^{r} 10^{m} * N$
/*对第 i 种药物打分，如果从 1 到 r 中的某一项被打上 FLAG，则 N=1，否则 N=0*/
   end for
3. /*假设步 2 的推荐列表为 f**，f**中有 n**种药物，其中每种药物都有一个标记数组*/
   for(int i=1; i<=z; i++)
     for(int j=1; i<=n**, i++)
       if 第 j 种药物符合保留选择规则 then 在该药物的标记数组的第 i 项打上标记FLAG;
     end for
   end for
   for( int i=1; i<=n**; i++)
     第 i 种药物的得分 $S_i=S_i+\sum_{m=1}^{z} 2^{m} * N$
/*对第 i 种药物打分，如果从 1 到 z 种的某一项被打上 FLAG，则 N=-1，否则 N=0*/
   end for
   f***=SortByScore(f**)
```

图 6-3　推荐结果优化算法

通过上述算法，可以根据积分重新对最后的结果集排序，注意第三阶段由于本章采取的是置后处理所以 $N=-1$，最终分数越高排位也就越靠前。本章的三类规则以及优先级设定都是基于医药信息推荐服务，实际上不同的领域规则的含义不一，优先级也可以根据实际应用需要进行调整，也可以设计更多级别的规则，但总体的思路是规则分级。

为了保证真正的分级，在公式的底数设置上考虑结果集的数量大小，使得底等级的优化结果是基于高等级的。最后，本章采用分段优化主要是考虑能够在中间阶段以设置阈值的形式减少进入下一阶段的计算集，尽量压缩这个流程的运算成本。

6.3 实证研究：抗高血压药物信息推荐服务

抗高血压药物信息推荐服务实证部分主要分为三块：本体构建、规则构建以及数据处理和分析。在验证医药信息推荐服务时，本书选择对抗高血压药物信息作研究。高血压是常见的慢性病，估计目前全国高血压患者至少2亿名，然而我国高血压的知晓率、治疗率和控制率与发达国家相比一直处于较低水平，这与我国公民的健康素养水平不高密切相关。对用户提供医药信息推荐服务，有利于加强用户的健康教育，帮助用户发现、治疗与控制病情。实际上抗高血压的药物种类繁多，还有许多非处方药品，本书的研究对于选用药品和了解现有药品的适用程度具有重要的实践意义。

6.3.1 实验环境

表6-1陈列了实验过程中借助的软件，需要说明的是本书选择了两个版本的 Protégé 来完成实验，Protégé4. x 对中文的支持能力更强，可以同时编辑类、属性，具有更为丰富的数据类型，自带集成的 DL 推理机，并且其 ontograf 功能模块能够支持中文图像显示，但是其规则编辑功能不佳。

Protégé3.x 内置规则编辑插件，提供了丰富的规则原语、函数与检错机制，Jess 配置简单，能够快速实现基于规则的推理。

表 6-1 **实验环境说明**

软件或插件	说　明
Windows8.1 中文版	操作系统
JDK SE 8.0(1.8.0)	提供软件开发工具包
Protégé4.3	用于构建本体类、属性、公理、实例
FaCT++	提供基于描述逻辑的推理，集成于 Protégé4.3 中
Protégé3.5	提供基于规则的推理环境
SWRLTab	内置于 Protégé3.5 中的插件，用于编辑 SWRL 规则
Jess7.1	提供基于规则的推理，试用期为 30 天

6.3.2 情景本体

结合本体的基本组成部分，本书将医药信息推荐服务情景本体表示为以下五元组的形式：

$$MIRSCO = \langle C, R, rel, A, I \rangle \tag{6-6}$$

其中：

C 是本体模型的概念类的集合，在 Protégé 中类以分类层次结构展现，结构的层数主要由划分粒度决定，在选择类的术语时要注意概念的无二义性。

R 是本体模型中属性的集合，描述两个概念类之间的关系，包括对象属性和数值属性。对象属性描述概念类之间的关系，数值属性描述类与数据类型的关系。为了显著区分两类属性，本书的对象属性以“动词_名词”的形式命名，这里的名词一般来源于类的名称，例如将用户拥有设备的关系描述为拥有_设备；而数值属性直接以名词的形式表达，这里的名词一般为类的特征描述，例如姓名和身高。

rel 是属性的作用域，包括定义域和值域。

A 是公理的集合，Protégé 提供了丰富的公理描述方式，包括不相交、等价、二线制数量、基数约定等，可以通过类的描述框、属性的描述框以及属性的特征框来设置公理。

I 是实例的集合，实例都继承了其所属类的属性，实例化的过程也是为属性赋值的过程，药品与疾病的实例化过程是本体模型构建的难点之一。

(1) 用户本体模型

本书在对用户本体建模时主要描述用户的四大信息：①基本信息包括姓名、年龄、性别等，这些均可用数值属性表示，但有些信息需要涉及多个本体，例如用户的注射史涉及用户、活动、药物以及时间本体；②基本体征包括收缩压、舒张压、心率等，由于比较常见，本书直接用对象属性描述，有利于简化推理公式；③专项检测是比较专业的检测项目，需要对项目给予内容说明，我们用质量值来描述其具体的值，例如 LVMI 是指左心室质量指数，其单位为 g/m^2，值为整型数据；④用户与其他本体的关系，包括患有疾病、使用药物、处位置、运行于设备等信息。用户本体模型如图 6-4 所示。

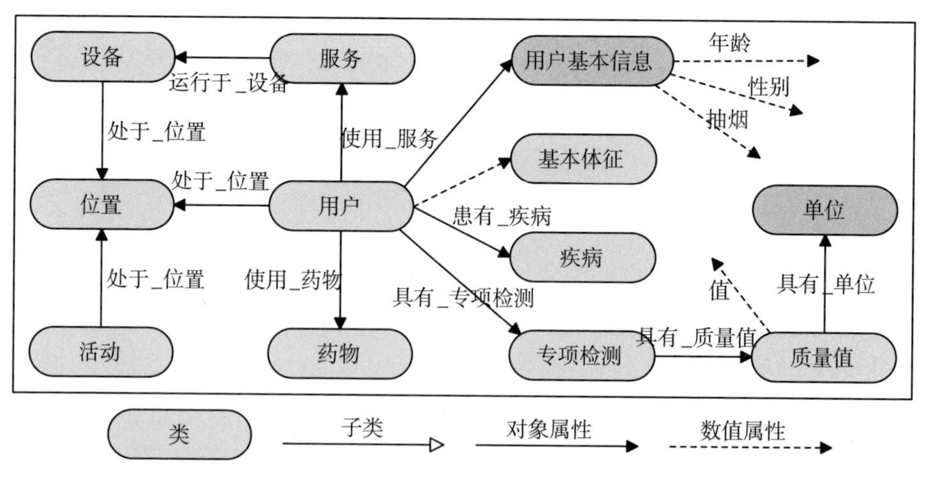

图 6-4　用户本体模型

(2)医药信息本体模型

本书在构建医药信息领域本体时参考了 RxNorm 本体的知识组织方式，常用说明书规格以及国际疾病分类 ICD-10，主要包含以下信息：①用户与药物的关系主要有过敏、耐受、使用、忌用以及慎用关系，并且用户患有疾病；②药物具有适应证、慎用症、禁忌证、副作用，药物相互作用关系通过协同、相加、拮抗来描述，某一具体的药品具有药品的基本信息，例如药品名称、规格、生产企业等；③根据 ICD-10，疾病可以分为 20 大类，不仅包括可确诊的疾病，还包括一些症状、体征、异常等情况，并且每一种疾病均有唯一 ICD 编号。医药信息领域本体模型如图 6-5 所示。

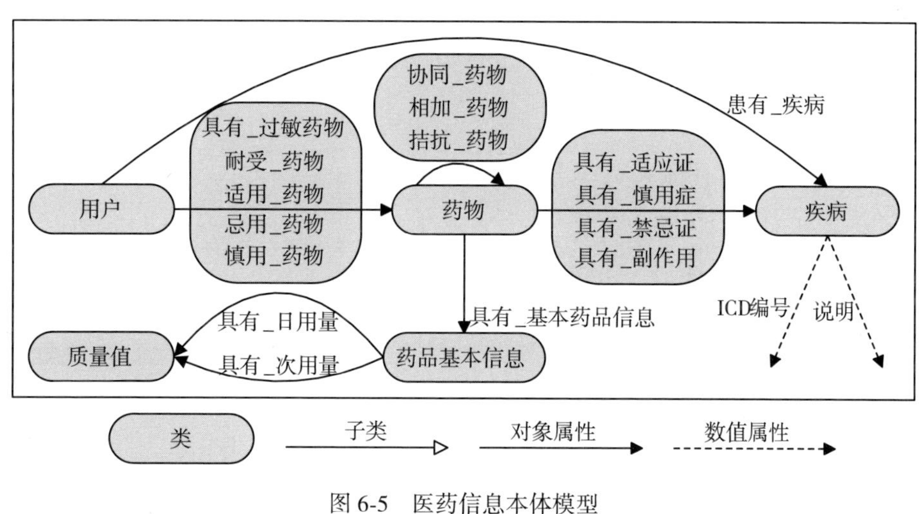

图 6-5 医药信息本体模型

6.3.3 本体实现

借助 Protégé，本书构建了中文的医药信息推荐服务情景本体，图 6-6 展示了情景本体类、对象属性以及数值属性，图 6-7 为情景本体模型视图，除此之外还包括大量的公理以及实例。经过专家的评估，本书的本体在概念的完整性、正确性以及适用性上都表现合格，可以支撑本书的应用，并且很容易扩展到更多的应用。

图 6-6 医药信息推荐服务情景本体类、对象属性以及数值属性

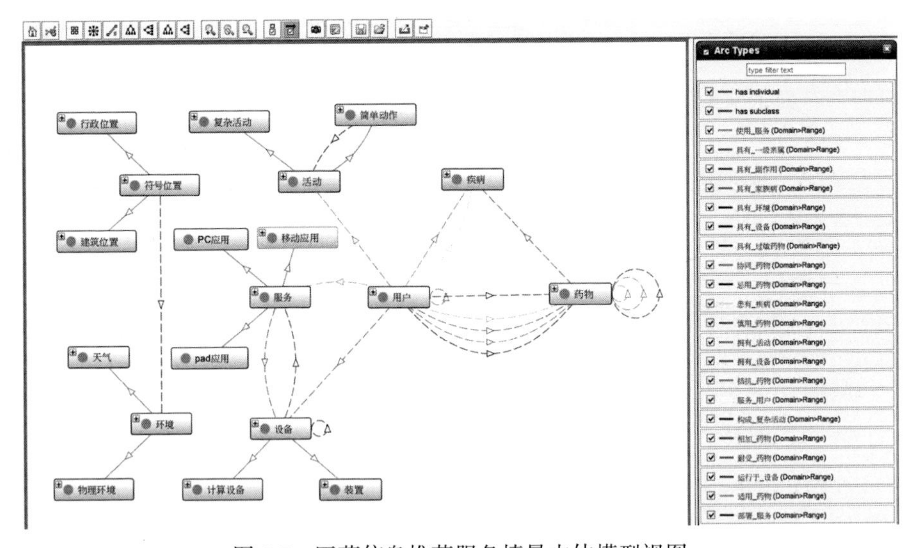

图 6-7 医药信息推荐服务情景本体模型视图

6.3.4 知识推理与推荐优化规则

本书的医药信息推荐主要包括两大类的规则：情景演绎规则以及推荐优化规则，本书借助 Protégé3.5 自带的 SWRLTab 来构建规则，如图 6-8 所示。

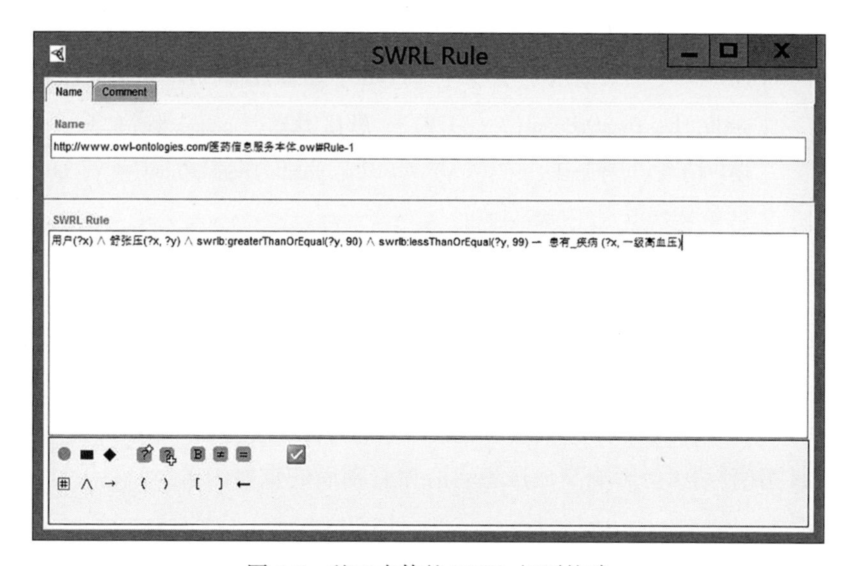

图 6-8　基于本体的 SWRL 规则构建

6.3.4.1 高血压危险分层及初始推荐规则

①表 6-2 为血压水平分类规则示例，依据为《指南》表 4：血压水平分类和定义。

表 6-2　**血压水平分类规则示例**

编号	描　述
R1-1	用户(? x) ∧ 舒张压(? x, ? y) ∧ swrlb: greaterThanOrEqual(? y, 90) ∧ swrlb: lessThanOrEqual(? y, 99) → 患有_疾病(? x, 一级高血压)

续表

编号	描　述
R1-2	用户(？x)∧收缩压(？x，？y) ∧swrlb：greaterThanOrEqual(？y，140) ∧ swrlb：lessThanOrEqual(？y，159) → 患有_疾病(？x，一级高血压)
R1-3	用户(？x)∧舒张压(？x，？y) ∧swrlb：greaterThanOrEqual(？y，100) ∧ swrlb：lessThanOrEqual(？y，109) → 患有_疾病(？x，二级高血压)
R1-4	用户(？x)∧收缩压(？x，？y) ∧swrlb：greaterThanOrEqual(？y，160) ∧ swrlb：lessThanOrEqual(？y，179) → 患有_疾病(？x，二级高血压)
R1-5	用户(？x)∧舒张压(？x，？y) ∧swrlb：greaterThanOrEqual(？y，110) → 患有_疾病(？x，三级高血压)
R1-6	用户(？x)∧收缩压(？x，？y) ∧swrlb：greaterThanOrEqual(？y，180) → 患有_疾病(？x，三级高血压)

②表6-3为其他危险因素、靶器官损害以及伴临床疾患判定规则示例，依据为《指南》表6：影响高血压患者心血管预后的重要因素。

表6-3　**其他危险因素、靶器官损害以及伴临床疾患判定规则示例**

编号	描　述
R2-1	用户(？x)∧年龄(？x，？y) ∧性别(？x，1) ∧心血管危险因素数量(？x，？z) ∧ swrlb：greaterThan(？y，55) →swrlb：add(？z，1)
R2-2	用户(？x)∧心血管危险因素数量 (？x,？a)∧具有_专项检测(？x，LDL-C)∧具有_质量值(LDL-C,？y)∧值(？y,？z)∧swrlb：greaterThan(？z，3.3)→患有_疾病(？x，血脂异常) ∧swrlb：add(？a，1)
R2-3	用户(？x)∧具有_专项检测(？x，Cornell)∧具有_质量值(Cornell,？y)∧值(？y,？z)∧swrlb：greaterThan(？z，2440)→患有_疾病(？x，左心室肥厚)∧靶器官受损(？x，1)
R2-4	用户(？x)∧具有_专项检测(？x，尿微量白蛋白)∧具有_质量值(尿微量白蛋白,？y) ∧ 值(？y,？z) ∧ swrlb：greaterThan (？z，30) ∧ swrlb：lessThan(？z，300)→靶器官受损(？x，1)
R2-5	用户(？x)∧糖尿病(？y)∧患有_疾病(？x,？y)→伴有临床疾患(？x，1)

③表 6-4 为心血管风险水平分层规则示例，依据为《指南》表 5：高血压患者心血管风险水平分层。

表 6-4 **心血管风险水平分层规则示例**

编号	描　述
R3-1	用户(？x)∧心血管危险因素数量（？x,？y)∧swrlb：lessThanOrEqual(？y，0)∧靶器官受损（？x，0)∧伴有临床疾患(？x，0)∧患有_疾病(？x，一级高血压)→心血管风险水平(？x，1)
R3-2	用户(？x)∧心血管危险因素数量（？x,？y)∧swrlb：greaterThanOrEqual(？y，1)∧swrlb：lessThanOrEqual(？y，2)∧靶器官受损（？x，0)∧伴有临床疾患（？x，0)∧患有_疾病(？x，一级高血压)→心血管风险水平(？x，2)
R3-3	用户(？x)∧心血管危险因素数量（？x,？y)∧swrlb：greaterThanOrEqual(？y，3)∧伴有临床疾患(？x，0)∧患有_疾病(？x，一级高血压)→心血管风险水平(？x，3)
R3-4	用户(？x)∧靶器官受损(？x，1)∧伴有临床疾患(？x，0)∧患有_疾病(？x，一级高血压)→心血管风险水平(？x，3)
R3-5	用户(？x)∧伴有临床疾患(？x，1)∧患有_疾病(？x，一级高血压)→心血管风险水平(？x，4)

④表 6-5 为药物初始推荐规则示例，依据为《指南》图 2：选择单药或联合降压治疗流程图。

表 6-5 **药物初始推荐规则示例**

编号	描　述
R4-1	用户(？x)∧患有_疾病(？x，一级高血压)∧医疗(单药治疗)→拥有_活动(？x，单药治疗)

续表

编号	描　　述
R4-2	用户(？x)∧收缩压(？x,？y)∧swrlb：greaterThanOrEqual(？y，160)∧医疗(联合治疗)→拥有_活动(？x，联合治疗)
R4-3	用户(？x)∧拥有_活动(？x，单药治疗)∧C (？y)→适用_药物(？x,？y)
R4-4	用户(？x)∧拥有_活动(？x，单药治疗)∧A (？y)→适用_药物(？x,？y)
R4-5	用户(？x)∧拥有_活动(？x，单药治疗)∧D (？y)→适用_药物(？x,？y)

6.3.4.2 推荐结果优化规则

设过滤性规则为 R5，优先选择规则为 R6，保留选择规则为 R7，表 6-6 为推荐结果优化规则示例。

表 6-6　　**推荐结果优化规则示例**

编号	描　　述
R5-1	用户(？x)∧降压药(？y)∧患有_疾病(？x，？z)∧具有_禁忌证(？y,？z)→禁用_药物 (？x，？y)
R5-2	用户(？x)∧降压药(？y)∧具有_过敏药物(？x，？y)→禁用_药物(？x，？y)
R6-1	用户(？x)∧降压药(？y)∧患有_疾病(？x，？z)∧具有_适应证(？y,？z)→适用_药物 (？x，？y)
R6-2	用户(？x)∧降压药(？y)∧长效(？y，1)→适用_药物(？x，？y)
R7-1	用户(？x)∧降压药(？y)∧患有_疾病(？x，？z)∧具有_慎用症(？y,？z)→慎用_药物 (？x，？y)
R7-2	用户(？x)∧降压药(？y)∧耐受_药物(？x，？y)→慎用_药物(？x，？y)

规则构建完毕之后，就可以勾选需要的规则，点击按钮“OWL+SWRL—>Jess”，本体知识与规则就转换到 Jess 的知识库与规则库；点击按

钮“Run Jess”，Jess 进行推理；点击按钮“Jess—>OWL”，Jess 就将推理得出的新知识写入本体中，如图 6-9 所示。

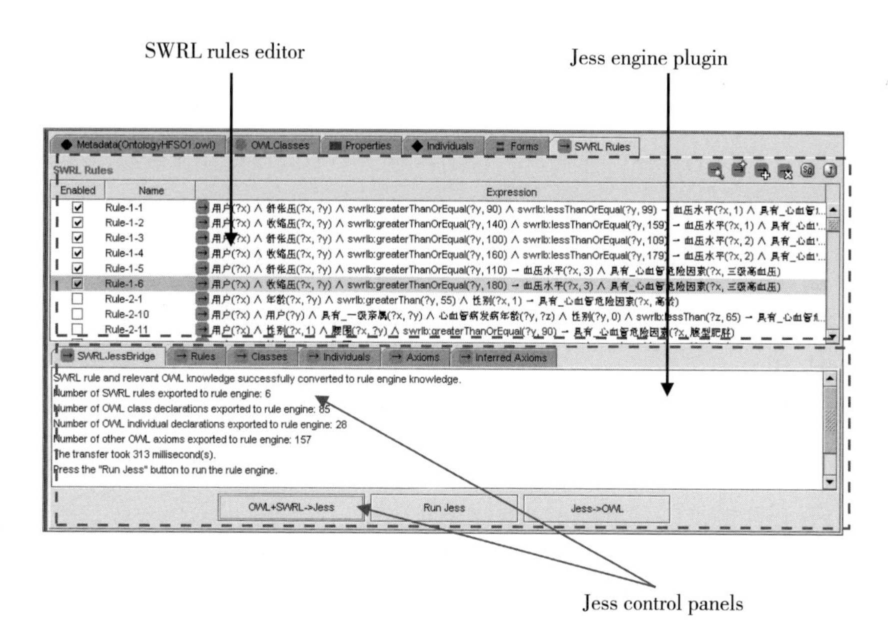

图 6-9 SWRL 规则和 Jess 推理引擎

6.3.5 数据处理与分析

6.3.5.1 数据获取

在构建完本体与规则后就需要收集实验数据验证实验，本书将基于获取过程介绍实际应用中的用户情景采集方法，其大致可以分为三类：

(1)传感器

传感器是指能感受规定的被测量，并按照一定的规律转换成可用输出信号的器件或装置。随着物联网与智能空间的发展，传感器已经无处不在，它是信息获取的重要手段。在过去的 10 年，传感器的数量以迅猛的速度增长并将在未来继续保持此趋势，传感器技术已经与通信技术和计算机技术共同构成信息技术的三大支柱。传感器的技术被广泛应用于各个领域，包括航天、农业、汽车、家电以及医疗健康等，并且随着科技和工艺的进步，传感器已经变得更便捷、更智能以及更低成本。现有的传感器技术与设备能够帮助我们轻易获得用户的身体健康信息，例如 Biovotion 公司开发的 VSM 可以检测用户一系列的生命体征数据，包括体温、心率以及皮肤血液灌流等。

(2)应用程序

应用程序是指为完成某项或多项特定工作的计算机程序，它以用户为中心，能与用户进行交互。实际上，应用程序已经成为我们工作、学习以及生活的重要辅助工具，尤其是随着智能设备的更新换代和普及，移动应用已经无处不在，它渗透到用户的衣食住行方方面面。用户每天都在与应用进行交互，这些应用程序记录了用户大量的行为数据，是用户情景的重要来源，例如一款减肥移动应用可以记录用户每天的运动、饮食以及习惯情况。

(3)手动输入

虽然基于情景感知的信息服务更强调自动获取用户的情景信息，但是手动输入也是一种重要的情景获取方式。在某些情景下，用户手动输入的需求是非常强烈的，所以在设计信息服务时要考虑提供人工输入情景的需求。例如在进行餐饮推荐时，可以通过系统获取的用户偏好排序，也支持用户自己设置排序偏好。通过这三种方式基本可以获取我们需要的用户情景信息。

6.3.5.2 结果评估

本书收集了 25 位高血压用户的案例分析报告，每份报告都包含用户详细的病情信息、专业的病理分析以及经验证有效的药物处方。将这些用户基本的病情信息导入到本体中，选择规则即可开始进行知识推理。实验结果的评估主要包括两个方面：情景演绎的正确性与推荐结果优化的有效性。

情景演绎主要是为了识别用户心血管危险因素、患有的疾病以及心血管风险水平，以便确定治疗方案和初始的药品集合。基于情景演绎规则，本书推导出了所有用户的高层情景，基本符合专业的病理分析结果。表 6-7 是情景演绎的实例展示，其中通过血药推导出用户患有三级高血压，通过用户的基本信息、体征以及检测数据推导出心血管危险因素，在结合用户的临床疾患判定用户为很高危的心血管疾病患者。

表 6-7 **情景演绎实例**

血压	血压：185/100mm Hg	三级高血压
其他心血管危险因素	1. 年龄：67>55 岁(男性) 2. 吸烟 3. 身高：170cm 体重：85Kg 腰围：103>90cm BMI：29.4>28Kg/m^2 4. 总胆固醇：6.5>5.7mmol/L LDL-C：4.38>3.3mmol/L HDL-C：0.94>1.0mmol/L	高龄 吸烟 腹型肥胖/肥胖 血脂异常
靶器官损害		无
伴临床疾患	1、2 型糖尿病	有
心血管风险水平分层	很高危	

推荐结果优化过程中，本书通过过滤性规则、优先选择规则以及保留选择规则得出抗高血压药物推荐排序列表。实际上，抗高需要药物种类繁多，处方方案也多种多样，并且还会因处方医生而异。为了验证推荐结果优化的有效性，可以让专家参与到最后的结果评估中，本书将方案中经验证有效的药物处方作为参考，以其排名提升率 A 作为衡量的指标，具体如下式：

$$A=(N-M)/N \tag{6-7}$$

N 表示处方药物在优化前的推荐列表的平均排名，M 表示其优化后的平均排名。图 6-10 显示了推荐结果优化前后的对比，由图 6-10 可知，整体上处方药物的排名是有很大的提升，其中用户 9 与用户 24 由于处方药物原本排名很靠前，所以前后变化不大。图 6-11 显示了优化后的平均排名的提升率，平均的排名提升率 $\overline{A}=65.3\%$。实际上，对25位用户的推荐结果集进行优化后，其中20位即80%的用户的医生处方药物出现在列表前十。实验结果表明：该方法有效地提高了抗高血压药物信息服务的质量。

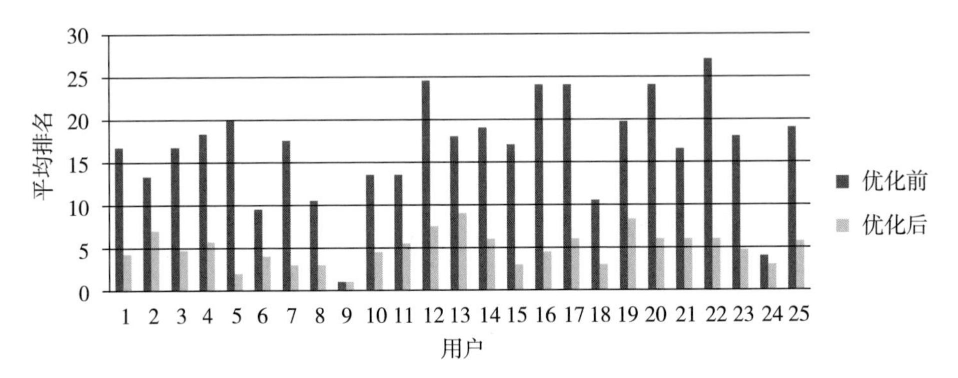

图 6-10　推荐结果优化前后的结果对比

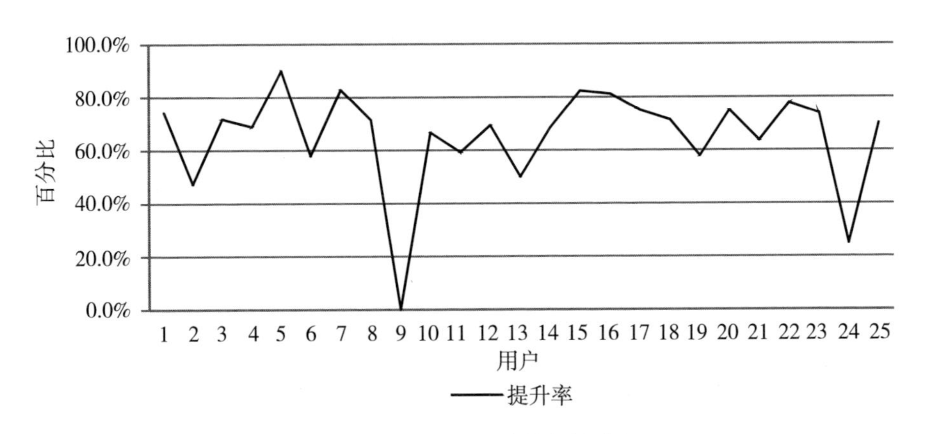

图 6-11　优化后的平均排名提升率

SWRL规则能够很好地扩展基于本体的知识模型，并且它与本体是相分离的，可以很方便地对规则进行增删，并且通过设置规则优先级别的方式可以有效地解决不同规则之间的冲突问题。本书的方法体系能够提高个性化信息服务的质量，并且扩展性良好。但是规则需要人工构建，知识工人的专业水平直接影响着最终的服务质量，其维护也需要长期的人工投入。

7 基于情景感知和语义关联的个性化信息推荐

进入 21 世纪以来，社交网络、移动互联网、物联网的井喷式发展使信息社会进入“大数据”(Big Data)时代，① 海量的数据使“信息过载”问题愈发严重。国内外学者针对该问题提出了众多解决方案，其中搜索引擎技术和个性化推荐技术是缓解“信息过载”问题的众多解决方案中比较有代表性的方案。

然而，传统的推荐系统仅仅依靠用户兴趣信息进行推荐，较少考虑用户所处的情景，而仅仅依靠用户兴趣信息并不能生成有效推荐。例如，某些用户在“情绪悲观”时更愿意被推送喜剧片或励志片，而非动作片或灾难片。Adomavicius 学者和 Tuzhilin 学者等②最早尝试将与用户相关的情景信息加入推荐系统，进行基于情景感知的推荐，并提出了“情景感知推荐系统”(Context-Aware Recommender Systems，简称 CARS)的概念。

一个好的情景感知推荐系统不仅需要准确预测用户偏好，而且需要考虑用户当前所处情景，将同时符合用户兴趣和所处情景的信息主动推荐给用

---

① Nature. Big Data[EB/OL]. [2021-11-13]. http://www.nature.com/news/specials/bigdata/index.html.

② Adomavicius G, Sankaranarayanan R, Sen S, et al. Incorporating contextual information in recommender systems using a multidimensional approach[J]. ACM Transactions on Information Systems (TOIS), 2005, 23(1): 103-145.

户。只有同时考虑用户兴趣和所处情景，才能提高推荐精确度和用户满意度，从而使用户对推荐系统产生依赖，最终提高推荐系统的点击率和转化率。

推荐系统的最终目的是根据用户对其他对象的兴趣度或其他用户对该对象的兴趣度、对那些未评分对象的兴趣度加以评估计算，并将预测兴趣度较高的待推荐对象推送给用户。

本章采用基于内容的推荐方法，为了改善“过于专门化”(Overspecialization)问题，根据本体图模型中属性序列的特点，综合考虑层次关系和属性关系，在分析路径关联相似度、层次相交关联相似度及属性相交关联相似度的影响因素的基础上，给出了一种基于语义关联的实例语义相似度算法。在实验应用部分，以电影领域本体中的实例为例，利用基于语义关联的实例相似度计算方法进行基于内容的信息推荐，然后根据用户当前的情绪情景调整推荐列表，最终将同时符合用户兴趣和当前情绪情景的电影推荐给用户。

7.1 情景感知推荐系统

推荐系统涉及信息检索、认知科学、预测理论等众多学科，传统推荐系统通过挖掘用户与项目之间(User-Item)的二元关系，通过目标用户与待推荐对象的匹配向用户推送其可能感兴趣的项目(如网页、新闻、商品等)。下面从个性化推荐系统三个模块的角度归纳其特征。

7.1.1 推荐对象建模模块

推荐项目建模模块用于推荐项目的特征提取和特征表示，如何形式化表示推荐项目对推荐系统影响巨大。不同领域不同项目(如文档、新闻、音乐、电影、商品等)的特性各不相同，如今还没有一致的标准来进行形式化组织。推荐对象的表示方式与用户模型的表示方式关系较为紧密，一般使用相同的表示方式来对推荐对象和目标用户进行建模，以便更高效地实现目标用户和推荐对象的相似度匹配。

目前主要的推荐对象表示方法有主题表示法、关键词列表法、向量空间模型、基于本体的方法等。① 其中，当前工业界使用最成熟的是向量空间模型表示法，该方法方便使用标准向量运算来进行后续阶段的项目相似度匹配任务，但是该方法割裂了词语本身固有的同义性和语义分歧性，缺乏语义信息。在学术界，基于本体的推荐对象表示方法是主流，本体考虑了词语的语义，有利于知识的重用和共享。周莉等②利用本体技术建立了商品类别本体，对该领域的推荐项目加以形式化表示，使得商品信息的表示包含了丰富的语义。陈钰等③通过文献调研、参考旅游领域其他划分标准等多种渠道，根据旅游领域的特殊需要，建立了旅游领域本体，定义了如地点、景区、小吃、酒店住宿、特产等较为重要的类。

虽然领域本体有利于信息的重用和共享，但是如今本体的设计还缺乏一致的标准，没有实现自动化构建，仍然需要领域专家的参与，受到所花费人力物力的局限，这也正是本体建模到目前尚未普及的最大阻碍，如何实现领域本体的自动构建是当前研究急需解决的一个难点。

7.1.2 用户建模模块

用户建模模块用于采集和分析用户偏好，协助推荐系统更精确地把握用户特征和兴趣偏好，使推荐系统更有效地根据用户模型产生推荐结果。

---

① Ashley-Dejo E, Ngwira S, Zuva T. A survey of Context-aware Recommender System and services[C]// 2015 International Conference on Computing, Communication and Security (ICCCS), IEEE, 2015: 1-6.

② 周莉，潘旭伟，谢玉开．情境感知的电子商务个性化商品信息服务[J]．图书情报工作，2011，55(10)：130-134.

③ 陈钰，张功亮，阚述贤，等．一种基于领域本体的用户建模方法[J]．计算机与数字工程，2011，39(002)：86-89.

1979 年，Elaine Rich① 的研究工作中首次提到了“用户建模”的概念，至今对用户建模的研究已经有 35 年的发展历史。进入 21 世纪，个性化信息服务的研究进入了快速发展阶段，用户建模作为个性化信息服务的核心模块，出现了很多研究成果。总结王巧容②和张炜③的建模过程，可发现它包含用户数据采集、模型形式化表示、模型的学习更新和用户模型评价四步。

其中用户模型的形式化表示方法关系到目标用户与推荐对象如何进行匹配，如今用户模型的形式化表示法主要有主题表示法、关键词列表法、向量空间模型、本体表示法等。

当前工业界最成熟的是基于向量空间模型的表示法，该方法既能清晰地表达出不同偏好概念在模型中的重要性，而且便于采用基于向量的数学运算进行相似度匹配，然而由于该方法没有考虑用户兴趣的语义信息，不能精确地表示用户的偏好和需求，使得推荐结果不够精确。

在学术界基于本体论的表示法已成为用户建模的主流趋势，如 Blanco-Fernández 等④通过商品类别领域本体的重用和共享，建立了多维分层用户本体，使得系统可以理解用户模型的语义；Buriano 等⑤利用本体对推荐模型进行形式化表示，蒋秀林等⑥基于领域本体建立了用户模型，最后通过实验证

---

① Rich E. User modeling via stereotypes[J]. Cognitive Science, 1979, 3(79): 329-354.

② 王巧容，赵海燕，曹健．个性化服务中的用户建模技术[J]．小型微型计算机系统，2011，32(1)：39-46.

③ 张炜．个性化推荐系统中基于本体的用户建模研究[D]．南京：南京理工大学，2007.

④ Blanco-Fernández Y, Pazos-Arias J J, Gil-Solla A, et al. A flexible semantic inference methodology to reason about user preferences in knowledge-based recommender systems[J]. Knowledge-Based Systems, 2008, 21(4): 305-320.

⑤ Buriano L, Marchetti M, Carmagnola F, et al. The role of ontologies in context-aware recommender systems[C]. IEEE International Conference on Mobile Data Management, IEEE Computer Societ, 2006: 80-82.

⑥ 蒋秀林，谢强，丁秋林．基于领域本体的用户模型的研究[J]．计算机应用研究，2012，29(2)：606-608.

明了该方法对用户兴趣偏好的表示更为精确，而且优化了信息查询的效率。基于本体的用户建模方法的前提是可以对特定领域本体中所包含的概念类、实例、类与类、类与实例之间的关系进行一致性表示，因此可以弥补传统方法所带来的缺乏语义的不足，以便显著地提高模型表示的准确性和全面性。

7.1.3 推荐算法模块

推荐算法模块是信息推荐系统中最为核心的模块，推荐算法直接影响推荐结果的准确性和全面性。目前出现的推荐方法有很多，一般分为以下三种：协同过滤推荐、基于内容的推荐和混合推荐。

(1)协同过滤推荐(Collaborative Filtering Recommendation)

协同过滤是信息推荐算法中应用最有成效的技术，20 世纪 90 年代出现了第一批协同过滤相关的文献,① 协同过滤的研究从而进入了热潮。

协同过滤推荐的本质是借鉴"集体智慧"思想，根据其他用户对待推荐项目的评分，发现与目标用户偏好相同的邻居用户，然后将邻居用户喜欢的项目推荐给目标用户，因此邻居用户的发现是核心，邻居用户的发现需要借助用户偏好之间的相似性来计算。

协同过滤推荐受到其推荐本质的影响，存在着如下优缺点。其优点在于：①由于无需考虑推荐对象的表示，比较适合复杂的难以形式化的非结构化对象的推荐，比如电影、音乐等；②善于挖掘目标用户新的兴趣点，推送结果的新颖度较高。其缺点在于：①冷启动问题，因为缺乏新用户的偏好信息，很难向他推送信息，新项目因为缺少评分而很难推送给目标用户；②稀疏性问题，由于使用者数目的快速扩增和推荐对象数目的快速扩增，用户的评分差别非常大，使得部分目标用户很难获得推送，某些待推荐项目得不到

---

① Resnick P, Iakovou N, Sushak M. Grouplens: An open architecture for collaborative fltering of netnews[C]. Proceedings of the ACM Conference on Computer Supported Cooperative Work, 1994: 175-186.

推送。

(2)基于内容的推荐(Content-Based Filtering)

基于内容的推荐策略来源于信息获取领域，其本质是首先通过隐式方式(Implicit)或显式方式(Explicit)获取用户偏好信息，然后计算用户模型与待推荐项目的语义相似度，并向目标用户推荐与该用户历史偏好语义相似度大的若干对象，其关键是推荐对象形式化描述和相似度匹配方法。

基于内容的推荐算法受到其算法本质的影响，存在着如下优缺点。其优点在于：该算法不需要新对象的评分数据，因此避免了新对象出现的冷启动问题。缺点在于：①该算法容易受到待推荐项目特征表示效率的限制，例如对于音频和视频对象很难进行特征表示，因此难以进行匹配；②过于专门化问题(Overspecialization)，基于内容的推荐不容易产生新颖的推荐项目，目标用户只能获得与历史兴趣偏好相似的项目集，导致推荐结果缺乏新颖性，不能给目标用户带来新的惊喜。

针对缺点①，可以利用本体中的概念或实例对推荐对象进行特征表示；针对缺点②，可以根据本体概念或实例的语义信息对推荐对象特征和用户模型进行语义拓展，以提高推荐结果的丰富性。如外国学者 Cantador① 等利用本体技术提取对象特征，同时通过本体推理和语义扩展对基于内容的推荐中的过于专门化问题进行改善。

(3)混合推荐(Hybrid Filtering)

该方法依据不同的混合策略将两种或多种类型的算法进行组合来产生推荐，混合推荐的一个最重要原则就是将协同过滤推荐和基于内容的推荐进行组合，以避免或弥补各自推荐技术的弱点。

---

① Cantador I, Bellogín A, Castells P. Ontology-based personalised and context-aware recommendations of news items[C]. Proceedings of the 2008 IEEE/WIC/ACM International Conference on Web Intelligence and Intelligent Agent Technology-Volume 01, IEEE Computer Society, 2008: 562-565.

国内学者许海玲[1]等根据组合方式的不同，将混合推荐分为三类：①前融合策略，即直接将两种推荐算法融合至一个统一的框架中进行混合推荐；②中融合，即以一种推荐策略为框架，将另外一种推荐策略融入该框架中；③后融合，即分别利用两种不同的推荐算法产生推送结果，然后把这两种算法产生的推送结果加以融合。

杨君在其博士论文《基于情景感知的多维信息推荐研究》[2]中将混合过滤推荐分为以下六种：①加权混合法，即将两种推荐方法的推荐结果赋予不同的权重并进行加权，产生一个综合推荐列表；②轮换混合法，即根据系统的需要，轮换采取不同的推荐方法；③混同混合法，即同时使用两种策略并将两种方法的推荐结果都显示出来；④特征联合混合法，即将从数据来源处获取的信息特征融入到一个推荐算法中；⑤混同混合法，即通过一种推荐策略对另一种策略得到的结果进行提炼；⑥特征加强混合法，即将一种策略的输出结果作为另一种策略输入。

混合推荐的最大优势在于将前面两种推荐策略进行不同形式的组合，从而弥补了各自的弱点，因此当前研究较多的便是混合推荐。

7.1.4 情景感知推荐系统

传统的推荐系统主要依靠用户兴趣与项目之间的匹配进行推荐，建模时较少考虑用户情景信息，而仅仅依靠用户兴趣信息并不能生成有效推荐。[3]例如，用户在“心情悲观”时更愿意被推荐喜剧片或励志片，而非动作片。情景感知推荐使系统能够自适应地采集和处理情景信息，为用户提供基于情景感知的信息服务，改善了用户体验。

---

① 许海玲，吴潇，李晓东，等．互联网推荐系统比较研究[J]．软件学报，2009，20(2)：350-362.

② 杨君．基于情景感知的多维信息推荐研究[D]．武汉：武汉大学，2011.

③ Abbas A，Zhang L，Khan S U．A survey on context-aware recommender systems based on computational intelligence techniques[J]．Computing，2015，97(7)：1-24.

Adomavicius 学者和 Tuzhilin 学者等①最早提出“情景感知推荐系统”的概念，他们认为将情景信息用于推荐系统可以改善信息推荐的准确率和用户满意度。国内学者王立才②首次对情景感知推荐系统的研究进展进行文献综述，并讨论了情景感知推荐的相关技术及情景感知系统框架。杨君和吴菊华等③不仅将情景信息加入用户建模，而且根据用户历史情景集合和当前情景集合的相似度大小进行信息推荐。

Adomaviciu 学者④从将情景信息融入推荐过程哪个阶段的角度对当前的情景感知推荐进行了划分，并提出了情景感知推荐的三种范式：情景预过滤（Contextual Pre-Filtering）、情景后过滤（Contextual Post-filtering）和情景建模（Contextual Modeling），如图 7-1 所示。

①情景预过滤，又称推荐输入情景化（Contextual Pre-Filtering，又称 Contextualization of Recommendation Input）。情景预过滤主要是指首先使用当前情景将那些关联度较低的用户兴趣数据过滤掉，只选择那些关联度高的数据记录集合产生推荐结果，然后采用传统二维推荐算法进行偏好预测并生成推送结果。例如，假定为处于消极情绪的用户推荐电影，“消极情绪”的用户不喜欢看灾难片，那么首先根据消极情绪将灾难片过滤掉，然后再根据该用户的偏好信息为其生成一个推荐列表。

②情景后过滤，又称推荐输出情景化（Contextual Post-Filtering or Contextualization of Recommendation Output）。情景后过滤首先忽略情景因素，使用传统的二维推荐算法对目标用户的兴趣偏好进行评估预测，然后依据当

---

① Adomavicius G, Sankaranarayanan R, Sen S, et al. Incorporating contextual information in recommender systems using a multidimensional approach[J]. ACM Transactions on Information Systems (TOIS), 2005, 23(1): 103-145.

② 王立才，孟祥武，张玉洁．上下文感知推荐系统[J]．软件学报，2012，23(1)：1-20.

③ 杨君，吴菊华，艾丹祥．一种基于情景相似度的多维信息推荐新方法研究[J]．情报学报，2013，32(3)：262-269.

④ Adomavicius G, Tuzhilin A. Recommender Systems Handbook [M]. New York: Springer, 2011: 217-248.

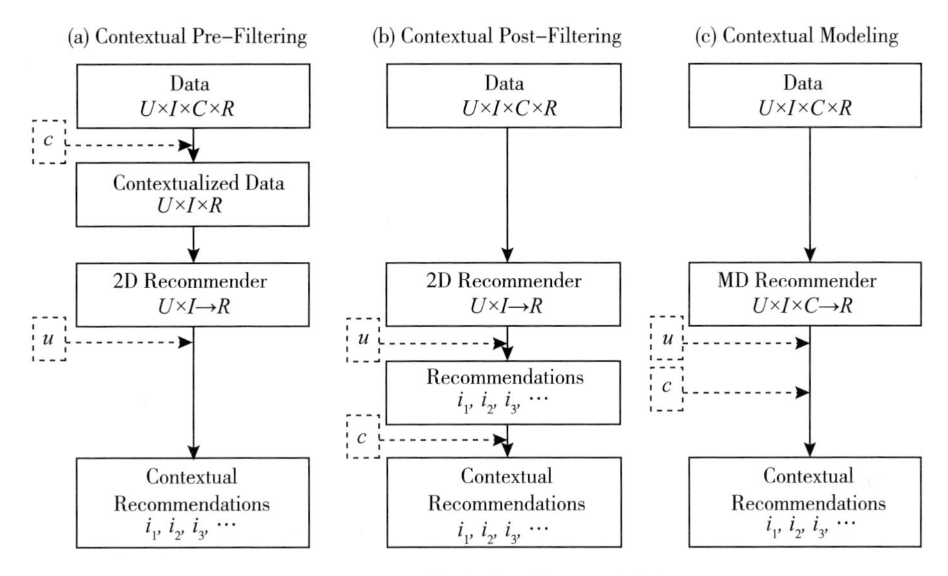

图 7-1 情景感知推荐系统的三种范式

前情景将相关度较低的推荐结果过滤掉或者对推荐列表中的排序进行调整。例如，假定为处于“消极情绪”的用户推荐电影，消极情绪的用户不喜欢看灾难片，首先根据用户偏好信息为其生成一个推荐列表，然后根据情绪情景对影片类型进行过滤，重新调整推荐结果的排序。

情景预过滤和情景后过滤方法的优点在于可以把“多维信息推荐”转化为标准的“二维推荐”，从而简化相似度匹配过程。其缺点在于降维后不能保证数据的完整性，从而影响了推荐效果。

③情景建模，又称推荐函数情景化（Contextual Modeling，又称 Contextualization of Recommendation Function）。情景建模范式是指把情景信息融入个性化信息推荐的整个阶段。与情景预过滤/后过滤模型使用传统的二维推荐函数不同的是，情景建模方法使用了多维推荐函数。例如，假定为处于消极情绪的用户推荐电影，消极情绪的用户不喜欢看灾难片，综合考虑兴趣偏好和情绪情景，赋予不同类型的情景信息以不同的权重，接着综合用户

情景模型向目标用户的推荐合适的影片。如杨君①在博士论文中将用户情景模型表示为三元组(u，i，t)，其中每个三元组代表了用户 u 在时刻 t 对项目品 i 产生过行为。

7.2 基于本体的语义相似度计算方法

7.2.1 相似度计算

相似度计算是指借助特定的策略对任意两个项目的相似程度进行定量表示。相似度计算是知识检索和知识推荐的基础及关键技术，在信息检索、文本聚类等诸多领域应用都非常广泛，相似度计算方法的好坏对信息检索和信息推荐结果的全面性和准确性影响较大。

国内学者秦春秀②等根据语义相似度计算所依据理论基础的不同将语义相似度计算划分为两大类：一类是统计大规模语料库进行相似度计算，另一类是根据本体(如 WordNet)来计算，并从方法论、假设条件、理论基础等 7 个维度对两种策略进行了比较，两者对比如下：

①方法论。前者使用的是经验主义方法论；后者使用的是理性主义方法论。

②假设条件。前者认为如果两个词语在相似的上下文环境中共同出现的频率越高，则两个词语越相似；后者认为只要两个概念在结构层次图中存在连通路径，则这两个概念就存在相似性。

③基础条件。前者基于大型的语料库来对相似度进行计算；后者基于语义词典计算相似度。

④理论基础。前者进行语义相似度计算的理论基础是向量空间理论，一般依据两个向量夹角的余弦来对相似度的大小加以量化；后者依据的理论基

① 杨君．基于情景感知的多维信息推荐研究[D]．武汉：武汉大学，2011.

② 秦春秀，赵捧未，刘怀亮．词语相似度计算研究[J]．情报理论与实践，2007，30(1)：105-108.

础是树形图论，一般根据树形结构或图形结构中节点之间的路径特征来计算相似度。

⑤主要优点。前者能够根据统计数据发现那些靠人力很难判断的关联；后者则更为简单有效，能够找出那些字面上不相似但是语义相似的关联。

⑥主要缺点。前者对所使用的语料库依赖程度较高，容易受到噪声干扰；后者由于世界知识(如本体)需要领域专家共同参与协作构建，因此受人的主观影响较大，不能如实反映客观事实。

⑦评价方法。前者有统一的测试语料库用于评价相似度计算方法的优劣；后者如今还缺乏统一的评价方案。

相似度计算方法与推荐对象和用户的建模及表示方式有关，本体因其清晰的层次结构、支持知识推理以及方便对知识进行共享和复用，已成为主流的模型表示方法，因此，开展基于本体的语义相似度计算研究具有非常重要的理论意义和现实意义。

7.2.2 本体属性序列

在本体图模型中，本体中的属性将概念、实例连接起来，因此属性体现了概念或实例之间的语义关系。根据属性本质的不同，可以将本体中的属性分为两大类：一类是层次关系(Hierarchy Relationship，RH)，包括概念之间的 SubclassOf 关系和概念与实例之间的 InstanceOf 关系，该关系形成本体图模型的层次结构；另一类是属性关系(Property Relationship，RP)，是由用户自定义的对象属性，该关系将不同的概念和不同的实例联系起来。

学者 Anyanwu K 于 2002 年首次提出属性序列①的概念，在本体图模型中通过属性序列可以将不同类的实例联系在一起，但这些文章在属性序列的界定中仅考虑属性关系 R_P，忽略了类或实例之间的层次关系 R_H。本书根据实

① Anyanwu K，Sheth A. The ρ operator：Discovering and ranking associations on the semantic web[J]. ACM SIGMOD Record，2002，31(4)：42-47；Anyanwu K，Sheth A. ρ-Queries：Enabling querying for semantic associations on the semantic web[C]. Proceedings of the 12th International Conference on World Wide Web，ACM，2003：690-699.

例相似度计算的需要，综合考虑实例之间的层次属性 R_H 和对象属性 R_p，重新对属性序列进行定义。

定义 1 在本体图模型中，如果存在 n 个属性 p_1，p_2，……，p_n 将 n+1 个节点 a_1，a_2，……，a_{n+1} 连接起来，如图 7-2 所示，其中 $p_i(1 \leqslant i \leqslant n) \in R_H \cup R_P$，$a_i(1 \leqslant i \leqslant n+1) \in C \cup I$，则称该有限属性集合为属性序列(Property Sequences，PS)，可以将属性序列形式化表示为：$ps = \{p_1, p_2, \cdots\cdots, p_n\}$。属性序列的长度(length)即 ps 中所包含的属性的个数。

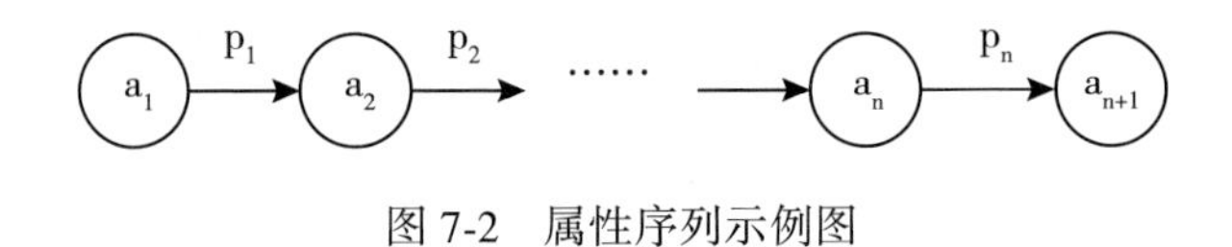

图 7-2 属性序列示例图

定义 2 函数 NodesOfPS( )返回属性序列中属性所连接的所有节点，即 NodesOfPS(ps) = $\{a_1, a_2, \cdots\cdots, a_{n+1}\}$。节点 a_1 称为属性序列的起点(origin)，节点 a_{n+1} 称为属性序列的终点(Terminus)。

定义 3 如果属性序列 ps_1 和 ps_2 满足 $\text{NodesOfPS}(ps_1) \cap \text{NodesOfPS}(ps_2) \neq \varnothing$，则称两个属性序列相交(Joined Property Sequence)，$a_i \in (\text{NodesOfPS}(ps_1) \cap \text{NodesOfPS}(ps_2))$ 称为相交节点(Join Node)。

7.2.3 语义关联

在本体图模型中，如果两个实例之间存在连通路径，则称两个实例存在语义关联(Semantic Association，记为 SA)。张文秀、[1] Anyanwu、[2] Blanco-

① 张文秀，朱庆华. 领域本体的构建方法研究[J]. 图书与情报，2011(1)：16-19.

② Anyanwu K，Sheth A. The ρ operator：Discovering and ranking associations on the semantic web[J]. ACM SIGMOD Record，2002，31(4)：42-47.

Fernández① 将节点之间的语义关联分为路径关联和相交关联，但因其对属性序列定义的局限性，没有考虑层次属性对语义关联的影响，在应用上有一定的局限性。

本书在定义 1 的基础上，分析了实例间连通路径所包含的属性序列的特点，将实例之间的语义关联分为路径关联、层次相交关联、属性相交关联三类，其定义分别如下：

定义 4 存在一条属性序列 ps，如果实例 x 和 y 分别是 ps 的起点(Origin)和终点(Terminus)，且该属性序列中所有属性 $p_i \in R_p$，则称 x、y 之间存在路径关联(Path Association，记为 PA)，如图 7-3 所示。

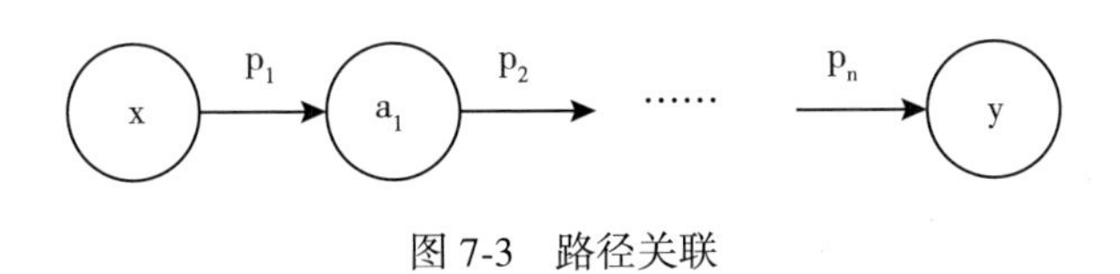

图 7-3 路径关联

如果 x 和 y 之间存在路径关联，则 x 和 y 之间路径关联的长度等于属性序列的长度，即 length(PA(x, y))= length(ps)。

定义 5 存在两条属性序列 ps_1 和 ps_2 相交，如果实例 x 和 y 同为 ps_1 和 ps_2 的起点或同为终点，且 ps_1 和 ps_2 中的所有属性 $p_i \in R_H$，即实例 x 和 y 属于同一个类或相似类，则称 x、y 之间存在层次相交关联(Hierarchy Join Association，记为 HJA)。

根据层次相交关联中实例 x 和 y 所属的类 Cx 和 Cy 是否相同，将层次相交关联分为两种情况：

①若 Cx 和 Cy 相同，即实例 x 和 y 为同一个类的实例，则 ps_1 和 ps_2 的相交节点为 C(C=Cx=Cy)，如图 7-4 所示。

① Blanco-Fernández Y, Pazos-Arias J J, Gil-Solla A, et al. A flexible semantic inference methodology to reason about user preferences in knowledge-based recommender systems [J]. Knowledge-Based Systems, 2008, 21(4): 305-320.

②若 Cx 和 Cy 不同，即实例 x 和 y 为相似类的实例，则 ps_1 和 ps_2 的相交节点为 C(C≠Cx≠Cy)，如图 7-5 所示。

如果 x 和 y 之间存在层次相交关联，则层次相交关联的长度等于它所包含的 2 个属性序列的长度之和，即 $length(HJA(x, y)) = length(ps_1) + length(ps_2)$。

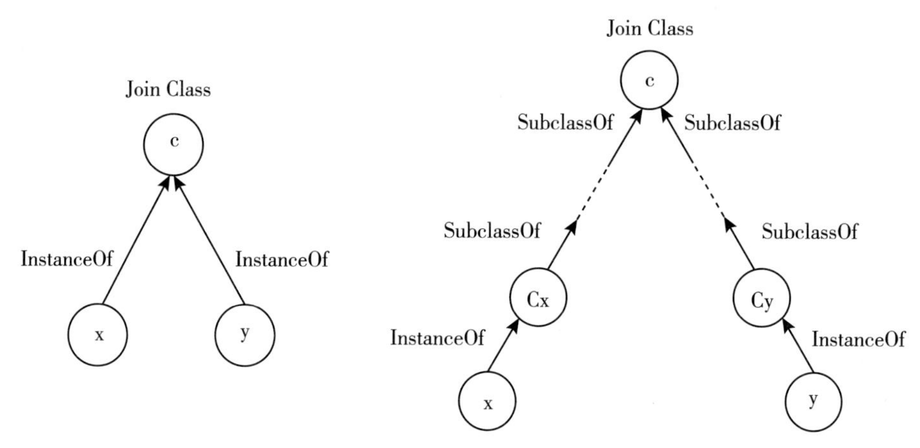

图 7-4 层次相交关联(Cx 和 Cy 相同)　　图 7-5 层次相交关联(Cx 和 Cy 不同)

定义 6 存在两条属性序列 ps_1 和 ps_2 相交，如果 x 和 y 同为 ps_1 和 ps_2 的起点或同为终点，且 ps_1 和 ps_2 中属性 $p_1 \in R_P$，$p_i \in R_H \cup R_P (2 \leqslant i \leqslant n)$，即实例 x 和 y 具有共同或相似的属性，则称 x、y 之间存在属性相交关联(Property Join Association，记为 PJA)。

根据属性相交关联中属性序列特点及相交节点的类型，将属性相交关联分为三种情况：

①实例 x 和 y 通过一个属性相交于实例 I(Join Instance)，此时实例 x 和 y 有共同属性，如图 7-6(a)所示。

②实例 x 和 y 通过多个属性相交于实例 I(Join Instance)，此时实例 x 和 y 有相似属性 a_1 和 a_2，如图 7-6(b)所示。

③实例 x 和 y 通过多个属性相交于类 C(Join Class)，与第二种情况类似，

此时实例 x 和 y 的属性 a_1 和 a_2 仍为相似属性，如图 7-6(c)所示。

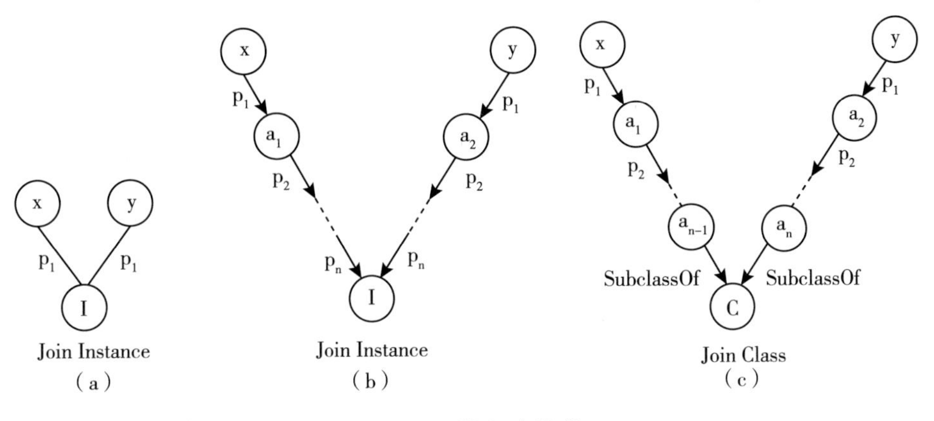

图 7-6 属性相交关联

如果 x 和 y 之间存在属性相交关联，则属性相交关联的长度等于所包含的 2 个属性序列的长度之和，即 length(PJA(x, y)) = length(ps_1) + length(ps_2)。

实例之间的语义相似性与本体图模型中的语义关联有关，不同类型的语义关联对相似性影响不同，需要分析实例之间的路径关联相似度(Path Association Similarity)、层次相交关联相似度(Hierarchy Join Association Similarity)和属性相交关联相似度(Property Join Association Similarity)的影响因素及算法，并对其进行综合，最终计算出实例相似度。

7.2.4 语义相似度

本体优势在于其图形结构，图形模型中节点之间的连通路径体现了节点之间的相似性。刘宏哲等①和孙海霞②等将基于本体的语义相似度算法归纳

① 刘宏哲，须德．基于本体的语义相似度和相关度计算研究综述[J]．计算机科学，2012，39(2)：8-13.

② 孙海霞，钱庆，成颖．基于本体的语义相似度计算方法研究综述[J]．现代图书情报技术，2010，26(1)：51-56.

总结为4大类：基于距离的语义相似度计算(Edge Counting Measures)、基于内容的语义相似度计算(Information Content Measures)、基于属性的语义相似度计算(Feature-based Measures)和混合式语义相似度计算(Hybrid Measures)，其中最后一种相似度计算方法是对前面三种方法的综合考虑。下面将分别对这四种不同的计算方法加以介绍：

(1)基于距离的语义相似度计算

目前研究最多的就是基于距离的语义相似度算法，其基本原理是借助节点在图模型中连通路径的长度对它们的语义距离加以量化。概念之间的语义相似度与概念之间的语义距离密切相关，两个概念之间的语义距离越大，它们之间的相似度也越低。采用这种方法的研究中相对典型的算法有：Shortest Path 方法、[①] Weighted Links 方法[②]和 Wu and Palmer 方法。[③]

Shortest Path 方法[④]认为节点间的相似度与节点在图模型中的距离紧密相关，距离越近，相似度也越大。该算法的最大优点在于计算简单，然而其缺点在于假设图模型中所有的边同等重要。实际上，边的重要性受到众多因素(如边的位置、自身类型等)的影响，并非所有边同等重要。

Weighted Links 方法[⑤]认为并非所有边同等重要，该方法考虑了节点在本

---

① Rada R, Mili H, Bicknell E, et al. Development and application of a metric on semantic nets[J]. IEEE Transactions on Systems, Man and Cybernetics, 1989, 19(1): 17-30.

② Richardson R, Smeaton A. Using WordNet in a Knowledge Based Approach to Information Retrieval [EB/OL]. [2020-07-01]. http://citeseerx.ist.psu.edu/viewdoc/download;jsessionid=0DDA60E11D37A7DA2777BF162C86760F?doi=10.1.1.48.9324&rep=repl&type=pdf.

③ Wu Z, Palmer M. Verb semantics and lexical selection[C]//Proceeding s of the 32nd Annual Meeting of the Associations for Computational Linguistics, Morristinm, NJ, USA, 1994: 133-138.

④ 杨君，吴菊华，艾丹祥. 一种基于情景相似度的多维信息推荐新方法研究[J]. 情报学报，2013，32(3)：262-269.

⑤ Adomavicius G, Tuzhilin A. Recommender Systems Handbook[M]. New York: Springer, 2011: 217-248.

体图模型中的位置信息(如深度和密度等)以及边所代表的意义，首先对不同的边按重要性高低赋予不同的权重，然后将节点之间连通路径的各个边的权重相加，最终对 Shortest Path 法进行了改进。

与前面两种方法不同的是，Wu and Palmer 方法①并非通过简单计算节点的连通路径长度来度量相似度，而是根据节点与其最近共同祖先(Least Common Ancestor，简称 LCA)的位置关系来计算相似度。

(2)基于内容的语义相似度计算

该方法基本原理是：如果两个概念节点共享的信息量越多，则概念节点的语义相似度也越大。在本体图模型中，每个概念节点都是对父节点的细分，所以一般通过两个概念节点的最近共同祖先所涵盖的信息内容的数量来衡量它们的相似度。

(3)基于属性的语义相似度计算

不同的概念通过不同的属性加以区分，基于属性的相似度算法的基本原理是：两个概念或实例共有的属性项越多，它们之间的语义相似度也越大。国外学者 Blanco-Fernández② 等提出了一种新的语义相似度计算方法，该方法以本体中的属性序列(Property Sequence)为基础，根据实例所属类的层次关系以及实例之间的属性关联来度量它们的相似度。

(4)混合式语义相似度计算

混合式语义相似度算法本质上是对前面三种算法的综合，也就是将概念节点的位置、属性等都考虑在内。近年来国内外出现的大量相关研究成果都

---

① 秦春秀，赵捧未，刘怀亮．词语相似度计算研究[J]. 情报理论与实践，2007，30(1)：105-108.

② Anyanwu K, Sheth A. ρ-Queries: Enabling querying for semantic associations on the semantic web[C]. Proceedings of the 12th international conference on World Wide Web, ACM, 2003: 690-699.

属于将以上三种算法综合之后的混合式计算方法，其中梅翔等[①]全面剖析了实例的位置和属性对相似性大小的影响，提出了一种新的语义相似度算法，并通过实验验证了该方法在提高语义相似度计算准确率方面的有效性。

需要注意的是，任何语义相似度计算方法的效果都受到应用领域和应用场景的限制，会因应用领域和场景的不同而效果各异，而且任何一种单一的相似度算法都无法有效解决存在的所有问题，所以，对各种相似度算法加以融合就显得更为重要，比如研究如何根据具体应用场景和计算任务的不同合理选择调用相关算法等。

通过对大量文献的调研分析发现，当前基于本体的相似度计算主要存在两大问题：

一是为简化本体构建和相似度计算，较多考虑本体中的层次关系，忽略了属性关系，影响了相似度计算的准确性。陈沈焰等[②]计算相似度时仅仅分析了层次关系，忽略了属性关系对相似度的影响，导致丢失了很多语义描述。Martín-Vicente 等[③]引入属性关系计算综合语义相似度，但考虑的关系过于简单，不具有普适性。

仅考虑层次关系时，本体模型表现为树形结构。实际上，概念之间不只存在上下位的层次关系，而且概念也借助各种用户自定义的关系连接起来，所以本体实际上表现为更加复杂的图形结构。为简单说明，使用 protégé4. 3 构建 Movie 本体，仅考虑层次属性时，本体表现为树形结构，如图 7-7 所示，综合考虑层次属性和对象属性时，本体表现为图形结构，如图 7-8 所示。

---

① 梅翔，孟祥武，陈俊亮，等．SSCM：一种语义相似度计算方法[J]．高技术通讯，2007，17(5)：458-463.

② 陈沈焰，吴军华．基于本体的概念语义相似度计算及其应用[J]．微电子学与计算机，2009，25(12)：96-99.

③ Martín-Vicente M I，Gil-Solla A，Ramos-Cabrer M，et al. A semantic approach to improve neighborhood formation in collaborative recommender systems[J]. Expert Systems with Applications，2014，41(17)：7776-7788.

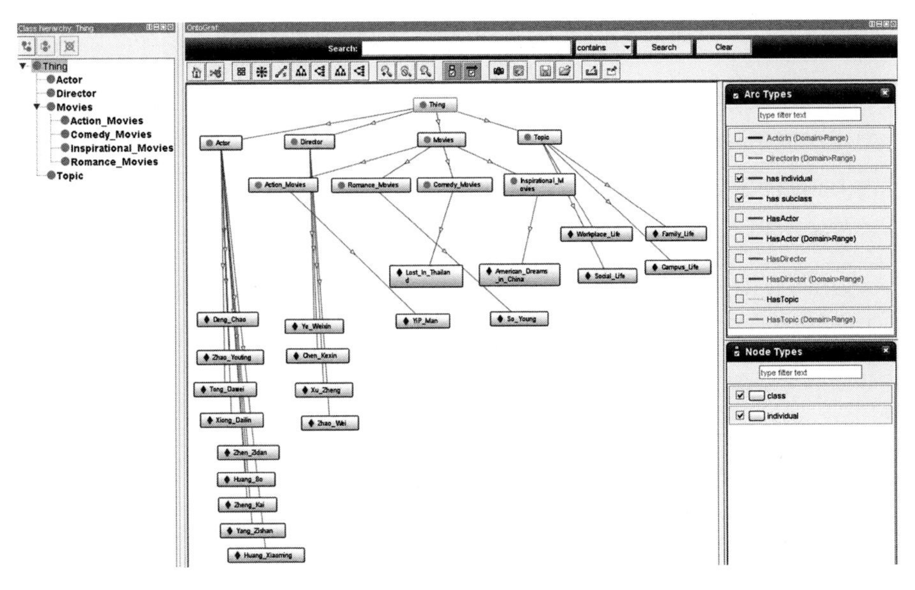

图 7-7 仅考虑层次属性的 Movie 本体

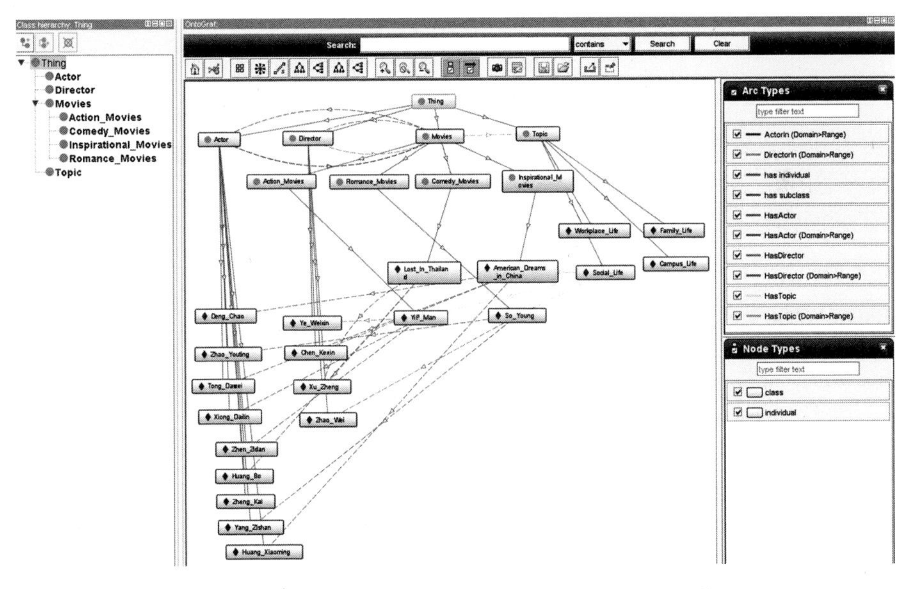

图 7-8 综合考虑层次属性和对象属性的 Movie 本体

二是当前研究侧重于本体中概念相似度的计算，较少有实例相似度计算方面的研究。计算概念相似度的目的在于可以将信息资源(如文本、网页等)特征表示为概念的集合，然后借助概念相似度计算信息资源的相似度。但在实例作为信息资源特征表示对象的应用中，需要计算实例相似度。梅翔等①分析了实例相似度的影响因素，但受应用的限制，对实例相似度影响因素的分析不够全面。

为解决以上两个问题，我们将以本体中的实例为研究对象，综合分析实例之间的层次关系和属性关系对实例相似度计算的影响，提出一种新的实例语义相似度计算方法。

7.2.5 基于语义关联的实例相似度算法

本书首先以图形的形式分别分析了实例之间连通路径所包含的路径关联、层次相交关联和属性相交关联的影响因素，然后在影响因素的基础上分别给出了实例之间的路径关联相似度、层次相交关联相似度及属性相交关联相似度的算法公式，最后对三者进行加权，给出了最终的综合相似度算法。

7.2.5.1 路径关联相似度的影响因素及算法

实例 x 和 y 之间可能存在多条路径关联，假设存在 n 条路径关联，如图7-9所示，第 i 条($1 \leqslant i \leqslant n$)路径关联的长度为 $\mathrm{length}(PA_{i(x,y)})$。通过对图7-9进行分析，可知 x 和 y 之间路径关联相似度与最短路径关联的长度 $\min(\mathrm{length}(PA_{i(x,y)}))$有关，实例 x 和 y 之间的最短路径关联越短，它们之间连通路径的中间结点越少，语义相似度也越大。

因此，实例 x 和 y 之间的路径关联相似度算法可以表示为：

$$\mathrm{SimPA}_{(x,\ y)} = \frac{1}{a + \min(\mathrm{length}(PA_{i(x,\ y)}))} \tag{7-1}$$

公式(7-1)中 a 为可调节参数。

① 梅翔，孟祥武，陈俊亮，等. 一种基于用户偏好分析的查询优化方法[J]. 电子与信息学报，2008，30(1)：33-37.

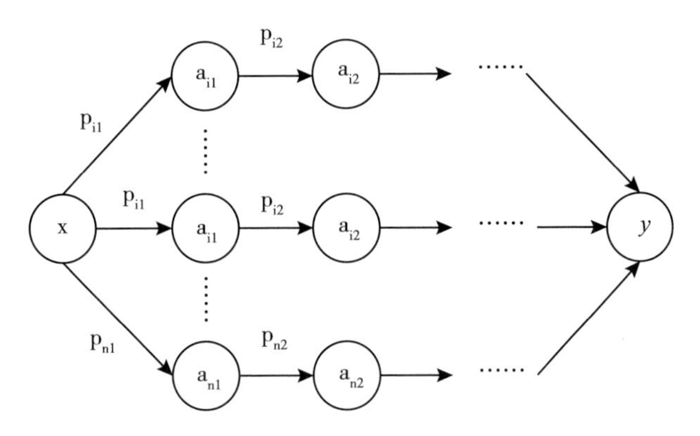

图 7-9 实例 x 和 y 之间的路径关联

7.2.5.2 层次相交关联相似度的影响因素及算法

层次相交关联是指两个实例因拥有公共祖先而引起的关联，层次相交关联侧重于实例之间的层次关系，体现了实例之间的层次相似性。

一个实例可能属于多个类，即实例存在多重继承关系，实例多重继承导致实例 x 和 y 之间可能存在多条层次相交关联。假设实例 x 和 y 之间存在 n 条层次相交关联且相交类为实例 x 和 y 的最近共同祖先(Lowest Common Ancestor，LCA)，如图 7-10 所示，depth(x)和 depth(y)分别表示实例 x 和 y 的深度，实例深度等于实例所属类的深度，depth(LCA_i)为第 i 条层次相交关联中相交节点的深度，其中 $depth(LCA) = depth(LCA_1) = depth(LCA_2) = \cdots\cdots = depth(LCA_n)$。通过对图 7-10 进行分析，可知 x 和 y 之间的层次相交关联相似度与以下因素有关：

①相交节点即最近公共祖先在本体层次树中的深度 depth(LCA)。最近公共祖先的深度越深，实例 x 和 y 越具体，层次相交关联相似度也越大。

②层次相交关联所在分支的最大深度 max(depth(x)，depth(y))。分支的最大深度越深，节点离共同祖先越远，节点之间的层次相交关联相似度也越小。

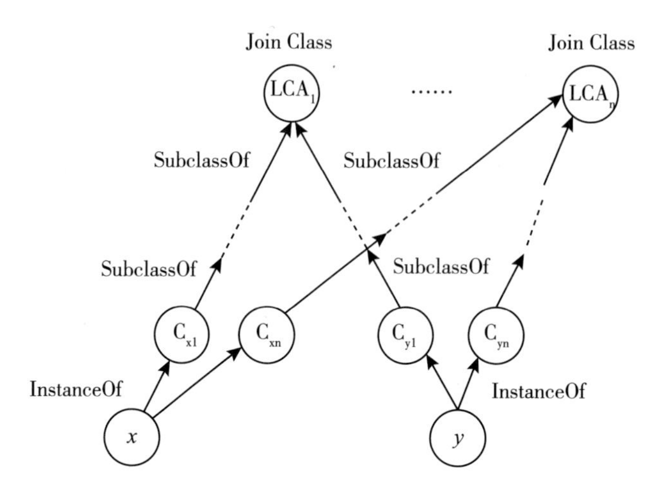

图 7-10　实例 x 和 y 之间的层次相交关联

因此，实例 x 和 y 之间的层次相交关联相似度可以表示为：

$$\mathrm{SimHJA}_{(x,\ y)}=\frac{\mathrm{depth}(\mathrm{LCA})}{\max(\mathrm{depth}(x),\ \mathrm{depth}(y))} \tag{7-2}$$

如果两个实例的最近公共祖先(LCA)为根节点，则它们的层次相交关联相似度为0。

如果实例 x 和 y 属于同一个类，则层次相交关联相似度为1，因为 $\mathrm{depth}(\mathrm{LCA_i})=\mathrm{depth}(x)=\mathrm{depth}(y)$。

7.2.5.3　属性相交关联相似度的影响因素及算法

属性相交关联是两个实例因存在共同属性或相似属性而产生的关联，属性关联侧重用户自定义的对象属性关系，体现实例之间的属性相似性。在本书所提出的方法中，即使两个演员不是同一个人，假如两个演员属于同一派系(如同属于幽默派或偶像派)，也认为两个演员具有相似性。

假设实例 x 和 y 之间存在 n 条属性相交关联，如图 7-11 所示，第 i 条路径相交关联的长度为 $\mathrm{length}(\mathrm{PJA}_i)$，实例 x 和 y 的属性个数为 m。通过对图 7-11 进行分析，可知 x 和 y 之间的属性相交关联相似度与以下因素有关：

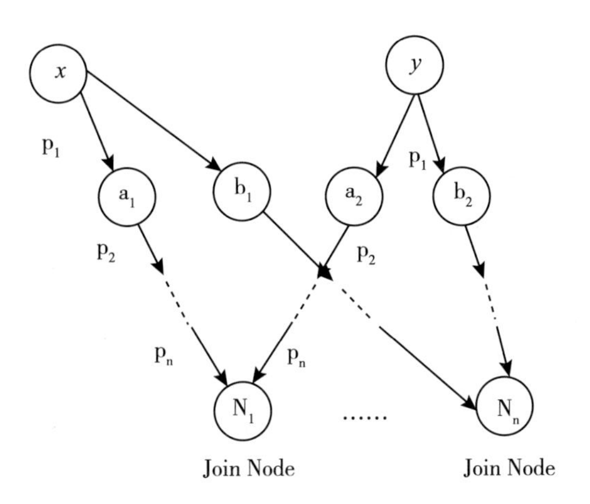

图 7-11　实例 x 和 y 之间的属性相交关联

①属性相交关联条数 n。属性相交关联越多，说明两个实例相同或相似的属性值越多，两个实例也越相似。

②语义关联长度 length(PJA_i)。语义关联的长度越长，说明两个实例相隔的连通路径越长，相似度也越小。

因此，实例 x 和 y 之间的属性相交关联相似度可以表示为：

$$\text{SimPJA}_{(x,\ y)} = \frac{1}{m} \cdot \sum_{i=1}^{n} \frac{1}{b + \text{lenght}(\text{PJA}_i)} \tag{7-3}$$

公式(7-3)中 b 为可调节参数。

7.2.5.4　基于语义关联的综合语义相似度算法

两个实例之间可能存在多种语义关联，设路径关联相似度的权重为 $\alpha(0 \leqslant \alpha \leqslant 1)$，层次相交关联相似度的权重为 $\beta(0 \leqslant \beta \leqslant 1)$，属性相交关联相似度的权重为 $\gamma(0 \leqslant \gamma \leqslant 1)$，且 $\alpha+\beta+\gamma=1$，则本体中任意两个实例 x 和 y 的综合语义相似度为：

$$\text{SemSim}_{(x,\ y)} = \alpha \cdot \text{SimPA}_{(x,\ y)} + \beta \cdot \text{SimHJA}_{(x,\ y)} + \gamma \cdot \text{SimPJA}_{(x,\ y)} \tag{7-4}$$

在具体应用中，可以根据需要对公式(7-4)中的语义关联权重进行调整。

7.3 基于情景感知和语义关联的个性化推荐方法

情景感知环境下的个性化推荐不仅需要考虑用户维与项目维之间的相似度匹配，而且需要考虑用户所处情景维对推荐结果的影响。本章首先使用基于本体的方法分别对项目维(Item)、用户维(User)和情景维(Context)进行建模，然后使用第三章提出的基于语义关联的实例相似度算法进行用户维与项目维(User * Item)的匹配，从而产生推荐列表一，使用基于情景感知的推荐方法进行情景维与项目维 Context * Item)的匹配，从而产生推荐列表二，最后按照用户兴趣和情景的权重将推荐列表进行加权(User * Context * Item)，生成同时满足兴趣偏好和所处情景的综合推荐列表。

7.3.1 推荐对象建模

领域本体(Domain Ontology)是一种重要的知识组织方式，阐释了某专业领域中的概念类、实例及它们之间的属性关系。领域本体的构建工作非常繁重，需要众多领域学者的共同协作。由于自动构建本体的方法和技能尚不成熟，因此，当前本体构建依然大多依赖手工建立。本书按照斯坦福大学开发的七步法来建立领域本体，然后根据七步法的分析结果，利用 protégé4.3 建立领域本体，并为该本体依次添加类、属性和实例。

根据本章算法的表示要求，我们将领域本体的表示写为：DomO = {C, R_H, R_P, I, A}，其中 C 代表概念类，这些概念类构成一个分类层次；R_H指概念或实例之间的层次关系(Hierarchy Relationship)，包括概念之间的 SubclassOf 关系和概念与实例之间的 InstanceOf 关系；R_P指概念之间或实例之间的属性关系(Property Relationship)，是由用户自定义的对象属性，将不同的概念和不同的实例联系起来；I 指实例，代表某个类的具体实体；A 指公理，代表真命题。

7.3.2 用户建模

一些文章的用户模型太简单，只有一些关键词或评分，没有提供用户偏好的语义知识，阻碍了推理过程的应用。后来，许多学者使用本体方法进行用户建模，但是这些文章仅仅利用本体中定义的层次结构来对用户偏好建模，即用户模型没有包括用户过去喜欢或不喜欢的具体的项目实例，而只包括了这些项目在层次图中所属的类。这种方法的主要缺点在于只能探索领域的层次结构，丢失了项目的语义描述，然而这些语义描述在用户建模任务和后续的推理是非常有用的。

本章给出了一种基于本体的用户模型，与传统的用户模型相比，该方法综合分析了用户基本信息和兴趣偏好，并且分析了兴趣偏好的语义，使得信息推荐系统可以更精确地根据兴趣偏好向用户推送符合其需求的信息。

借鉴周莉等、[①] 梅翔等[②]和李晟[③]的文献，将用户模型形式化描述为一个三元组：UserModel =(UserInfo，UserDOI，UserOnto)。

(1) UserInfo

UserInfo 表示基本信息，UserInfo 一般包括用户 ID、姓名、性别、年龄、职业，该基本信息需要用户在首次登录时填写。可以将其形式化表示为 UserInfo = { UserID，Name，Sex，Age，Profession}。

(2) UserDOI

UserDOI 表示用户兴趣度，UserDOI = {(I_1，$D_1(t)$)，(I_2，$D_2(t)$)，…，(I_n，$D_n(t)$)}，其中 $I_i(1\leqslant i\leqslant n)$ 为用户已评分的第 i 个实例，$D_i(t)$ 为用户

① 周莉，潘旭伟，谢玉开．情境感知的电子商务个性化商品信息服务[J]. 图书情报工作，2011，55(10)：130-134.

② 梅翔，孟祥武，陈俊亮，等．SSCM：一种语义相似度计算方法[J]. 高技术通讯，2007，17(5)：458-463.

③ 李晟．基于情境感知的个性化电影推荐[D]. 北京：北京邮电大学，2012.

在 t 时刻对该实例 I_i 的兴趣度(Degree of Interest，简称 DOI)，DOI 为-1 到 1 的实数，正数表示用户喜欢该实例(正偏好)，负数表示用户不喜欢该实例(负偏好)。其中，初始兴趣度由用户自己指定或者由推荐系统推理得出。用户的兴趣偏好也并非一成不变的，它会随着时间发生变化，所以用户模型需要不断学习和更新。

(3) UserOnto

UserOnto 表示用户兴趣本体，UserOnto = $\{C, I, R_H, R_P, A\}$，可以根据前面定义的领域本体建立，其中 C 表示用户感兴趣的概念集合；I 代表用户感兴趣的实例集合。实际上，用户模型只需要存储 UserInfo 和 UserDOI 即可，而用户兴趣本体 UserOnto 可以通过领域本体的复用和共享得到。只要确定了 UserDOI，就可以根据 UserDOI 中的实例 ID 在领域本体中访问和获得这些实例的语义描述(包括实例所属概念、实例的属性及实例之间的关系等)，因此不用再次存储 UserOnto。

7.3.3 情景建模

情景维度模型是用来表示情景综合信息的模型。由于用户的偏好会随着用户所处的情景的不同(如地点、时间、环境、用户状态等)而发生变化，所以推荐系统在向用户推荐项目时需要考虑用户所处的情景。

本书主要把情景维度划分为以下五个子情景维度：

(1) 时间情景 (Temporal Context)

时间情景主要指使用者与推荐系统产生互动行为的时间。如某用户可能在早上喜欢看新闻，下午喜欢听音乐，晚上喜欢看电影，系统可以根据用户在不同时间情景下的习惯，在相应的时间段向用户推荐相应的娱乐内容。

时间维度的情景属性可以按照一些惯例的层次来组织，如秒/分/时/天/月/季节/年，或工作日/周末/节假日，也可以根据系统的具体需要按照不同的分层粒度进行个性化组织。

以电影推荐为例，电影推荐的时间维度情景可以表示为 TempCont = {Date, DayOfWeek, TimeOfWeek, Month, Quarter, Year}，其中 DayOfWeek = {Mon, Tue, Wed, Thu, Fri, Sat, Sun}，TimeOfWeek = {Weekday, Weekend}。

(2)空间情景(Spatial Context)

空间情景包含用户与推荐系统发生交互行为时所处地点的相关信息与参数。

以电影推荐为例，电影推荐的空间维度情景包含可以观看电影的地方，它有四种可能：在电影院看电影、在家里看、在公司看或在路上看，可以表示为 SpatCont = {cinema, home, company, way}。

(3)设备情景(Equipment Context)

在基于情景感知的多维推荐系统中，设备维度情景主要是指有关用户与推荐系统发生交互行为时所使用设备的基本情况。设备维度情景包括下面几个因素：用户所使用的硬件设施(台式电脑、笔记本电脑、手机、PDA 等)的基本情况，如存储器的容量、计算能力等；软件设施的基本情况，像操作系统等；用户与网络互联的基本情况，如 WiFi, 4G, 3G, GPRS 等。

设备情景可以表示为 EquiCont = {hardware, software, network}。

(4)环境情景(Environment Context)

环境维度情景主要指用户周围的一些外在因素，如温度、湿度、亮度、噪音等因素。这些外在因素一般可以通过传感器获得。

环境情景可以表示为 EnviCont = {temperature, humidity, luminance, noise}。

(5)用户状态情景(User-State Context)

用户状态情景主要是指用户与推荐系统发生交互行为时的用户状态，用户在不同状态下(如工作中和度假中、高兴或愤怒或悲伤情绪)的信息需求是不同的。

以电影推荐为例，对用户观影决策影响较大的用户状态情景主要包括伴侣维度情景和情绪维度情景。伴侣维度情景表示是单独一个人看电影还是和其他人一起看电影，属性值有“单独一个人”“与朋友一起”“与情侣一起”“与家人一起”。对于同伴情景，与不同的同伴在一起，用户选择观看的电影类型也不同，比如和恋人在一起时，倾向于看浪漫温馨的爱情片等；和朋友在一起，可能倾向于看喜剧片。因此，同伴情景 Companion = {alone, friends, girlfriend/boyfriend, family, co-workers, others}。情绪维度情景(Emotion)表示用户当前的情绪状态，因为情绪情景直接影响用户观影决策时所选择的电影类型。因此用户状态情景可以表示为 UserStatCont = {Companion, Emotion}。

综上所述，情景模型可以表示为 UserCont = {TempCont, SpatCont, EquiCont, EnviCont, UserStatCont}。

需要注意的是，以上列举的5个维度的情景文档并不是所有的多维推荐系统都必须建立的，本书只是做了一些列举，可以作为参考。由于对于特定的推荐服务，不同类型的情景信息对推荐任务的影响程度不尽相同，一般只有一部分关键性的情景信息会对用户的信息需求产生影响。因此，在推荐生成之前需要分析与推荐任务紧密相关的有效情景，在情景建模时可以视具体情况适量减少或增加一些维度。

7.3.4 情景感知环境下的推荐方法

本节给出了一种基于语义关联和情景感知的推荐方法，该方法的步骤为：

①基于语义关联的推荐。根据兴趣本体 UserOnto 和兴趣度 UserDOI，利用基于语义关联的实例相似度计算方法预测目标用户对目标实例的兴趣度，并按照预测兴趣度的大小进行排序产生一个推送结果列表。

②基于用户情景的推荐。根据当前情景信息 UserCont 产生另一个推送结

果列表。

③基于语义关联和用户情景的综合推荐。根据用户兴趣和用户情景对推荐结果的影响因子、对两个推荐列表赋予不同的权重，将步骤①和步骤②生成的推荐列表进行加权，生成最终的综合推荐列表。

7.3.4.1 基于语义关联的推荐

传统基于内容的推荐方法受余弦相似度算法的限制，只有与用户偏好有相同属性的内容才会被加入最终推荐集呈现给用户，导致推荐结果过于专门化(Overspecialization)。基于语义关联的方法通过对初始实例进行语义扩展，可以发现更多语义相关的实例，从而提高了推荐结果的多样性，改善了过于专门化问题。

基于语义关联的信息推荐包含下面几个步骤：

(1)用户偏好扩散

对用户兴趣本体 UserOnto 进行偏好扩散的目的是为了发现更多与用户模型中实例存在语义关联的实例，从而丰富最终的推荐结果集，其步骤如下：

①根据兴趣模型 UserDOI 中的实例 ID 号，在领域本体 DomO 中定位所有已评分的实例。

②根据定义 4、定义 5 和定义 6 的路径关联、层次相交关联和属性相交关联的定义，在领域本体 DomO 中找出与 UserOnto 中的实例有语义关联的节点。

③随着所有的属性序列和语义关联被遍历，就能发现所有与 UserOnto 中用户已评分实例存在语义关联的其他实例。

(2)实例兴趣度预测

根据用户偏好扩散后某实例与用户兴趣本体的相似度，预测用户对该实例的兴趣度，其计算过程如下：

设用户偏好扩散后的网状图中的实例集合为 $I=\{I_1, I_2, \cdots, I_n\}$，目标用户兴趣本体 UserOnto 中实例的兴趣度为 UserDOI $=\{(I_1, D_1(t)), (I_2, D_2(t)), \cdots, (I_n, D_n(t))\}$。

①分别计算实例 $I_i(I_i \in I)$ 与 UserOnto 中实例 $I_j(I_j \in \text{UserOnto})$ 的相似度 SemSim(I_i, I_j)。

②根据实例 I_i 与用户兴趣本体 UserOnto 的语义相似度来预测用户对该实例的兴趣度 DOI(I_i)。

③根据预测兴趣度的大小进行排序产生第一个 Top-N 推荐结果列表。

7.3.4.2 基于用户情景的推荐

情景感知推荐使系统能够主动采集和处理情景信息，为用户提供基于情景感知的信息服务。对于某个特定的推荐任务，不同类型的情景信息对推荐任务的影响程度不尽相同，因此其权重也会不同。例如有的用户在心情悲观时更愿意被推荐喜剧片或励志片，而非动作片。

针对具体的推荐领域和推荐应用，需要分析哪些情景信息对推荐结果影响程度最高以及这些情景是如何影响推荐结果的，然后根据分析结果，生成基于情景感知的第二个 Top-N 推荐列表。

7.3.4.3 基于语义关联和用户情景的综合推荐

在不同的推荐应用中，用户兴趣和用户情景在最终的综合推荐中所占的比重不同，比如在基于位置的旅馆推荐中，用户位置情景的权重远远超过用户兴趣的权重。

假设用户兴趣对推荐结果的影响权重为 m，用户情景对推荐结果的影响权重为 n，其中 $m+n=1$。设实例 I_i 在第一个推荐列表中排序为 $R_1(I_i)$，在第二个推荐列表中排序为 $R_2(I_i)$，则在基于语义关联和用户情景的综合推荐中，实例 I_i 加权后的排序为：

$$R_3(I_i)=m*R_1(I_i)+n*R_2(I_i) \tag{7-5}$$

最后，按照加权排序的高低生成最终的综合推荐列表，该综合推荐列表综合反映了用户兴趣和用户情景对推荐结果的影响。

7.4 实证研究：个性化电影推荐

个性化电影推荐是解决目前电影资源迅速增长、用户信息过载的有效方法。本章以电影领域为例，根据本书提出的基于语义关联和用户情景的个性化推荐方法，根据用户历史偏好和当前情绪情景向用户推荐符合当前用户兴趣和当前情景的影片，并通过实验结果的分析，证明了该推荐方法在改善过于专门化问题和提高系统情景敏感性问题方面的有效性。

7.4.1 电影领域本体的建立

网络上的电影和视频资源非常丰富，因此网络成为获取电影领域知识的主要来源。本书通过文献调研，参考其他文献对电影的分类，根据本书的需求，采用七步法建立了一种电影领域本体示例，其详细步骤为：

①确定本体的专业领域和范畴。本书研究所面向的专业领域是电影领域，构建范围是电影领域所涉及的知识。

②考查是否存在可以复用的已有本体。由于国内外当前研究都是针对特定应用所建立的一个电影本体示例，因此，还没有发现合适的可重用的电影本体。

③列出本体中的重要术语。通过各种信息来源(如视频网站等)收集领域术语信息，建立术语表。

④定义类和类的等级体系。

一般依据某领域公认的词汇对概念进行命名，因此本书根据电影领域的公认词汇定义了主要的概念，这些概念还可以各自细化出子概念，从而对电影领域的概念及关系进行形式化说明，所有这些概念及子概念构成了一种树状的层次结构。

本书使用 protégé4.3 构建本体类及类层次结构，Protégé 软件是在 Java 基础上研发设计的本体构建软件，Protégé 提供了本体建设的基本功能，通过点击界面中的相应选项可以进行概念、关系、属性和实例的构建。本书使用 protégé4.3 版本建立本体，因为与 protégé 3 版本相比，protégé4.3 自带的 OntoGraf 插件可以将本体中的类、实例及关系以图形的形式更清楚地呈现出来。在 OntoGraf 中，本体表示为由节点和边构成的有向图，其中节点代表概念或实例，边代表属性。

在 protégé4.3 中，默认的顶级类是 Thing，其他的类都是其子类。本书共建立 4 个二级类，分别是"电影类型"类、"电影主题"类、"演员类"、"导演"类，每个二级类又分为相应的子类，细分情况如下：

第一，"电影类型"类可以细分为"爱情片""喜剧片""动作片""励志片"。

第二，"演员"类可以细分为"幽默派""功夫派""偶像派"。

第三，"导演"类又可以细分为"男导演""女导演"。

protégé4.3 自带的 OntoGraf 插件可以将本体中的类、实例及关系以图形的形式更清楚地呈现出来，本章建立的 MOVIE 本体，其类层次结构截图如图 7-12 所示。

⑤定义类的属性。类的属性有两种，它们分别是数据属性(Data Properties)和对象属性(Object Properties)，数据属性用于描述对象与数据类型值之间的关系，对象属性用于描述对象与对象之间的关系，是由用户自定义的属性，加强了人类的认知。

借鉴周文乐等①定义的电影属性本体，同时结合本书应用的需要，本书共定义 1 个数据属性和 3 个对象属性，它们分别是：MovieID、HasActor、

① 周文乐，朱明，陈天昊．一种基于网站聚合和语义知识的电影推荐方法[J]．计算机工程，2014，40(8)：277-281.

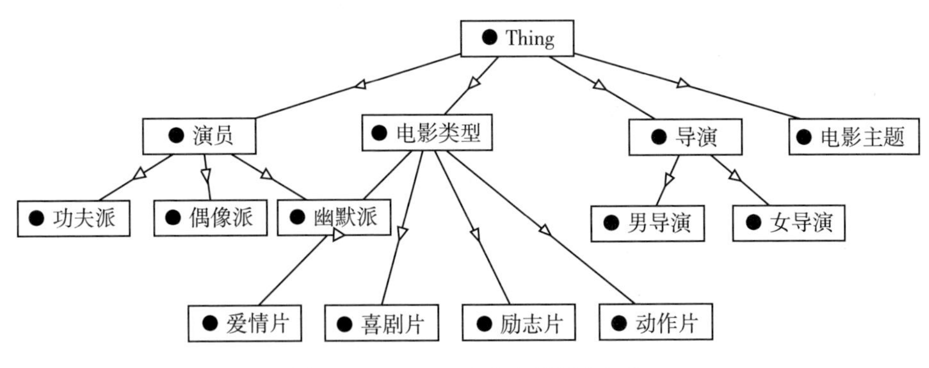

图 7-12 MOVIE 本体的类层次结构

HasDirector、HasTopic。这 4 个属性的定义域(domain)和值域(range)如图7-13所示。

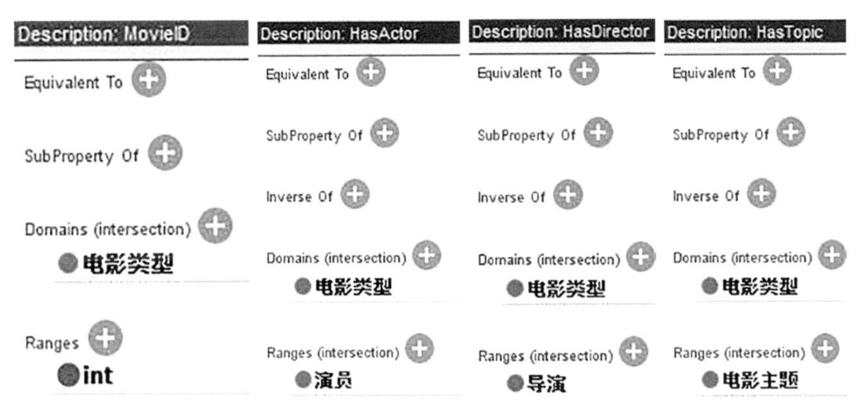

图 7-13 MOVIE 本体中的属性描述

⑥定义属性的分面。本书根据推荐的需要，不考虑属性之间的层次结构。

⑦为各个类添加实例。本书共建立 33 个实例,① 具体情况如下：

第一，8 个电影实例。“爱情片”有 2 个实例：《ZWM》和《CC》，“喜剧

① 相关影片及人员以符号等代称。

片”有2个实例:《RZJT》和《FS》,动作片有2个实例:《YW》和《SD》,“励志片”有2个实例:《ZG》《DLL》。

第二,4个电影主题实例,分别是:家庭生活、校园生活、职场生活、社会生活。

第三,13个演员实例。“幽默派”有3个实例,即王某、徐某甲、邓某;“功夫派”有3个实例,即甄某、黄某甲、任某;“偶像派”有7个实例,即杨某、倪某、徐某乙、郑某、赵某甲、黄某乙、黄某丙。

第四,8个导演实例。“男导演”有6个实例:陈某甲、陈某乙、叶某、张某、徐某甲、邓某。“女导演”有2个实例:徐某乙、赵某乙。

然后为实例添加属性关系,得出其语义描述。

为更加直观清晰地呈现电影实例之间的关系,使用表格对 MOVIE 本体中8个电影实例之间的关系及属性进行表示,如表7-1所示。

表7-1　**MOVIE 本体中实例及实例的属性**

Movie ID	电影名称	类型	电影主题	导演	演员
1	《CC》	爱情片	校园生活	张某	郑某、倪某
2	《SD》	动作片	社会生活	陈某乙	邓某、黄某甲
3	《ZWM》	爱情片	校园生活	赵某乙	赵某甲、郑某
4	《RZJT》	喜剧片	社会生活	徐某甲	徐某甲、王某
5	《FS》	喜剧片	职场生活	邓某	邓某、杨某
6	《YW》	动作片	社会生活	叶某	甄某、任某
7	《ZG》	励志片	职场生活	陈某甲	黄某乙、邓某
8	《DLL》	励志片	职场生活	徐某乙	徐某乙、黄某丙

使用 protégé4.3 自带的 OntoGraf 插件将 MOVIE 本体中的类、实例及关系以图形的形式呈现出来。

可以将本书建立的领域本体(即 MOVIE 本体)形式化表示为:DomO =

$\{C, R_H, R_P, I, A\}$。

$C=\{C_1, C_2, C_3, C_4\}$ = {电影类型，导演，演员，电影主题}，C_1 = {爱情片，喜剧片，动作片，励志片}，C_2 = {男导演，女导演}，C_3 = {幽默派，功夫派，偶像派}

R_H = {SubclassOf，InstanceOf}

R_P = {HasActor，HasDirector，HasTopic}

I = {《CC》，《ZWM》，《FS》，《ZG》，《DLL》，《SD》，《RZJT》，《YW》，家庭生活，校园生活，职场生活，社会生活，王某，徐某甲，邓某，甄某、黄某甲，任某，杨某，倪某，徐某乙，郑某，赵某甲，黄某乙，黄某丙，陈某甲，陈某乙，叶某，张某，徐某甲，邓某，徐某乙，赵某乙}

7.4.2 用户建模

使用本节前述的用户本体模型对用户进行建模，该模型综合考虑用户基本信息和兴趣偏好，以便在电影推荐中可以更精确地根据兴趣偏好向用户推送满足其需求的电影。

假设某用户小明(UserID=1)看过2部电影《CC》和《SD》，兴趣度分别为0.9和0.2，则用户小明的本体模型可以形式化地表示为 UserModel = (UserInfo，UserDOI，UserOnto)。

(1) UserInfo

UserInfo={ 1, 小明, 男, “20, “大学生”}，分别代表用户小明的ID、姓名、性别、年龄、职业。

(2) UserDOI

UserDOI 表示用户兴趣度，本书对兴趣度的获取和更新未做详细讨论，根据假设条件，用户小明的电影兴趣度可以表示为：UserDOI $=\{(I_1, D_1(t)), (I_2, D_2(t)), \cdots, (I_n, D_n(t))\}$ = {(《CC》，0.9)，(《SD》，0.2)}

(3) UserOnto

UserOnto 表示用户兴趣本体，可以通过复用前面定义的电影领域本体来建立，UserOnto 一般是 MOVIE 本体的子集。

UserOnto = {C, R_H, R_P, I, A}，其中 I = {《CC》，《SD》，倪某，郑某，黄某甲，邓某，陈某乙，赵某乙，校园生活，社会生活}。

下面使用 VISIO 将用户兴趣本体 UserOnto 更清楚直观地表示出来，如图 7-14 所示。

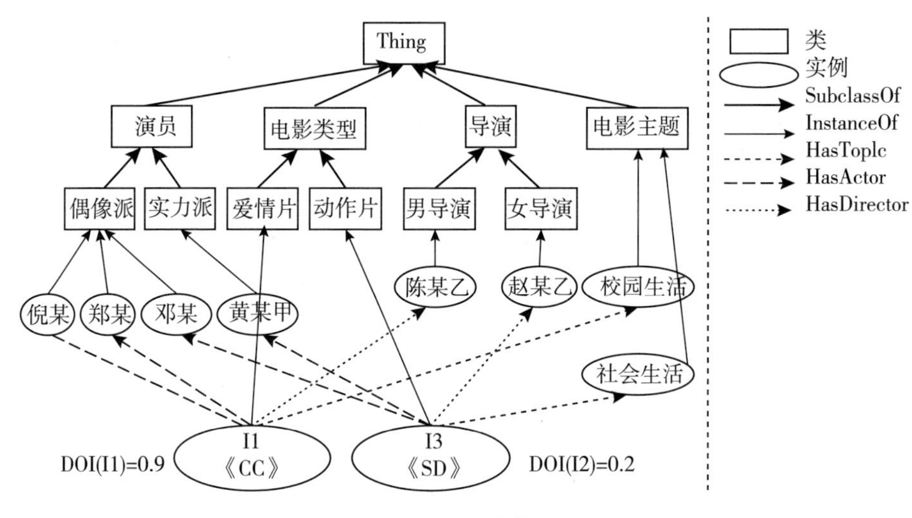

图 7-14　用户兴趣本体 UserOnto

7.4.3　情景建模

以“电影推荐”为例，国外学者 Adomavicius 在 Context-Aware Recommender Systems① 一文中，将观影情景分为地点情景(Theater)、时间情

① Adomavicius G, Tuzhilin A. Context-aware recommender systems [C]//ACM Conference on Recommender Systems, ACM, 2008: 2175-2178.

景(Time)和人物情景(Companion)，李晟在其硕士论文《基于情境感知的个性化电影推荐》中①将用户观影情景分为静态情景和动态情景，其中动态情景影响某一时刻用户对于电影的选择，包括时间情景(Time)、地点情景(Location)、心情情景(Emotion)、天气情景(Climate)和同伴情景(Companion)。

对于特定的推荐服务，不同类型的情景信息对推荐任务的影响程度不尽相同，只有一部分关键性的情景信息会对用户的信息需求产生影响。因此，需要分析与推荐任务紧密相关的有效情景，为简化计算，考虑情绪情景对观影倾向的影响，本书仅选择情绪情景(Emotion)来实现基于情绪情景的电影推荐。

对于情绪情景，它影响着人们的感知、推理、决策等各种活动，可以通过生理或非生理信号识别用户的当前情绪，从而使系统与人的交互更加友好和高效。通常采用两种方法来识别用户情绪：基于非生理信息和基于生理信息，其中基于非生理信息的分析一般借助面部表情和语调来识别。聂聃等②从特征提取和选择、情绪模式分类等角度，阐述了如何根据脑电信号来识别情绪。Cantador 等③研发的植入智能服饰通过收集和分析用户的 BVP、ECG、RSP、SKT 和 SC 五种生理信息，最终通过特征提取算法来识别用户情绪，并将情绪分为 Joy、Anger、Sadness、Pleasure 四大类。Martín-Vicente 等④通过问卷设计，考察了用户情绪和观影倾向的关系，即用户在不同情绪状态下更倾向于观看哪些电影类型，将统计结果归为积极情绪和消极情绪两个类别，积极情绪包括：①开心/喜悦；②轻松/自在；③激动/兴奋；④满足/甜

① 李晟．基于情境感知的个性化电影推荐[D]．北京：北京邮电大学，2012.

② 聂聃，王晓韡，段若男，等．基于脑电的情绪识别研究综述[J]．中国生物医学工程学报，2012，31(4)：595-606.

③ Cantador I, Bellogín A, Castells P. Ontology-based personalised and context-aware recommendations of news items[C]. Proceedings of the 2008 IEEE/WIC/ACM International Conference on Web Intelligence and Intelligent Agent Technology-Volume 01, IEEE Computer Society, 2008: 562-565.

④ Martín-Vicente M I, Gil-Solla A, Ramos-Cabrer M, et al. A semantic approach to improve neighborhood formation in collaborative recommender systems[J]. Expert Systems with Applications, 2014, 41(17): 7776-7788.

蜜。消极情绪包括：①担心/害怕；②悲伤/难过；③愤怒/生气；④压抑/抑郁。

本书将上述四类情绪状态又分为两类，将 Joy 和 Pleasure 两种情绪状态归为积极情绪(“positive”)，将 Anger 和 Sadness 两种情绪状态归为消极情绪(“passive”)。因此，本书情绪情景 Emotion＝{“positive”，“passive”}。

假设感知用户小明当前的情绪为“passive”，则用户小明的情景模型为 UserCont ＝{Emotion}＝{“passive”}。

7.4.4 基于语义关联的电影推荐

基于语义关联的推荐步骤如下：

(1)用户偏好扩散

对兴趣本体 UserOnto 进行偏好扩散。

①根据用户兴趣模型 UserModel 中 UserDOI 中的实例 ID 号(《CC》的 MovieID 为“1”，《SD》的 Movie ID 为“2”)，在领域本体 DomO 中定位这些已评分的实例。

②根据定义 4、定义 5 和定义 6 的路径关联、层次相交关联和属性相交关联的定义，在领域本体 DomO 中找出与 UserOnto 中的实例有语义关联的实例。

以电影《CC》和《ZWM》为例，两部电影之间的语义关系如图 7-15 所示。

根据定义 4、定义 5 和定义 6 可知，两部电影 I1《CC》和 I3《ZWM》共存在 1 条层次相交关联，如图 7-16 所示，以及 6 条属性相交关联，如图 7-17 所示。

③随着所有的属性序列和语义关联被遍历，就能发现所有与 UserOnto 中用户已评分实例存在语义关联的其他实例。由于本书只挑选了 8 个电影实例，由 MOVIE 本体实例图可知，UserOnto 中的两部电影《CC》和《SD》与其他六部电影均存在语义关联，即用户偏好扩散后的网状图中的实例集为 I＝{(I3，《ZWM》)，(I4，《RZJT》)，(I5，《FS》)，(I6，《YW》)，(I7，《ZG》)，(I8，《DLL》)}。

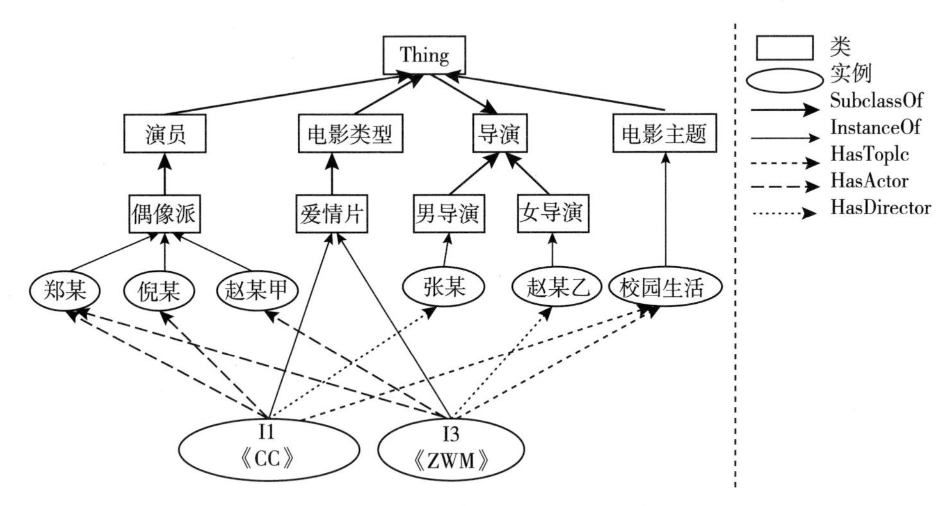

图 7-15 电影 I1 与 I3 之间的语义关系

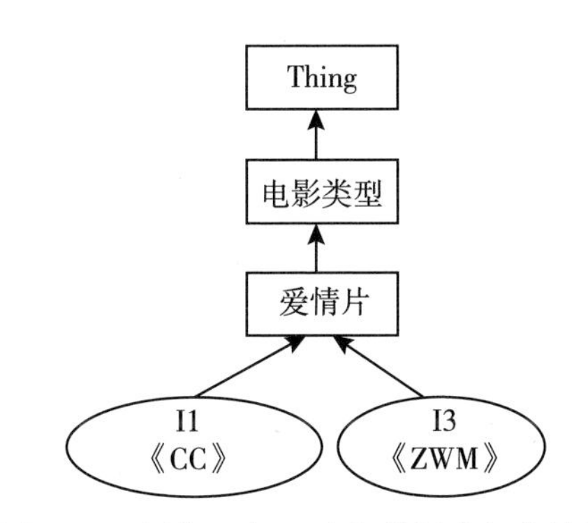

图 7-16 电影 I1 与 I3 之间的层次相交关联

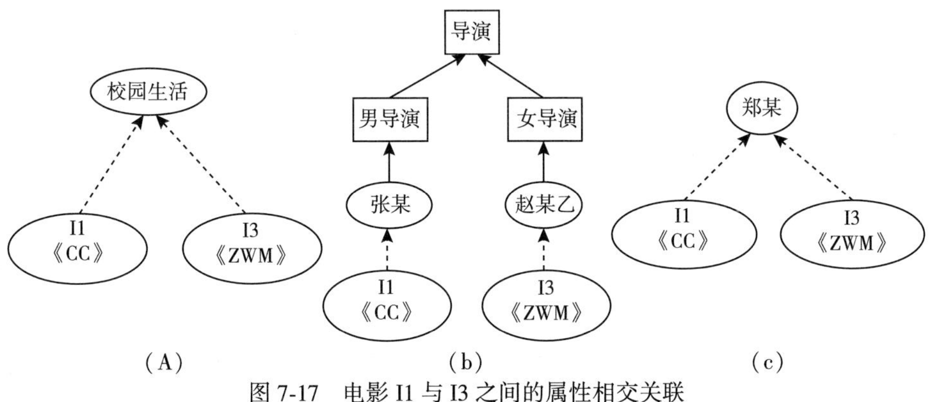

图 7-17 电影 I1 与 I3 之间的属性相交关联

(2)实例兴趣度预测

根据用户偏好扩散后某实例与用户兴趣本体的相似度，预测用户对该实例的兴趣度，其计算过程如下：

通过上文可知，UserDOI ={(《CC》,0.9),(《SD》,0.2)}，用户偏好扩散后的网状图中的实例集为 I={(I3,《ZWM》),(I4,《RZJT》),(I5,《FS》),(I6,《YW》),(I7,《ZG》),(I8,《DLL》)}。

①根据公式(7-1)、公式(7-2)、公式(7-3)和公式(7-4)，分别计算实例 Ii(Ii ∈ I)与 UserOnto 中实例 Ij(Ij ∈ UserOnto)的相似度 SemSim(Ii, Ij)。

计算过程分为以下 4 步：

a. 根据公式(7-1)，分别计算《CC》和《SD》与其他 6 部电影的路径关联相似度。本书为简化计算量，没有考虑实例间的路径关联，即 $SimPA_{(x,y)}=0$。

b. 根据公式(7-2)，分别计算《CC》和《SD》与其他 6 部电影的层次相交关联相似度。

$$\begin{aligned}SimHJA(I1, I3) &= \frac{depth(LCA)}{max(depth(I1), depth(I3)}\\ &= \frac{depth(\text{爱情片})}{max(depth(CI1), depth(CI3))} = \frac{2}{2} = 1\end{aligned}$$

以 I1《CC》和 I3《ZWM》为例，两者同属于“爱情片”的实例。

以 I2《SD》和 I3《ZWM》为例，I2 属于动作片，I3 属于爱情片。

$$\begin{aligned}SimHJA(I2, I3) &= \frac{depth(LCA)}{max(depth(I2), depth(I3))}\\ &= \frac{depth(\text{电影类型})}{max(depth(CI2), depth(CI3))} = \frac{1}{2} = 0.5\end{aligned}$$

同理可得，电影之间的层次相交关联相似度如表 7-2 所示。

表 7-2　**UserModel 中 2 部电影与其他 6 部电影的层次相交关联相似度**

电影 ID 及电影名	与 I1《CC》的层次相交关联相似度	与 I2《SD》的层次相交关联相似度
I3《ZWM》	1	0.5
I4《RZJT》	0.5	0.5
I5《FS》	0.5	0.5
I6《YW》	0.5	1
I7《ZG》	0.5	0.5
I8《DLL》	0.5	0.5

c. 根据公式(7-3)，分别计算《CC》和《SD》与其他 6 部电影的属性相交关联相似度。公式(7-3)中，m 为实例的属性个数(属性相交关联的最大值)，$m=2*2+1+1=6$，假设可调节参数 $b=1$。

以 I1《CC》和 I3《ZWM》为例，由图 7-17 可知，两部电影共存在 6 条属性相交关联，因此其属性相交关联相似度为：

$$
\begin{aligned}
\mathrm{SimPJA}(\mathrm{I1},\ \mathrm{I3}) &= \frac{1}{6}\cdot\left(\frac{1}{\mathrm{length}(\mathrm{PJA1})}+\frac{1}{\mathrm{length}(\mathrm{PJA2})}+\frac{1}{\mathrm{length}(\mathrm{PJA3})}\right.\\
&\quad\left.+\frac{1}{\mathrm{length}(\mathrm{PJA4})}+\frac{1}{\mathrm{length}(\mathrm{PJA5})}+\frac{1}{\mathrm{length}(\mathrm{PJA6})}+\right)\\
&=\frac{1}{6}\left(\frac{1}{2}+\frac{1}{6}+\frac{1}{4}+\frac{1}{4}+\frac{1}{2}+\frac{1}{4}\right)=\frac{23}{72}=0.32
\end{aligned}
$$

同理可得，8 部电影之间的属性相交关联相似度如表 7-3 所示。

表 7-3 **UserModel 中 2 部电影与其他 6 部电影的属性相交关联相似度**

电影 ID 及电影名	与 I1《CC》的属性相交关联相似度	与 I2《SD》的属性相交关联相似度
I3《ZWM》	$\frac{1}{6}\left(\frac{1}{2}+\frac{1}{6}+\frac{1}{4}+\frac{1}{4}+\frac{1}{2}+\frac{1}{4}\right)=\frac{23}{72}=0.32$	$\frac{1}{6}\left(\frac{1}{4}+\frac{1}{6}+\frac{1}{6}+\frac{1}{6}+\frac{1}{6}+\frac{1}{6}\right)=\frac{13}{72}=0.18$
I4《RZJT》	$\frac{1}{6}\left(\frac{1}{4}+\frac{1}{4}+\frac{1}{6}+\frac{1}{6}+\frac{1}{6}+\frac{1}{6}\right)=\frac{7}{36}==0.19$	$\frac{1}{6}\left(\frac{1}{2}+\frac{1}{4}+\frac{1}{4}+\frac{1}{6}+\frac{1}{4}+\frac{1}{6}\right)=\frac{19}{72}=0.26$
I5《FS》	$\frac{1}{6}\left(\frac{1}{4}+\frac{1}{4}+\frac{1}{6}+\frac{1}{6}+\frac{1}{4}+\frac{1}{4}\right)=\frac{2}{9}=0.22$	$\frac{1}{6}\left(\frac{1}{4}+\frac{1}{4}+\frac{1}{2}+\frac{1}{6}+\frac{1}{6}+\frac{1}{6}\right)=\frac{1}{4}=0.25$
I6《YW》	$\frac{1}{6}\left(\frac{1}{4}+\frac{1}{4}+\frac{1}{6}+\frac{1}{6}+\frac{1}{6}+\frac{1}{6}\right)=\frac{7}{36}=0.19$	$\frac{1}{6}\left(\frac{1}{2}+\frac{1}{4}+\frac{1}{6}+\frac{1}{4}+\frac{1}{6}+\frac{1}{4}\right)=\frac{19}{72}=0.26$
I7《ZG》	$\frac{1}{6}\left(\frac{1}{4}+\frac{1}{4}+\frac{1}{4}+\frac{1}{4}+\frac{1}{6}+\frac{1}{6}\right)=\frac{2}{9}=0.22$	$\frac{1}{6}\left(\frac{1}{4}+\frac{1}{4}+\frac{1}{6}+\frac{1}{6}+\frac{1}{2}+\frac{1}{6}\right)=\frac{1}{4}=0.25$
I8《DLL》	$\frac{1}{6}\left(\frac{1}{4}+\frac{1}{6}+\frac{1}{4}+\frac{1}{4}+\frac{1}{4}+\frac{1}{4}\right)=\frac{17}{72}=0.24$	$\frac{1}{6}\left(\frac{1}{4}+\frac{1}{6}+\frac{1}{6}+\frac{1}{6}+\frac{1}{6}+\frac{1}{6}\right)=\frac{13}{72}=0.18$

d. 根据公式(7-4)，分别计算《CC》和《SD》与其他 6 部电影的综合语义相似度。公式(7-4)中共 3 个参数，α 代表路径关联相似度的权重，β 代表层次相交关联相似度的权重，γ 代表属性相交关联相似度的权重。取 $\alpha=0$，$\beta=0.5$，$\gamma=0.5$，根据公式(7-4)计算出电影之间的综合语义相似度，如表 7-4 所示。

表 7-4 **UserModel 中 2 部电影与其他 6 部电影的综合语义相似度**

电影 ID 及电影名	与 I1《CC》的综合语义相似度	与 I2《SD》的综合语义相似度
I3《ZWM》	(1+0.32)/2=0.66	(0.5+0.18)/2=0.34
I4《RZJT》	(0.5+0.19)/2=0.35	(0.5+0.26)/2=0.38
I5《FS》	(0.5+0.22)/2=0.36	(0.5+0.25)/2=0.38
I6《YW》	(0.5+0.19)/2=0.35	(1+0.26)/2=0.63
I7《ZG》	(0.5+0.22)/2=0.36	(0.5+0.25)/2=0.38
I8《DLL》	(0.5+0.24)/2=0.37	(0.5+0.18)/2=0.34

②根据公式(7-5)，根据实例 I_i 与用户兴趣本体 UserOnto 的语义相似度来预测用户对该实例的兴趣度 DOI(I_i)，计算结果如下：

对电影 I3《ZWM》、I4《RZJT》、I5《FS》、I6《YW》、I7《ZG》、I8《DLL》的预测兴趣度分别为：

DOI(I3)= 0.66 * 0.9+0.34 * 0.2=0.594+0.068=0.66

DOI(I4)= 0.35 * 0.9+0.38 * 0.2=0.315+0.076=0.39

DOI(I5)= 0.36 * 0.9+0.38 * 0.2=0.324+0.076=0.4

DOI(I6)= 0.35 * 0.9+0.63 * 0.2=0.315+0.126=0.44

DOI(I7)= 0.36 * 0.9+0.38 * 0.2=0.324+0.076=0.4

DOI(I8)= 0.37 * 0.9+0.34 * 0.2=0.333+0.068=0.401

③根据预测兴趣度的高低生成 Top-N 推荐列表 1。

R_1 = {(1,I3),(2,I6),(3,I8),(4,I5),(4,I7),(5,I4)} = {(1,《ZWM》),(2,《YW》),(3,《DLL》),(4,《FS》),(4,《ZG》),(5,《RZJT》)}

7.4.5 基于用户情景的电影推荐

用户情绪与观影倾向有一定的关系，即用户在不同心情状态下更倾向于观看哪些电影类型。本书将统计结果划分为积极情绪(Positive)和消极情绪(Passive)两个类别，积极情绪下(motion= "positive")的观影偏好顺序为：爱情片、喜剧片、动作片、励志片。消极情绪下(motion= "passive") 的观影偏好顺序为：喜剧片、励志片、爱情片、动作片。

本书的 MOVIE 共建立了 8 个电影实例，其中用户已评分实例有 2 个，6.6.3 节的用户本体模型中 UserCont = {Emotion} = {"passive"}，因此在消极情绪下用户的观影偏好为：

喜剧片：I4《RZJT》和 I5《FS》

励志片：I7《ZG》和 I8《DLL》

爱情片：I3《ZWM》

动作片：I6《YW》

因此，依据“小明”的情绪情景“passive”生成的推荐列表 2 为：

R_2 = {(1,I4),(1,I5),(2,I7),(2,I8),(3,I3),(4,I6)} = {(1,《RZJT》),(1,《FS》),(2,《ZG》),(2,《DLL》),(3,《ZWM》),(4,《YW》)}

7.4.6 基于语义关联和用户情景的电影推荐

在不同的推荐应用中，用户兴趣和用户情景在最终的综合推荐中所占的比重不同。在电影推荐中，用户情绪对观影倾向的影响超过用户兴趣对观影倾向的影响。

假设用户兴趣对推荐结果的影响因子为 0.4，用户情景对推荐结果的影响因子为 0.6，根据 4.3.3 节的公式(6)计算实例的综合排序：

$R_3(\mathrm{I3}) = 0.4 * R_1(\mathrm{I3}) + 0.6 * R_2(\mathrm{I3}) = 0.4 * 1 + 0.6 * 3 = 2.2$

$R_3(\mathrm{I4}) = 0.4 * R_1(\mathrm{I4}) + 0.6 * R_2(\mathrm{I4}) = 0.4 * 5 + 0.6 * 1 = 2.6$

$R_3(\mathrm{I5}) = 0.4 * R_1(\mathrm{I5}) + 0.6 * R_2(\mathrm{I5}) = 0.4 * 4 + 0.6 * 1 = 2.2$

$R_3(\mathrm{I6}) = 0.4 * R_1(\mathrm{I6}) + 0.6 * R_2(\mathrm{I6}) = 0.4 * 2 + 0.6 * 4 = 3.2$

$R_3(\mathrm{I7}) = 0.4 * R_1(\mathrm{I7}) + 0.6 * R_2(\mathrm{I7}) = 0.4 * 4 + 0.6 * 2 = 2.8$

$R_3(\mathrm{I8}) = 0.4 * R_1(\mathrm{I8}) + 0.6 * R_2(\mathrm{I8}) = 0.4 * 3 + 0.6 * 2 = 2.4$

最后，根据综合排序由低到高的顺序，生成综合了用户兴趣和用户情景的推荐列表 3：

R_3 = {(1,I3),(1,I5),(2,I8),(3,I4),(4,I7),(5,I6)} = {(1,《ZWM》),(1,《FS》),(2,《DLL》),(3,《RZJT》),(4,《ZG》),(5,《YW》)}

7.4.7 推荐结果比较分析

传统推荐方法仅考虑了兴趣偏好对推送结果的影响，忽略了情景信息的影响。本书提出的基于语义关联和情景的方法，通过赋予兴趣偏好和当前情景不同的权重因子，综合考虑了两者对推送结果的影响。

下面使用表 7-5 对比了仅考虑语义关联、仅考虑用户情景和综合考虑语义关联和情景三种情况下，电影推荐列表 1、2、3 中的排序变化：

表 7-5　　　　三种情况下电影推荐排序的变化对比

MovieID	电影名称	基于语义关联的排序 $R_1(I_i)$	基于情景的排序 $R_2(I_i)$	综合排序 $R_3(I_i)$
3	《ZWM》	1	3	1
4	《RZJT》	5	1	3
5	《FS》	4	1	1
6	《YW》	2	4	5
7	《ZG》	4	2	4
8	《DLL》	3	2	2

由表 7-5 可知，综合考虑用户兴趣的语义和情景，可以使推荐结果更符合用户对信息的需求，使推荐系统更加人性化。

如电影 I6《YW》，虽然该电影与用户兴趣本体相似度较大，在基于用户兴趣的排序中排序为 2，但是由于用户当前处于消极情绪，观影偏好顺序为：喜剧片、励志片、爱情片、动作片，而《YW》属于动作片，因此综合考虑用户兴趣和情景后，其排序由 2 降为 5。

如电影 I5《FS》，虽然该电影与用户兴趣本体相似度较小，在基于用户兴趣的排序中排序为 4，但是由于用户当前处于消极情绪，观影偏好顺序为：喜剧片、励志片、爱情片、动作片，而《FS》属于喜剧片，因此综合考虑用户兴趣和情景后，其排序由 4 升为 1。

8　基于本体模型的情景质量评价及管理策略

情景感知系统的一项主要任务就是实现对情景信息的有效管理。

在普适计算环境下，情景信息来自于开放的平台：一方面，它来源广泛、结构异构、关联复杂、动态多变，这就使得情景感知系统需要根据应用环境和用户需求的变化，不断对情景模型进行进化和扩展，同时通过与其他系统进行情景信息交互，以提高情景信息的利用率和使用效率，为系统提供更为全面的决策支持；另一方面，情景信息的本质是不完美的，这种不完美既来自于情景采集过程中传感器技术、周围环境和人为操作等因素的差异化，也来自于情景管理过程中累积的情景处理误差。

情景质量问题作为情景信息的固有特点，将严重影响情景感知系统的决策判断。① 这就需要系统基于合理的情景质量管理策略实现对于情景信息与情景质量的统一管理。情景质量管理包含在情景信息管理的范畴之中，需要引起特别的关注，一方面，情景信息质量对于情景这一高度动态化的信息来说需要特殊的对待；另一方面，关于情景质量的研究还处于相对被忽视的环节。

情景质量表现了情景信息的质量特性。通过对情景质量的管理有利于帮

---

① Krause M, Hochstatter I. Lecture notes in computer science[M]. Berlin Heidelberg: Springer, 2005: 324-333.

助系统过滤掉不完整、不一致的信息，提高其判断决策的准确性和效率。①情景质量作为情景信息的一项重要属性，需要和情景信息一样被表示和被管理。当前对于情景质量管理的研究较为分散，缺乏有关情景质量评估体系及管理策略的有效标准。

本章为情景质量评估体系提供了标准化形式化的表达模型，旨在消除在不同系统中情景质量评估体系之间存在的差异化问题，实现对于各种情景质量指标的清晰表达，促进系统对于情景信息质量的准确评估。在此基础上，本章将对情景信息及其质量的管理统一起来，根据相应的情景质量管理策略，实现对于来自不同系统平台的异构情景信息质量的有效管理。

这部分的研究主要包括如下内容：

①分析情景信息存在的质量问题和情景质量管理主要研究的内容，对情景质量管理中情景质量评估和质量管理策略的国内外研究现状进行述评。

②针对情景质量评估缺乏标准这一问题，提出情景质量元模型——情景质量元模型，介绍该元模型定义、构建原则和构成。

③基于情景模型和情景质量元模型，提出情景质量管理框架，结合框架中情景信息处理的四个层次，介绍相应的情景质量管理策略。

④针对具体的应用案例，结合给定的实验数据和情景质量评估指标，基于情景质量管理框架，展现情景质量管理的完整过程。通过对实验结果的分析，验证该框架的有效性。

8.1 情景质量管理的研究现状

情景感知系统采集和处理大量情景信息，这些信息的正确与否影响着系统的推理能力和决策过程。因此，情景质量管理应和情景信息管理一样贯穿

① Al-Shargabi A A Q. A multilayer framework for quality of context in context-aware systems[D]. Leicester: De Montfort University, 2015.

于情景感知管理的全过程。对情景质量进行管理的目的是为了通过评估从多种分散的情景来源获取异构情景信息的质量，以及这些信息经过转化、推理和抽象等处理过程后的质量，而根据应用的需求，将符合质量水平的情景信息向情景感知应用提供，最终提高情景感知系统的服务质量。

情景质量的管理主要包括两方面内容：情景质量评估和管理策略的制定。

情景质量评估是反映了情景信息在某一质量维度上的质量水平，如新鲜度、完整性等，它是系统进行情景信息管理的依据，其对于情景质量管理的主要意义可总结为以下三点：

①为情景质量管理提供决策依据。测量和评估是有效管理的基础，只要正确客观地测量，才能基于测量结果选择实施正确的推理和决策，从而提升情景质量管理的有效性和针对性。

②为情景质量管理提供可控制的参数。通过情景质量评估指标的定义，可以更深刻地理解影响情景质量的变量参数，明确某一质量指标的变量以及关系，系统可以通过这些参数有效地控制情景质量。

③有助于实现全面的情景质量管理。科学的、完整的评估指标体系的构建，为实现不同阶段、不同维度的情景质量管理提供基础。

情景质量管理策略是根据情景感知应用的情景质量需求而制定的、贯穿于情景信息整个生命周期的管理方法。

对于情景质量管理的这两个方面，前者是后者实现管理的依据和基础，后者是前者进行评估的目的和出发点。

8.1.1 情景质量评估研究现状

情景质量评估是指通过对情景质量评估指标的确立，对指标内涵、评估方法的定义，来建立起一套情景质量评估体系。其中，情景质量评估指标反映了情景信息的某一质量维度。对于指标内涵和评估方法的建立过程，由于受到系统功能需求、实现环境、应用语境等方面的影响，都显示出了相对主观性，许多学者已经面向各自系统建立了形式多样的情景质量评估体系。

2003 年，Buchholz① 首次提出一组情景质量指标。该系列包括 5 个指标：精确度、正确率、可靠性、分辨率和更新度。这些指标都是通过一个文本描述来定义。对于这些指标的评估没有制定计算方法，但是有对各指标的举例说明。

2007 年，Sheikh 等人②针对 AWARENESS 项目介绍其情景质量指标。这些指标是精确度、新鲜度、时间分辨率、空间分辨率和正确率。尽管有对这些指标的文字介绍，但是没有具体的计算方法。

2010 年，Filho③ 在分析了 Buchholz 和 Sheikh 提出的情景质量指标的基础上，对情景质量指标系列进行补充，定义了更新度、敏感度、访问安全度、完整度、精确度和分辨率。对于每一个指标，都有具体的例子来说明其概念，同时还给出了用于计算的数学公式。

2012 年，Neisse④ 采用计量学的 ISO 指标来定义情景质量指标。他认为被用于情景质量指标中的精确度和准确度概念近似于计量学中精确度的定义，时间分辨率和空间分辨率的概念相当于 ISO 指标定义中时间和空间信息的精确度。Neisse 建议测量情景质量仅采用两个指标：情景信息的老化和精确度。老化是信息的运行时间。精确度指标采用 ISO 指标。

2012 年，Manzoor 等人⑤从主观和客观的角度对情景质量进行了分类，

---

① Buchholz T, Schiffers M. Quality of context: What it is and why we need it[C]// Proceedings of Workshop of the Openview University Association Ovua', 2003.

② Sheikh K, Wegdam M, Sinderen M V. Middleware support for quality of context in pervasive context-aware systems[J]. IEEE International Conference on Pervasive Computing & Communications Workshops, 2007: 461-466.

③ Filho J D R. A family of context-based access control models for pervasive environments [D]. Grenoble: Joseph Fourier University, 2010.

④ Neisse R. Trust and privacy management support for context-aware service platforms [D]. Enschede: University of Twente Centre for Telematics & Information Technology, 2012.

⑤ Manzoor A, Truong H L, Dustdar S. Quality of context: Models and applications for context-aware systems in pervasive environments[J]. The Knowledge Engineering Review, 2014, 29(2): 154-170.

他提出了最为复杂的情景质量评估体系。其中，包括 7 个高层情景质量标准和 14 个低层情景质量标准。低层标准的评估是通过传感器的配置文件、规范说明、测量标准和用户定义等方面直接得到，高层标准的评估是通过对低层标准进行综合计算得到。这 7 个高层标准包括可信度、新鲜度、完整性、重要性、可用性、访问安全性、表达一致性。根据 Manzoor 的观点，除了可信度是客观标准，其他 6 个都是需要根据用户的个性化定义而决定的主观标准。

2013 年，刘晓东①采用专家评估法来确定情景质量指标，最终构建的指标体系包括固有情景数据质量指标和过程性情景质量指标，其中固有情景数据质量指标包括 3 个：信息新鲜度、信息精确度、信息流动性。过程性情景质量指标包括 6 个：正确性概率、完整性、延迟时间、访问安全性、计算成本、可信度。针对这些具体指标，文章介绍了指标量化的方法。该文为情景质量管理提供了指标评估依据。

由于对情景质量指标的研究缺乏统一的标准，不同学者对于指标的选择和命名有不同的考量，使得指标在名称和定义上都存在着差别，经常会出现同名异义、异名同义等情况。以同名异义为例，Buchholz 和 Filho 都给出了指标“precision”，但是前者的准确度是指情景信息的表示粒度，而后者的准确度是指情景信息的正确率；Buchholz 和 Sheikh 都定义了指标“correctness”，但是前者表示情景信息的正确概率，后者表示对于情景信息正确率的可信任程度。以异名同义为例，Sheikh 和 Filho 分别给出了指标“spatial resolution”和“resolution”，尽管名称不同，但是两者都表示情景信息所在位置的粒度；Neisse 和 Manzoor 分别给出了指标“measurement time”和“time stamps”，虽然名称不同，但是都表示情景信息被采集的时间。

由于情景质量评估体系存在指标名称和内涵上的差别，自然也会导致评估方法上的分歧。例如，Sheikh 将新鲜度命名为“freshness”，采用情景信息的采集时间来进行计算；而 Manzoor 将新鲜度命名为“timeliness”，采用情景

---

① 刘晓东. 普适学习系统中的情境管理研究[D]. 大连：大连理工大学，2013.

信息的采集时间和情景信息的生命周期来进行计算。这就导致了两个系统在对同一个情景对象的质量进行评估时，出现不同的评估结果。

从以上分析中可以看出，由于情景质量评估在名称、定义、评估方法上的差异，导致了系统对于情景信息的质量评估仅适用于系统自身，而不能被其他系统理解、认可和应用。因此，情景质量评估的差异化问题阻碍了不同系统间情景信息的有效评估，是急需解决的问题。

8.1.2 情景质量管理策略研究现状

由于情景质量信息是情景信息密不可分的一部分，因此情景质量的管理应该贯穿情景感知的整个过程。在已有的研究中，学者们多是针对情景信息的处理过程，发展了情景感知管理框架，实现对情景信息的采集、存储、转化、抽象和分发，但是结合情景质量管理的相关研究却为数不多。下面列举了一些情景质量管理策略的研究现状。

2007 年，Kim 等人①为了实现普适计算环境下的情景模型构建和情景感知管理，以智能家庭为研究背景，构建了基于本体的通用情景模型和情景感知框架。首先，他们定义了与情景模型结合的情景元数据，目的是对情景信息进行辅助描述从而推动情景的有效采集和模糊逻辑推理等。其次，他们采用 Web 服务技术开发情景架构。共定义了 5 种情景 Web 服务类型：情景提供、情景聚合、情景推理、情景发现、情景查询，并分别讨论了在各种服务中情景元数据发挥的作用。文章为基于本体和情景元数据的情景建模和情景质量管理提供了一定的参考依据，但是缺乏对情景元数据在情景管理过程中所发挥作用和所采用策略的深入研究，缺乏对于情景质量管理的系统定义和

① Kim E, Choi J. An ontology-based context model in a smart home[M]. Computational Science and Its Applications-ICCSA 2006, Berlin Heidelberg: Springer, 2006: 11-20; Kim E, Choi J. A semantic interoperable context infrastructure using web services[M]. Computational Science and Its Applications-ICCSA 2007, Berlin Heidelberg: Springer, 2007: 839-848; Kim E, Choi J. A context-awareness middleware based on Service-Oriented Architecture[J]. Ubiquitous Intelligence & Computing, 2007: 953-962.

说明。

2009 年，Abid① 展现了在 COSMOS 工程中的情景质量管理机制。COSMOS 是情景管理组件，通过协议处理提供给应用程序的情景质量。该协议是建立在情景感知应用和情景提供来源之间的，用于定义情景感知应用需要的情景质量级别。文章通过利用情景信息合成来进行网络连接自适应的实验说明了该基于组件的情景质量管理框架的可行性。但是文章没有提供明确的方法来评估情景质量。

2009 年，Manzoor 等人②首先分析了在情景感知系统的 4 个层次——情景收集层、情景处理层、情景分发层和情景应用层可能存在的情景质量隐患，在此基础上，文章针对 4 个情景质量指标——新鲜度、可信度、完整性和重要性，展示了在情景感知系统不同层次所要进行的情景质量管理策略，并结合具体的情景质量指标，说明了系统采用的冲突解决方案。该文的不足之处，一是在分层说明情景质量管理策略的过程中仅做了简单说明，没有涉及具体的实现过程；二是仅针对 4 个具体指标介绍了可采用的冲突解决方案，具有一定的局限性。

2013 年，郑笛等人③提出了一种基于中间件的上下文质量管理框架，并在车联网系统中得到了应用。作者首先介绍了具体的上下文质量评估指标，包括确定性、有效性、可用性和流动性。在此基础上，通过上下文收集层的门阈值过滤、上下文解释层和上下文聚合层的对于重复与不一致上下文的丢弃算法来筛选得到可用于推理的高质量上下文信息。该文的研究重点集中在上下文收集和上下文处理层，缺乏对高层上下文的质量管理。

---

① Abid Z, Chabridon S, Conan D. A framework for quality of context management[M]. Quality of Context. Berlin Heidelberg: Springer, 2009: 120-131.

② Manzoor A, Truong H L, Dustdar S. Using quality of context to resolve conflicts in context-aware systems[M]. Quality of Context. Berlin Heidelberg: Springer, 2009: 144-155.

③ 郑笛，王俊，贲可荣．普适计算环境下基于中间件的上下文质量管理框架研究[J]. 计算机科学，2012，38(11)：127-130；郑笛，王俊，贲可荣．扩展车联网应用中的海量传感器信息处理技术[J]. 计算机研究与发展，2013，50：257-266.

2014年，许楠等人①提出了一个分层的中间件框架，该中间件包括上下文获取层、上下文管理层、自适应决策层和上下文访问层，可以对原始情景进行预处理和推理，能根据情景质量指标动态选择最优情景来源，还可以自动制定适应决策并为用户提供有效服务。该中间件重点研究了基于上下文质量的上下文信息提供来源选择，但是缺乏对情景质量管理进行分层的详细讨论。

根据对以上文章的分析，我们发现①大量学者对于情景质量管理的研究都是结合本身提出的情景质量评估指标，缺乏通用性；②对于情景质量的管理工作，多与情景信息的处理过程结合，进行分层管理；③这些文献只关注了情景质量管理的部分方面，没有从各个层面实现对情景质量全面而综合的管理。因此，我们需要基于情景感知中间件提出一种通用且全面的情景质量管理策略，从而更好地支持情景感知应用的需求。

针对情景质量评估缺乏标准这一问题，本书提出情景质量元模型，介绍了该元模型定义、构建原则和构成；基于情景本体模型和情景质量元模型，本书提出情景质量管理框架，结合框架中情景信息处理的四个层次，介绍相应的情景质量管理策略。

8.2 情景质量元模型

通过前面对情景质量评估研究现状的分析，我们发现尽管研究者们对于情景质量的评估都有各自的考虑和研究，但是至今没有达成共识。

学者刘晓东②提出了情景质量评估指标被确定和量化时应该满足：①通用性，基于通用的视角，而不针对特定系统而设计；②可实现性，注重量化

① 许楠，张维石．支持上下文感知应用程序的动态自适应中间件框架[J]．计算机应用，2014，34(4)：1149-1154.

② 刘晓东．普适学习系统中的情境管理研究[D]．大连：大连理工大学，2013.

方法的定义、可行性和计算成本。也就是说，对于情景质量的评估，我们需要一种通用的模式，既可以记录不同系统的情景质量评估细节，又可以被系统计算，从而促进不同系统的情景质量指标被共同理解和管理。

因此，为了解决情景质量指标在命名、定义和评估方法上的差异化问题，实现不同指标的集成和共享，我们的提出构建情景质量元模型的方法。

8.2.1 情景质量分类

情景质量是描述情景信息的质量特征的信息，称为情景质量属性，被用于确定情景信息对于一个具体应用程序的价值。因此通过量化情景质量有利于衡量情景信息对于应用程序的价值大小，有利于实现情景信息提供者提供的情景信息质量与情景感知应用需要的情景质量水平相匹配。根据情景质量的量化方法，我们将情景质量属性分为情景质量参数和情景质量指标两类。其中，情景质量参数(Quality of Context Parameter，QoCP)是可以直接从环境中感知到的，可被用于评估情景质量指标的任何信息。情景质量指标(Quality of Context Indicator，QoCI)是指可以通过评估来描述情景信息质量的任何被良好定义的质量方面。事实上，情景质量指标通过对多个情景质量参数的综合计算，得出的结果更能反映情景信息的某一质量方面，更易于被应用服务所使用。

常见的情景质量参数包括：

①情景提供来源：指的是情景信息的收集来源，用 uri 表示。

②来源种类：指的是情景信息的类型，共有三种，即定义型、感知型和推导型，定义型是指通过第三方平台、用户配置文件和用户自定义文件获得的信息；感知型是指通过传感器等设备收集到的信息；推导型是指通过对情景信息的聚合或推理得到的信息。

③来源状态：是指传感器的状态，包括两种，即静态和动态。

④来源位置：是指收集情景对象的来源的地理位置。当来源状态是静态时，该值不变。

⑤情景对象的位置：是指在情景信息被收集的那一时刻，被测量的情景对象的位置。

⑥来源测量范围：是指收集情景对象的来源的测量空间范围。

⑦情景收集时间：是指传感器收集到情景信息的时间。

⑧粒度/分辨率：反映了情景被收集的细节程度。

⑨测量标准：测量标准表示采集数据时所采用的技术标准。测量标准与情景的粒度是紧密联系的。例如，某地理位置参考标准使用欧洲公民位置标识，该标准采用四个维度：国家、A3(城市)、A6-STS(街道)、HNO-HNS(带有后缀的房屋序号)。只有说明了在测量情景信息时所使用的参考标准，系统才能够有效理解情景对象取值的粒度，避免由于参考标准的模糊而导致系统处理情景数据时出现分歧。

⑩精准度：表示数据正确的程度。

⑪生命周期：是指情景信息收集的时间段，过了这个时间段情景信息将变得过时。该生命周期可以是客观的情景数据生命周期，也可以是用户或第三方定义的数据。

⑫数值范围：表示被收集的情景信息的范围，可以作为过滤阈值。

情景质量指标基于具体情景应用的需要，根据具体的数学公式，通过对相关情景质量参数的综合计算得到。常见的情景质量指标包括：时空分辨率、准确度、置信度(/信任度)、正确率、一致性、完整性、新鲜度等。这些指标的存在与否主要取决于应用程序的特点，所以需要结合具体的应用程序对情景质量指标进行定义。

8.2.2 情景质量元模型的定义

根据开放地理空间联盟(OGC)的定义，元数据是指用于描述其他数据信息的数据，元数据模型是用于构建元数据的模型。

因此情景质量元模型是为描述情景质量信息的情景质量元数据而构建的表达模型，是对情景质量所有细节(如名称、定义、评估算法等)的泛化过程，提供了对于情景质量信息的存储和访问接口。该模型不依赖于具体的情景质量参数和指标，为异构的情景质量评估提供了标准化的解决方案。

构建情景质量元模型具有以下意义：

①方便评估情景信息的情景质量。情景质量元模型能够表示情景质量评估的所有重要因素，富于表达力和可计算能力，便于计算机对不同类型情景信息的质量进行理解和评估。

②有利于使用通用模型来表达各种不同的情景质量指标，促进不同系统对于情景质量评估的共享和管理。

③帮助情景感知中间件来处理情景质量。情景感知中间件将根据情景质量的量化指标和应用程序的实际需求来对情景信息进行多层次多策略的有效管理，有利于提高情景信息的质量水平。

8.2.3 情景质量元模型的构建原则

对于情景质量元模型的构建，目前还没有出现明确的指导方法，因此本节将在学习已有元模型构建经验的基础上，总结出构建情景质量元模型需要遵循的原则。

COSMOS 元模型①用于表达情景感知应用和情景信息提供者之间详细的质量协议。该质量协议定义了质量参数和应用程序接收情景质量水平。该元模型富有表达力，但是不具有通用性和可计算性。

DMTF CIM 指标模型②主要负责指标管理。它给出了表达指标的方法，规定系统组件的状态以及它们各自的值如何被获得。CIM 指标可以被看作情景质量指标。CIM 将指标的定义与指标的值分离。这种分离实现了模型的通用性和可计算能力。

① Chabridon S, Conan D, Abid Z, et al. Building ubiquitous QoC-aware applications through model-driven software engineering[J]. Science of Computer Programming, 2013, 78(10): 1912-1929.

② Distributed Management Task force: Base metric profile[EB/OL]. [2021-11-12]. http://www.dmtf.org/ sites/default/files/standards/documents/DSP1053_1.0.1.pdf.

对象管理组 OMG 服务质量元模型①与 CIM 指标相似，OMG 方法将标准的定义和它的值相分离。OMG 的元模型同时提供了质量协议，正如 COSMOS 一样。但是该模型仅支持依靠情景质量参数的创建，而不支持情景质量指标的创建。

IoT-A 元模型②提出了将元数据与情景信息相关联的思路。因为情景质量信息与情景信息密不可分，因此表达情景质量指标的情景质量元模型只有与情景信息结合才有利于后续的管理，因此情景质量元模型是需要结合情景模型一同构建的。

这种情景关联也同样出现在 Filho 的文章③中，他将用户情景本体与情景质量本体相关联形成一个整体，促进对情景质量的管理，其不足之处是采用情景质量本体为情景质量指标建模，所构建的情景质量参数和指标固定且有限，通用性差。

通过对以上几种元模型的分析，我们发现元模型的构建需要遵循以下四个原则：

①通用性。能够对不同类型的情景质量进行统一表达和管理，为了实现这一目标，需要将情景质量的评估算法与结果进行分离和构建，并提供有效的存储和访问。

②可计算能力。能够对不同类型的情景质量的评估算法进行表达，从而方便对情景质量进行评估。

③富于表达力。能够明确说明各情景质量的内涵、来源、标准等细节，方便系统在理解情景质量的基础上进行操作。

---

① Object Management Group：UML Profile for Modeling Quality of Service and Fault Tolerance Characteristics and Mechanisms Specification［EB/OL］.［2021-11-21］. http：//www.omg.org/ spec/QFTP/1.1/PDF.

② Internet of Things Architecture：Deliverable 1.3，reference model for iota v1.5.［EB/OL］.［2021-11-12］. http：//www.iot-a.eu/arm/d1.3(2012).

③ Filho J B，Miron A D，Satoh I，et al. Modeling and measuring quality of context information in pervasive environments［J］. IEEE International Conference on Advanced Information Networking & Applications，2010，10(1)：690-697.

④情景关联。能够将情景模型与情景质量元模型相关联，从而实现对情景信息及其质量的共同管理。

8.2.4 情景质量元模型的构建

情景质量有情景质量参数和情景质量指标两种类型，因此在构建情景质量元模型时，也包含了情景质量参数元模型和情景质量指标元模型。在遵循上述四个原则的基础上，我们构建的元模型如图 8-1 所示。

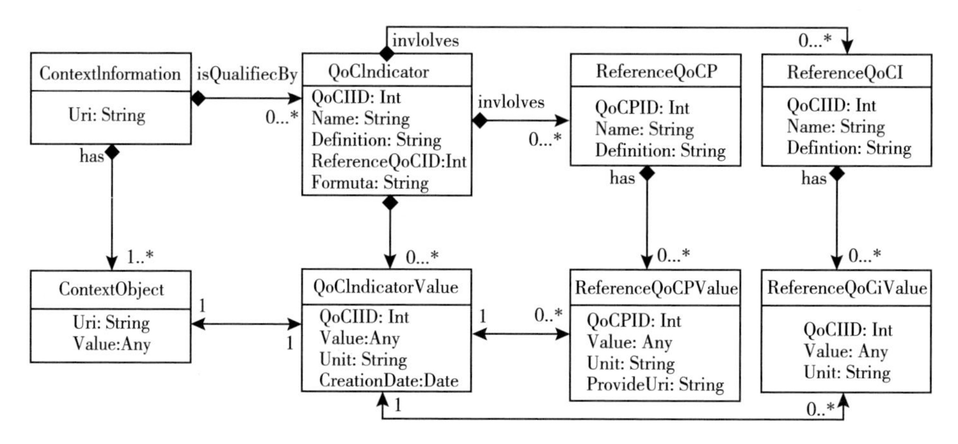

图 8-1　情景质量指标元模型

图 8-1 展示了情景质量指标元模型，它由两部分组成：

①情景质量指标评估方法表达。

包括 ContextInformation 类、QoCIndicator 类、ReferenceQoCP 类和 Reference QoCI 类。

每类情景信息(ContextInformation)都有其唯一的标识符(Uri)。

每类情景信息被若干个情景质量指标(QoCIndicator)评估，如新鲜度、正确率、可信度等。在 QoCIndicator 类中包含了对该情景质量指标的内涵的描述，包括情景质量指标索引(QoCIID)、名称(Name)、含义(Definition)、计算公式(Formula)和计算公式中使用到的情景质量的索引(ReferenceQoCID)，为系统评估和理解情景质量指标提供了依据。同时，根据 ReferenceQoCID，将找到指标计算需要参考到的情景质量参数(ReferenceQoCP)或指标(ReferenceQoCI)。

在 ReferenceQoCP 类中，包含对参考的情景质量参数内涵的介绍，包括情景质量参数索引(QoCPID)、名称和定义。

而在 ReferenceQoCI 类中，包含对参考的情景质量指标内涵的介绍，包括情景质量指标索引、名称和定义。

②情景质量指标评估结果记录。

包括 ContextObject 类、QoCIndicatorValue 类、ReferencecQoCPValue 类和 ReferencecQoCIValue 类。

情景信息被实例化后成为情景对象(Context Object)，不同的情景对象有不同的标识符和取值(Value)，其取值的类型不限(Any)，可以是字符串型、数值型或布尔型等。

通过对情景质量指标的评估，可以为每一个情景对象的测量值计算出其相对应的情景质量指标值(QoCIndicatorValue)。在 QoCIndicatorValue 类中，索引 QoCIID 负责将情景质量评估值和对应的情景质量指标相关联，取值和单位(Unit)记录了评估的结果，测量时间(CreationDate)说明了指标被评估完成时的时间。

情景对象的每一个取值与情景质量指标值一一对应，每一个情景质量指标值是根据若干个参考情景质量参数值或情景质量指标值计算得来的，因此也需要对被参考的情景质量取值进行记录。

其中，参考情景质量参数值(ReferencecQoCPValue)的测量是通过传感器来直接得到的，在 ReferenceQoCP 类中，索引 QoCPID 实现情景质量参数值与参数的关联，取值和单位记录了测量的结果，情景提供来源(ProvideUri)说明了测量情景质量参数的情景来源。

参考情景质量指标值(ReferencecQoCIValue)的评估是通过评估相关情景质量参数得到的。在 ReferenceQoCI 类中，索引 QoCIID 实现情景质量指标值与指标的关联，取值和单位记录测量的结果。

通常情况下，评估情景质量指标的价值大于测量情景质量元模型的价值，但是在某些情况下(例如应用程序需要选择在一定测量范围内的情景信息)，仍需要对情景质量参数进行描述。

图 8-2 展示了情景质量参数元模型。该元模型同样包括两部分：

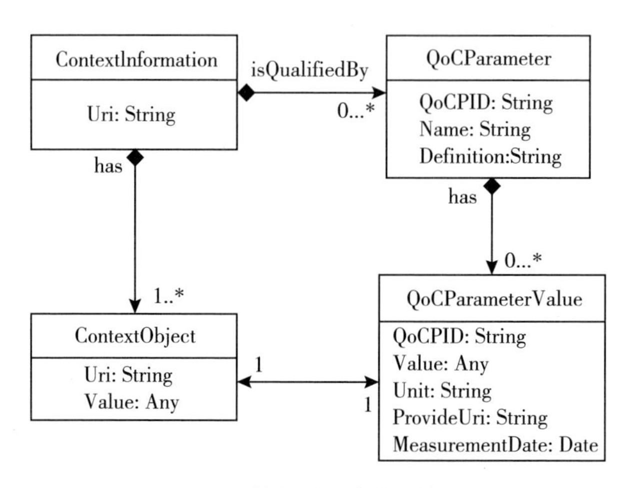

图 8-2 情景质量参数元模型

①情景质量参数内涵表达。

包括 ContextInformation 类和 QoCParameter 类。

每类情景信息有若干情景质量参数(QoCParameter)，在 QoCParameter 类中包含了对情景质量参数内涵的描述，包括索引(QoCPID)、参数名称和参数的定义。

②情景质量参数测量结果记录。

包括 ContextObject 类和 QoCParameterValue 类。

情景信息经过实例化成为情景对象。同时，被测量的情景质量参数值也将通过 QoCParameterValue 类记录。在该类中，索引 QoCPID 负责将情景质量参数值和对应的情景质量参数相关联，取值和单位记录了评估的结果，情景提供来源指明采集情景的传感器，测量时间(MeasurementDate)说明了参数被测量的时间。情景对象的取值与情景质量参数值一一对应。

通过对情景质量指标评估方法和情景质量参数内涵的定义，我们实现了对情景质量含义的良好表达；通过将情景质量含义与取值的分离，我们简化了数据处理的难度，提升了系统的可计算能力；通过模型的形式化构建为大量情景质量提供了可以参考的通用标准；通过情景信息、情景对象分别与情景质量定义和取值的关联，实现了情景关联，方便系统对情景及其质量的统一管理。

情景质量元模型的构建为情景质量管理策略的提出奠定了基础。

8.3 基于情景本体模型的情景质量管理框架

在以往的研究中，大量学者针对情景信息管理问题进行了大量的研究，提出了情景感知中间件，① 目的是通过对组件进行协调、管理和调度，为情景的管理提供具有通用性的架构支持，使应用程序可以从繁杂的数据处理中解脱出来，专注于针对高层情景信息做出合理有效的反应。

但是由于情景质量是情景信息的固有属性，因此对于情景质量的管理应该存在于情景信息管理的整个过程。

本书提出基于中间件的情景质量管理框架，该框架如图 8-3 所示，针对情景感知中间件的四个层次给出相应的情景质量管理策略，实现对于情景信息及其质量的统一管理。其中，情景信息管理建立在基于分层本体构建的情景模型的基础上，情景质量管理建立在情景质量元模型的基础上。通过将情景模型与情景质量元模型相结合，促进了对于情景信息及其质量的统一记录和管理。

---

① 许楠，张维石．支持上下文感知应用程序的动态自适应中间件框架[J]．计算机应用，2014，34(4)：1149-1154；刘威，王汝传，叶宁，等．基于本体的上下文感知中间件框架[J]．计算机技术与发展，2010，20(5)：51-55.

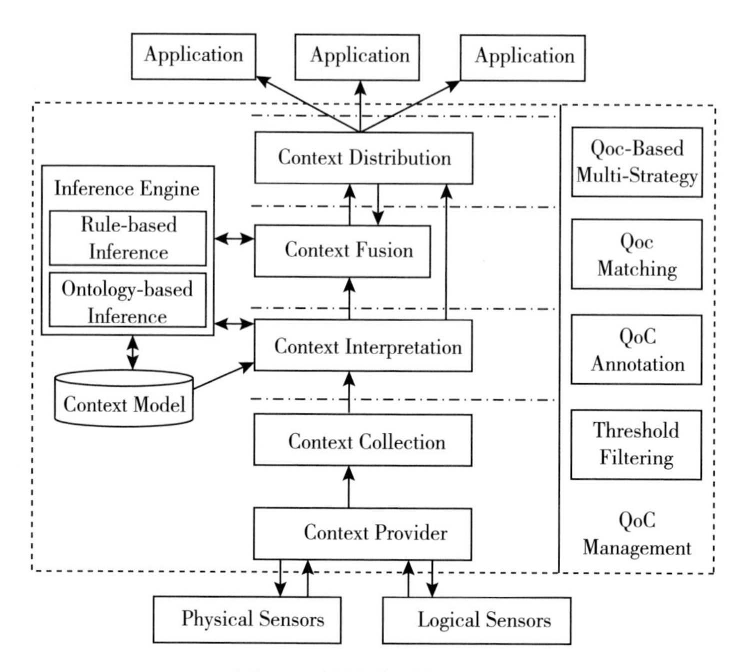

图 8-3 情景质量管理框架

8.3.1 情景采集层

情景采集层负责对情景数据进行采集。数据来源于物理传感器和逻辑传感器。前者是指各种能够感知周围物理环境的感应设备。后者是指能够提供情景信息的软件或网络，主要包括应用程序(如用户配置文件)、数据库(如患者诊断信息数据库)和第三方平台(如天气预报)。情景采集层包括情景提供(Context Provider)和情景采集(Context Collection)。

其中，情景提供是设备上的软件代理，主要负责：①收集和传送情景对象给情景采集；②存储注册的传感器的动态名单，控制来自传感器的同步和异步通知；③记录各类情景信息的情景质量参数。

情景采集通过情景提供接收原始数据和情景质量参数，主要负责：①对各种异构数据进行清洗、聚集，消除冗余，减少情景存储的空间，向上层屏蔽底层的硬件细节；②将上层发送了请求的情景质量参数进行上传，用于基于元模型的情景质量评估；③根据情景信息数值范围或者用户需求设定阈值，对采集的情景数据进行阈值过滤(Threshold Filtering)，减少系统处理数据的额外开销。情景质量参数的采集方法如表 8-1 所示。

表 8-1　**情景质量参数的采集方法**

序号	情景质量参数	收集方法
1	情景提供来源	在情景模型中给定
2	来源种类	在情景模型中给定
3	来源状态	传感器配置
4	来源位置	使用传感器内嵌的 GPS 采集
5	情景对象的位置	使用传感器内嵌的 GPS 采集
6	来源测量范围	传感器说明书
7	情景收集时间	情景采集的时间戳
8	粒度	传感器说明说
9	精准度	传感器数据样本估计或传感器说明书
10	测量标准	传感器说明书
11	生命周期	传感器配置或者根据用户进行个性化定制
12	数值范围	传感器说明书

8.3.2　情景解释层

情景解释层主要包括情景解释(Context Interpretation)模块，该模块收集情景采集模块传来的情景信息，利用基于分层本体构建的情景模型(Context Model)来对情景信息进行实例化，形成 OWL 文件并存储于情景池中。在此过程中，情景解释模块与推理引擎(Inference Engine)频繁交互，对情景模型进行基于本体的推理，以保证其逻辑一致性。

该层基于情景模型实现对情景信息的语义标注，基于情景质量元模型实现对情景信息的质量标注(QoC Annotation)，从而完成对情景及其质量的统一管理。下面将详细介绍基于情景模型与情景质量元模型的情景信息及其质量的实例化过程：

①针对特定的情景感知应用程序，基于三层本体结构和两级映射机制，完成情景模型的构建。

②结合应用程序对情景质量的需求，对情景模型中部分情景信息进行情景质量指标评估方法或情景质量参数内涵标注。具体做法是，对于情景质量指标评估方法的标注可参看图 8-1，其使用注释属性(Annotation Properties)将情景模型中的情景实体与 QoCIndicator 类相关联，并对 QoCIndicator 类及其涉及的 ReferenceQoCP 类或 ReferenceQoCI 类进行实例化，实现对情景质量指标评估方法的提前标注。对于情景质量参数内涵的标注可参看图 8-2，其使用注释属性将情景实体与 QoCParameter 类相关联，并对 QoCParameter 类进行实例化。

③在情景解释过程中，情景信息被实例化为情景对象，需要评估每一个情景对象的情景质量取值。具体做法是，对于情景质量指标评估结果的标注可参看图 8-1，其针对情景对象的每一个取值，使用注释属性，将其与 QoCIndicatorValue 类相关联。根据情景模型中提前标注的指标评估方法，对情景对象取值的 QoCIndicatorValue 类进行实例化，同时也将对该指标值计算过程中所涉及的 ReferenceQoCPValue 类或 ReferenceQoCIValue 类进行实例化。对于情景质量参数测量结果的标注可参看图 8-2，其使用注释属性，将情景对象的取值与 QoCParameterValue 类相关联，并直接进行实例化。

通过以上步骤就实现了情景模型与情景质量元模型的关联，需要注意的是，这些被标注的情景质量元数据仅起到注释的作用，不参与本体的推理过程。这些情景质量信息将作为接下来情景管理的依据传送给本体管理器和应用程序。

在情景解释的过程中，情景解释模块在对情景信息进行统一格式转化的同时，也根据标注在情景模型中情景对象的质量指标和参数的定义，对情景采集层传送的情景信息的情景质量参数进行评估，并完成相应标注。由于情景质量指标的评估需要根据具体应用程序而制定，故此处不再列举情景质量指标的评估算法，后文将结合实际案例予以介绍。

8.3.3 情景融合层

情景融合层是将低层的情景信息进行融合、推理，挖掘出更多隐含的高层情景信息，并存储于情景池中，不断更新和完善可向上层应用服务提供的信息。情景感知应用程序的功能很大程度上取决于情景推理的支持。

情景推理的任务体现在两个方面，一是基于本体推理，针对情景模型自身所存在的情景信息的冗余和冲突进行检测和调整，以实现本体融合和知识验证，这部分任务已经在情景解释层完成；二是基于一定的推理规则，在情景解释的基础上，针对不能直接通过传感器设备直接获得的高层情景信息，我们通过直接情景信息进行推理判断。情景融合层的目的就是要根据用户和环境中可以测得的情景信息判断出用户的实际状态和可能需求。本书采用基于规则的推理对采集到的低层情景数据进行融合判断。

在情景融合层进行推理之前，需要根据应用程序对情景质量的期望水平，选择合适的情景质量筛选指标和指标阈值，基于情景质量评估结果，将情景信息的情景质量与应用程序期望的情景质量进行匹配，过滤掉不符合质量要求的情景信息，然后基于高质量的情景信息进行推理。

用于筛选情景信息的情景质量指标的选择及其阈值的确定，将根据具体应用程序的特点和用户的需求而定，不同的情景感知应用有不同的衡量标准。

8.3.4 情景分发层

情景分发层负责根据应用场景和策略来组织聚集情景信息，并通过应用程序接口将符合情景质量需求的信息向上层应用提供，一方面供开发人员调用，开发适合的应用服务；另一方面向上层应用提供情景信息访问机制，旨在实现信息的实时共享和快速访问。

情景分发层主要包括情景分发(Context Distribution)模块。该模块主要进行情景配置策略制定和统一访问接口管理。情景配置策略制定是指为了实现有效的情景提供、情景订阅、情景存储和情景发现而对相应的服务进行的策略设计和部署。针对不同的情景配置策略，情景质量管理提供了多策略管理方案(QoC-Based Multi-Strategy)，具体介绍如下。

(1)情景提供

情景提供是指对传感器进行动态监测和管理。当存在以下三种情况：①传感器周围环境发生不利改变；②传感器测量的情景数据连续一段时间出现不稳定、不准确、不完整的情况；③出现了多个采集同类情景信息的不同传感器。通过分析传感器周围的环境数据、传感器测量的情景数据的情景质量参数和指标，或者不同传感器采集数据的综合质量评估，来制定合理的选择决策，利用系统对情景提供(CP)的控制，来实现情景来源的动态选择和转换，保证情景信息的质量。

(2)情景订阅

情景订阅是对指定的情景及其触发事件进行说明，当监听事件发生时，订阅的情景将会主动推送给订阅者。情景信息的每一次变化都预示着某些潜在事件的发生，关注单独情景的变化意义不大，而关注多情景变化的同时发生将推导出有意义的事件。这就需要我们对高复杂性的情景事件设计触发器，一旦被触发，将会推送给上层应用的情景订阅者。为了避免无效的事件触发，需要对情景信息、触发引擎和情景质量这三者进行统一管理，即在可靠的情景触发事件发生时，才为上层应用提供通知。

(3)情景存储

情景存储是对来自于低层的符合情景应用需求的全部情景信息的存储和

管理。情景存储的目的是对于上层应用的查询请求，实时调用情景融合模块对低层情景信息的融合推理，得到高层情景，在为上层应用提供即时的查询服务的同时，不断更新情景池中的信息，为上层应用提供有效的判断依据。

(4)情景发现

情景发现是指在情景存储的基础上依据一定的访问策略，对情景信息进行再次处理，并按照不同的应用目的对情景信息进行组织管理。这里的访问策略通常是面向用户进行个性化定制的，如隐私保护策略、用户偏好策略等。以隐私保护策略为例，假定用户设定了自身所在位置的可访问级别在“省份”“城市”“街道”“房屋序号”四个粒度中处于“街道”这一粒度。当情景融合层推理得出用户当前所在位置的粒度是“房屋”序号时，根据其定义的可访问权限的要求，由于推理得出的位置的粒度大于需求的粒度，因此需要根据隐私访问策略，将位置信息进行模糊推理，使推理的结果大于或等于“街道”这一粒度。也就是说，情景发现的过程实际上是结合情景信息、访问策略和情景质量三者进行再次匹配的过程，对于未达到访问策略要求的情景信息有时需要重新经过情景融合层的推理以使其满足访问的需求。

另外，情景分发层为上层应用提供了定制的统一访问接口，通过管理应用接口，情景分发层可以向应用程序(Application)提供基于情景订阅的异步通知模式、基于情景存储和情景发现的同步请求模式的混合访问机制，并可以基于情景提供实现对于情景来源的动态管理。

8.4　实证研究：健康援助中的情景质量管理

我们在健康援助情景感知服务分层本体情景建模基础上，对情景信息及其质量进行管理。本次实验的实验对象为原发性缓进型高血压患者(多为中年起病、起病多隐匿、病情发展慢、病程长、病情相对稳定)，不含有危险因素(如吸烟、肥胖等)，无重大疾病(如心脏疾病、肾脏疾病等)。

实验采集的情景数据包括室内温度和患者的心率、收缩压及舒张压。其中，患者的生理数据是基于该类患者生理体征医学测量曲线图而模拟得出的；室内温度数据是通过电子温度计而实时采集的。由于本书主要考察系统对于大量情景数据的质量管理能力，因此人为增加了情景数据的不准确性和不连续性。模拟的实验数据测量时间为 8：00 到 20：00，测量间隔为 5 分钟。实验发生在 2 月 1 日到 10 日，共产生 5760 条数据。

本节的情景质量管理是依照 8. 3 节介绍框架展开，依次对应着情景采集层的阈值过滤、情景解释层的情景质量标注、情景融合层的情景质量匹配和情景分发层的基于情景质量的多策略管理。下面具体展示在框架不同层次中情景质量管理的过程。

8. 4. 1 阈值过滤

情景采集层负责接收原始的情景数据，并对这些数据进行过滤清洗。

在实际的采集过程中，物理传感器会受到不同程度的干扰。以电子血压计为例，它在采集情景数据时易受到外界环境因素(如电磁波干传感器内灵敏的电子元件，造成数据的波动)和用户使用偏差(如患者佩戴血压计方法有误、测中患者移动或抖动手臂、侧中橡皮管掉落等)的干扰。其后果是导致数据失真。模拟器将人为增加情景的误差，每个传感器的故障率被设定为一个相对均匀的比例，尽可能模拟出真实的采集结果。

在采集过程中，为了有效控制数据的质量，我们对情景数据进行阈值设定，对不在阈值范围内的数据进行过滤。根据测试的设备、环境及对象的平均生理指标设定阈值范围。温度的阈值范围是-10℃～50℃，心率的范围是 40bpm～120bpm，收缩压的范围是 60mmHg～200mmHg，舒张压是 40mmHg～120mmHg。对于不符合要求的情景数据系统会自动将其修改为 NULL。本次实验共过滤了 53 个温度值、85 个心率值、72 个收缩压值和 66 个舒张压值。

另外，情景采集层还将记录情景数据的质量参数，用于情景解释层的情景质量评估。具体情况如表 8-2 所示。

表 8-2 **情景质量参数列表**

情景质量参数	详细列表		
情景来源	电子温度计	模拟心率	模拟血压
来源种类	感知型	感知型	感知型
来源状态	静态	静态	静态
显示范围	-9.9℃~+50℃	40~220bpm	40~280mmHg
分辨率	0.1℃	1bpm	1mmHg
精确度	±1℃	±5%	±3mmHg
生命周期	5min	5min	5min

8.4.2 情景质量标注

情景解释层接收情景采集层上传的数据，并通过情景模型对情景信息进行实例化。同时，还要基于情景质量元模型，根据情景质量指标评估算法，评估每个情景对象的情景质量，并进行标注。

参考文献①中对于情景质量指标定义和计算方法的介绍，本书共使用了三个情景质量指标来评估情景信息的质量，它们分别是新鲜度、可信度和确定性。

① 郑笛，王俊，贲可荣．扩展车联网应用中的海量传感器信息处理技术[J]．计算机研究与发展，2013(50)：257-266；Manzoor A，Truong H L，Dustdar S. On the evaluation of quality of context[M]. Berlin：Springer-Verlag，2008：140-153.

（1）新鲜度（Up-to-Dateness）

该质量指标表示对于一个特定时间的具体应用程序，使用情景对象的理性程度。我们通过情景对象的“年龄”和其生命周期来计算更新度的值。情景对象 CxtObj 的使用时间计算如公式（8-1）所示。

$$Age(CxtObj) = tcurr - tmeas(CxtObj) \tag{8-1}$$

其中，tcurr 表示当前的时间，tmeas（CxtObj）表示对情景对象的测量时间。

情景对象的新鲜度 U(CxtObj)由公式（8-2）计算得到。

$$U(CxtObj) = \begin{cases} 1 - \dfrac{Age(CxtObj)}{Lifetime(CxtObj)}, & \text{if } Age(CxtObj) < Lifetime(CxtObj) \\ 0, & \text{otherwise} \end{cases} \tag{8-2}$$

情景对象新鲜度随着情景对象使用时间的增加而减少。对于新鲜度较低的情景对象，可能有错误的数据而应该被忽略。对于静态信息，如用户的基本概要信息，我们可以将其生命周期设定为无限，其使用时间的变化不会改变新鲜度。

（2）可信度（Reliability）

该情景质量指标表示对于情景对象信息的正确性的可信任程度。情景对象的可信度与空间分辨率联系紧密。传感器与被测量实体间的距离越大，情景对象信息的正确性越存在可质疑之处。除了空间分辨率，传感器收集情景对象的精准度也影响着情景对象的可信度。因此情景对象的可信度 T（CxtObj）计算如公式（8-3）所示。

$$T(CxtObj) = \begin{cases} \left(1 - \dfrac{d(s, \varepsilon)}{d_{max}}\right) * \delta, & \text{if } d(s, \varepsilon) < d_{max} \\ 0, & \text{otherwise} \end{cases} \tag{8-3}$$

其中 $d(s, \varepsilon)$表示传感器和实体之间的距离，d_{max}表示传感器与实体间可被信任的最大距离，传感器的类型不同其最大可测量距离 d_{max} 也不同。δ 表示传感器数据的准确度。

(3)确定性(Certainty)

该情景质量指标表示情景信息的置信度，值越高，用于推理判断的价值越大。确定性的计算公式如(8-4)所示：

$$C(\text{CxtObj})=\begin{cases}\text{CO}(\text{CxtObj})*\dfrac{\text{Number of Answered Request}+1}{\text{Number of Request}+1},\\ \text{if } F(\text{CxtObj})\neq 0 \quad \text{and} \quad \text{CxtObj}\neq \text{null},\\ \text{CO}(\text{CxtObj})*\dfrac{\text{Number of Answered Request}}{\text{Number of Request}+1},\\ \text{otherwise}\end{cases} \tag{8-4}$$

公式(8-4)中，C(CxtObj)表示情景对象的确定性。CO(CxtObj)表示情景对象的完整性，其计算如公式(8-5)所示。Number of Answered Request 表示应答请求数，Number of Request 表示发送的请求数。情景信息的完整性和新鲜度影响着确定性。完整性越高，且应答比率越大，则情景信息的确定性越大。

完整性(Completeness)表示情景对象提供的信息的数量。情景对象的完整性是情景对象的可测属性的权重和与情景对象的全部属性的权重和之间的比值。完整性的计算表如公式(8-5)所示：

$$\text{CO}(\text{CxtObj})=\frac{\sum_{j=0}^{m} w_j(\text{CxtObj})}{\sum_{i=0}^{n} w_i(\text{CxtObj})} \tag{8-5}$$

公式(8-5)中，m 表示情景对象的可测属性的数量，w_j(CxtObj)表示情景对象可测属性中第 j 个属性的权重。同样地，n 表示情景对象的全部属性的数量，w_i(CxtObj)表示第 i 个属性的权重。如果 $n=m$，表示情景对象的所有属性都是可测的。

这三个指标分别评估了采集的情景信息在时间上的新鲜程度，在空间上的可靠程度以及在数据本身的置信程度。通过多角度的评估来保证情景信息的质量水平。

对以上三种情景质量指标进行基于情景质量指标元模型的构建，以新鲜度为例，元模型构建如图 8-4 所示。图 8-4 中，被评估的情景信息是患者的收缩压(SBP)，收缩压的一个情景质量指标是新鲜度，在新鲜度的评估方法中包含编号、名称、定义、参考的情景质量参数和计算公式。新鲜度的评估涉及两个情景质量参数，分别是测量时间和生命周期。

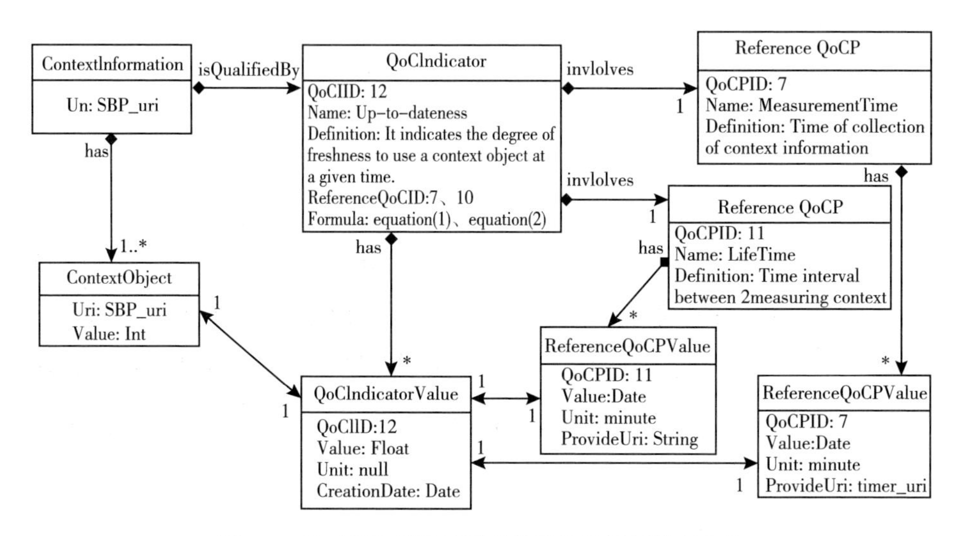

图 8-4　基于情景质量元模型的情景质量新鲜度表示

当对收缩压进行情景解释时，被实例化的收缩压对象将有多个取值，每个取值都对应着一个根据新鲜度计算公式、测量时间值和生命周期值而评估得到的新鲜度取值。

根据前述基于情景模型与情景质量元模型的实例化过程，对情景信息的质量评估方法进行标注，而情景质量评估结果将在情景解释的过程中被计算和标注。

表 8-3 中展示了对收缩压取值进行情景质量评估的部分结果，其中最后一列计算了三种情景质量评估结果的平均值，即综合 QoC。

表 8-3　　**SBP 情景质量标注部分结果**

Time	SBP(mmHg)	Up-to-dateness	Reliability	Certainty	Composite QoC
9：00	134	0.73	0.97	0.80	0.83
9：05	139	0.85	0.95	0.29	0.70
9：10	132	0.90	0.98	0.67	0.85
9：15	125	0.55	0.95	0.75	0.75
9：20	130	0.02	0.99	0.71	0.57
9：25	129	0.69	0.99	0.67	0.78
9：30	124	0.82	0.97	0.60	0.80
9：35	130	0.91	0.98	0.40	0.76
9：40	NULL	0.39	0	0	0.13
9：45	125	0.46	0.98	0.57	0.67
9：50	122	0.57	0.99	0.50	0.69
9：55	NULL	0.81	0	0	0.27

8.4.3 情景质量匹配

情景融合层负责对被标注的情景信息，根据应用程序需求的情景质量水平，将情景信息的情景质量与应用程序期望的情景质量进行匹配，过滤不符合要求的情景，然后基于被保留的情景信息进行判断推理。

该层采用基于规则的推理，目的是通过家庭环境和患者的生理情景推理得出患者所处的警告级别。推理规则依据高血压疾病保健知识①以及专业医师建议，针对原发性缓进型高血压患者而制定，部分规则如表 8-4 所示。表 8-4 中风险因素(Risk Factor)主要包括了两类参数：环境参数(室内温度)和生理参数(收缩压和舒张压)，风险因素对应着对患者的警告级别。本书共列

① 郑淑莲，刘庆军．气温变化对健康人群血压及心率的影响效应研究[J]．中国农村卫生，2014 (z2)；刘力生．中国高血压防治指南 2010[J]．中华高血压杂志，2011，19(8)：701-708；李长玉，周广欧．高血压患者应注意心率达标[J]．家庭医学，2013(11)．

举了三级警告级别：低级、中级和高级。

表 8-4 **“风险因素—警告级别”对照表**

Risk Factor			Alarm Level
IndoorTemperature	SBP(mmHg)	DBP(mmHg)	
<10℃	140~159	90~99	Low
	160~179	100~109	Medium
	≧180	≧110	High

根据表 8-4，以警告级别“Medium”为例，制定的警告级别推理规则为：

(? p1 rdf:type Temperature) (? p1 hasMeasureTemper ? v1) lessThan(? v1,10) (? p2 rdf:type SBP) (? p2 hasMeasureSBP ? v2) greaterThan(? v2, 160) lessThan(? v2,179) (? p3 rdf:type DBP) (? p3 hasMeasureDBP ? v3) greaterThan(? v3,100) lessThan(? v3,109) (? u rdf:type User) (? h rdf:type HealthStatue) (? u hasHealthStatus ? h) (? h hasAlarmLevel ? v4) -> (? v4, ‘medium’)

该推理规则表示，当室内温度小于 10℃，患者的收缩压在 160mmHg 到 179mmHg 之间，患者的舒张压在 100mmHg 和 109mmHg 之间时，患者所处的警告级别为“medium”。

下面，对情景解释层上传的被标注的情景信息，根据应用程序设定的情景质量指标阈值进行匹配，过滤掉不符合应用需求的情景信息。然后，使用 Jena2. 6. 4 推理机，基于警告级别推理规则库，对患者所处的警告级别进行推理。图 8-5 展示了基于综合 QoC 过滤后的情景信息的推理结果。

为了测试不同的情景质量指标选择对于推理结果的影响，分别针对无质量管理和基于新鲜度、可信度、确定性、综合 QoC 作为筛选情景信息的依据(阈值均选定为 0. 5)进行推理，并将基于不同情况的推理结果进行对比，如图 8-6 所示。

```
问题 @ Javadoc 声明 控制台 ☒ 错误日志
<已终止> test ( 1 ) [Java 应用程序] C:\Program Files (x86)\Java\jdk1.8.0_25\bin\javaw.exe
| time                                                                     | Patient      | AlarmLevel |
|  "2015-02-01T08:25:00"^^<http://www.w3.org/2001/XMLSchema#dateTime>  | PP:Patient_1 | PP:low    |
|  "2015-02-01T13:45:00"^^<http://www.w3.org/2001/XMLSchema#dateTime>  | PP:Patient_1 | PP:low    |
|  "2015-02-01T15:20:00"^^<http://www.w3.org/2001/XMLSchema#dateTime>  | PP:Patient_1 | PP:low    |
|  "2015-02-01T16:05:00"^^<http://www.w3.org/2001/XMLSchema#dateTime>  | PP:Patient_1 | PP:low    |
|  "2015-02-01T17:30:00"^^<http://www.w3.org/2001/XMLSchema#dateTime>  | PP:Patient_1 | PP:Medium |
|  "2015-02-01T18:30:00"^^<http://www.w3.org/2001/XMLSchema#dateTime>  | PP:Patient_1 | PP:low    |
|  "2015-02-01T19:55:00"^^<http://www.w3.org/2001/XMLSchema#dateTime>  | PP:Patient_1 | PP:low    |
|  "2015-02-02T09:20:00"^^<http://www.w3.org/2001/XMLSchema#dateTime>  | PP:Patient_1 | PP:low    |
|  "2015-02-02T11:15:00"^^<http://www.w3.org/2001/XMLSchema#dateTime>  | PP:Patient_1 | PP:low    |
|  "2015-02-02T14:35:00"^^<http://www.w3.org/2001/XMLSchema#dateTime>  | PP:Patient_1 | PP:low    |
|  "2015-02-02T16:55:00"^^<http://www.w3.org/2001/XMLSchema#dateTime>  | PP:Patient_1 | PP:low    |
|  "2015-02-02T18:10:00"^^<http://www.w3.org/2001/XMLSchema#dateTime>  | PP:Patient_1 | PP:low    |
|  "2015-02-03T08:45:00"^^<http://www.w3.org/2001/XMLSchema#dateTime>  | PP:Patient_1 | PP:low    |
|  "2015-02-03T09:25:00"^^<http://www.w3.org/2001/XMLSchema#dateTime>  | PP:Patient_1 | PP:low    |
|  "2015-02-03T11:40:00"^^<http://www.w3.org/2001/XMLSchema#dateTime>  | PP:Patient_1 | PP:low    |
|  "2015-02-03T14:30:00"^^<http://www.w3.org/2001/XMLSchema#dateTime>  | PP:Patient_1 | PP:low    |
|  "2015-02-03T15:10:00"^^<http://www.w3.org/2001/XMLSchema#dateTime>  | PP:Patient_1 | PP:low    |
|  "2015-02-03T15:25:00"^^<http://www.w3.org/2001/XMLSchema#dateTime>  | PP:Patient_1 | PP:low    |
|  "2015-02-03T15:45:00"^^<http://www.w3.org/2001/XMLSchema#dateTime>  | PP:Patient_1 | PP:Medium |
|  "2015-02-03T16:00:00"^^<http://www.w3.org/2001/XMLSchema#dateTime>  | PP:Patient_1 | PP:low    |
|  "2015-02-03T16:30:00"^^<http://www.w3.org/2001/XMLSchema#dateTime>  | PP:Patient_1 | PP:low    |
|  "2015-02-03T18:15:00"^^<http://www.w3.org/2001/XMLSchema#dateTime>  | PP:Patient_1 | PP:low    |
|  "2015-02-03T19:05:00"^^<http://www.w3.org/2001/XMLSchema#dateTime>  | PP:Patient_1 | PP:low    |
|  "2015-02-03T19:45:00"^^<http://www.w3.org/2001/XMLSchema#dateTime>  | PP:Patient_1 | PP:Medium |
|  "2015-02-04T09:00:00"^^<http://www.w3.org/2001/XMLSchema#dateTime>  | PP:Patient_1 | PP:low    |
|  "2015-02-04T12:05:00"^^<http://www.w3.org/2001/XMLSchema#dateTime>  | PP:Patient_1 | PP:low    |
|  "2015-02-04T13:55:00"^^<http://www.w3.org/2001/XMLSchema#dateTime>  | PP:Patient_1 | PP:low    |
|  "2015-02-03T16:10:00"^^<http://www.w3.org/2001/XMLSchema#dateTime>  | PP:Patient_1 | PP:low    |
|  "2015-02-04T16:55:00"^^<http://www.w3.org/2001/XMLSchema#dateTime>  | PP:Patient_1 | PP:low    |
|  "2015-02-04T18:00:00"^^<http://www.w3.org/2001/XMLSchema#dateTime>  | PP:Patient_1 | PP:Medium |
|  "2015-02-04T19:15:00"^^<http://www.w3.org/2001/XMLSchema#dateTime>  | PP:Patient_1 | PP:Medium |
|  "2015-02-05T09:20:00"^^<http://www.w3.org/2001/XMLSchema#dateTime>  | PP:Patient_1 | PP:low    |
|  "2015-02-05T12:25:00"^^<http://www.w3.org/2001/XMLSchema#dateTime>  | PP:Patient_1 | PP:low    |
|  "2015-02-05T13:05:00"^^<http://www.w3.org/2001/XMLSchema#dateTime>  | PP:Patient_1 | PP:low    |
|  "2015-02-05T16:05:00"^^<http://www.w3.org/2001/XMLSchema#dateTime>  | PP:Patient_1 | PP:low    |
```

图 8-5　基于综合 QoC 过滤后的情景信息的部分推理结果

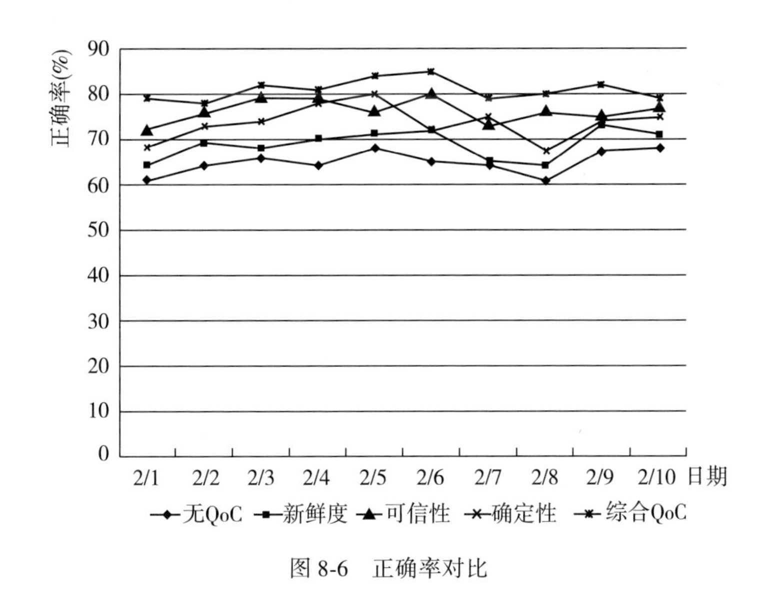

图 8-6　正确率对比

通过对图 8-6 的分析，可以发现在没有进行情景质量管理的情况下，情景推理的正确率最低；依靠单一的情景质量指标对情景信息进行筛选，推理结果正确率较高，但是彼此之间没有明显的优势；而基于综合情景质量管理策略得到的推理结果正确率最高，服务效果最佳。所以，综合考虑情景信息的多项情景质量指标有助于提高情景信息的质量水平。

8.4.4 基于情景质量的多策略管理

情景分发层主要负责综合利用系统处理得到的全部情景信息(包括低层情景和高层情景)，然后根据应用程序的具体服务内容对情景信息进行再次的处理和分配。情景分发层的模块包括情景提供、情景订阅、情景存储和情景发现等。

本次实验主要体现了情景订阅的过程。根据应用程序提供的警告通知服务，依据情景融合层推理得到的用户所处的警告级别，根据警告通知策略，制定服务规则，从而利用警告级别推理得出需要通知的健康援助群体。此处仍然以警告级别“medium”为例，制定的服务规则如下所示：

(? v1 rdf:type AlarmLevel) equals (? v1,‘medium’) -> (? r rdf:type Relative) (? c rdf:type ContactChannel) (? r getChannel ? c) (? c hasName ? v2) (? v2,‘sms’)

(? v1 rdf:type AlarmLevel) equals (? v1,‘medium’) (? d rdf:type Doctor) (? d hasAcknowledgment ‘YES’) -> (? c rdf:type ContactChannel) (? d getChannel ? c) (? c hasName ? v2) (? v2,‘sms’)

(? v1 rdf:type AlarmLevel) equals (? v1,‘medium’) (? d rdf:type Doctor) (? d hasAcknowledgment ‘NO’) (? n rdf:type Nurse) (? n hasAcknowledgment ‘YES’) -> (? c rdf:type ContactChannel) (? n getChannel ? c) (? c hasName ? v2) (? v2,‘sms’)

接下来，使用 Jena 推理机，基于警告通知服务规则库进行推理，推理结果如图 8-7 所示。

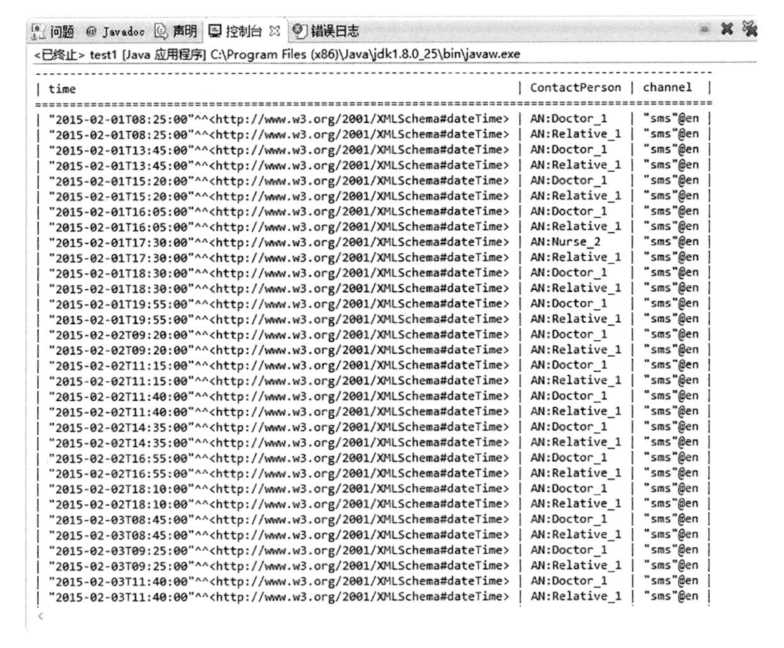

time	ContactPerson	channel
"2015-02-01T08:25:00"^^<http://www.w3.org/2001/XMLSchema#dateTime>	AN:Doctor_1	"sms"@en
"2015-02-01T08:25:00"^^<http://www.w3.org/2001/XMLSchema#dateTime>	AN:Relative_1	"sms"@en
"2015-02-01T13:45:00"^^<http://www.w3.org/2001/XMLSchema#dateTime>	AN:Doctor_1	"sms"@en
"2015-02-01T13:45:00"^^<http://www.w3.org/2001/XMLSchema#dateTime>	AN:Relative_1	"sms"@en
"2015-02-01T15:20:00"^^<http://www.w3.org/2001/XMLSchema#dateTime>	AN:Doctor_1	"sms"@en
"2015-02-01T15:20:00"^^<http://www.w3.org/2001/XMLSchema#dateTime>	AN:Relative_1	"sms"@en
"2015-02-01T16:05:00"^^<http://www.w3.org/2001/XMLSchema#dateTime>	AN:Doctor_1	"sms"@en
"2015-02-01T16:05:00"^^<http://www.w3.org/2001/XMLSchema#dateTime>	AN:Relative_1	"sms"@en
"2015-02-01T17:30:00"^^<http://www.w3.org/2001/XMLSchema#dateTime>	AN:Nurse_2	"sms"@en
"2015-02-01T17:30:00"^^<http://www.w3.org/2001/XMLSchema#dateTime>	AN:Relative_1	"sms"@en
"2015-02-01T18:30:00"^^<http://www.w3.org/2001/XMLSchema#dateTime>	AN:Doctor_1	"sms"@en
"2015-02-01T18:30:00"^^<http://www.w3.org/2001/XMLSchema#dateTime>	AN:Relative_1	"sms"@en
"2015-02-01T19:55:00"^^<http://www.w3.org/2001/XMLSchema#dateTime>	AN:Doctor_1	"sms"@en
"2015-02-01T19:55:00"^^<http://www.w3.org/2001/XMLSchema#dateTime>	AN:Relative_1	"sms"@en
"2015-02-02T09:20:00"^^<http://www.w3.org/2001/XMLSchema#dateTime>	AN:Doctor_1	"sms"@en
"2015-02-02T09:20:00"^^<http://www.w3.org/2001/XMLSchema#dateTime>	AN:Relative_1	"sms"@en
"2015-02-02T11:15:00"^^<http://www.w3.org/2001/XMLSchema#dateTime>	AN:Doctor_1	"sms"@en
"2015-02-02T11:15:00"^^<http://www.w3.org/2001/XMLSchema#dateTime>	AN:Relative_1	"sms"@en
"2015-02-02T11:40:00"^^<http://www.w3.org/2001/XMLSchema#dateTime>	AN:Doctor_1	"sms"@en
"2015-02-02T11:40:00"^^<http://www.w3.org/2001/XMLSchema#dateTime>	AN:Relative_1	"sms"@en
"2015-02-02T14:35:00"^^<http://www.w3.org/2001/XMLSchema#dateTime>	AN:Doctor_1	"sms"@en
"2015-02-02T14:35:00"^^<http://www.w3.org/2001/XMLSchema#dateTime>	AN:Relative_1	"sms"@en
"2015-02-02T16:55:00"^^<http://www.w3.org/2001/XMLSchema#dateTime>	AN:Doctor_1	"sms"@en
"2015-02-02T16:55:00"^^<http://www.w3.org/2001/XMLSchema#dateTime>	AN:Relative_1	"sms"@en
"2015-02-02T18:10:00"^^<http://www.w3.org/2001/XMLSchema#dateTime>	AN:Doctor_1	"sms"@en
"2015-02-02T18:10:00"^^<http://www.w3.org/2001/XMLSchema#dateTime>	AN:Relative_1	"sms"@en
"2015-02-03T08:45:00"^^<http://www.w3.org/2001/XMLSchema#dateTime>	AN:Doctor_1	"sms"@en
"2015-02-03T08:45:00"^^<http://www.w3.org/2001/XMLSchema#dateTime>	AN:Relative_1	"sms"@en
"2015-02-03T09:25:00"^^<http://www.w3.org/2001/XMLSchema#dateTime>	AN:Doctor_1	"sms"@en
"2015-02-03T09:25:00"^^<http://www.w3.org/2001/XMLSchema#dateTime>	AN:Relative_1	"sms"@en
"2015-02-03T11:40:00"^^<http://www.w3.org/2001/XMLSchema#dateTime>	AN:Doctor_1	"sms"@en
"2015-02-03T11:40:00"^^<http://www.w3.org/2001/XMLSchema#dateTime>	AN:Relative_1	"sms"@en

图 8-7 通知服务部分推理结果

通过以上推理过程，我们可以发现高质量的情景信息是高水平服务的基础，也就是说，用户对于服务结果的满意程度与情景推理结果的正确率成正比(即服务满意度的大致走向与图 8-6 基本一致)。在情景分发层还可以基于情景信息的质量标注，为用户提供更加可靠、有效的应用服务。本次实验仅展示了基于情景质量的情景订阅服务，而基于情景质量的情景提供、情景分发等服务将在以后的研究中进行具体的验证。

9 结 语

在移动互联、可穿戴设备以及大数据不断发展的背景下，智能化的自适应服务将成为下一个智能科技的新趋势。情景感知计算将成为智能家居、智能交通、应急管理、智能商务、互联网医疗、个性化信息推荐服务等各领域研究和应用的热点。

本书从情景与情景感知的定义出发总结了情景感知计算中情景获取、情景建模、情景推理以及情景信息管理等关键技术，归纳了基于本体的情景建模的优点，对相关的本体构建和评估理论做了详细的讨论。在此基础上，本书首先给出了基于本体的情景建模理论和方法，然后讨论了基于本体的情景建模在相关服务系统中的应用。最后讨论了基于本体建模的情景质量管理模式及相应的管理策略。

然而，在多网融合的环境下要实现情景感知计算的广泛应用，除了建立高效的情景模型外，还需对如下几个方面问题进行深入的研究。

首先是对底层情景数据的融合与规范问题的研究。

当前各种网络的融合是一种大规模网络环境。该环境下系统通过各种物理传感器、虚拟传感器和逻辑传感器可以获得海量的情景数据。这时，情景种类不仅繁多，而且情景之间的关系也更加复杂。这些来源各不相同的数据，形式各异，难以形成统一的认知。虽然我们可以通过本体建模来统一各种情景变量，但对于不同的数据形式，系统无法将其所表达的含义统一起来。这些异构的数据源需要转换成统一的标准和格式才能进行有效的管理和应用。因此，针对海量异构情景数据的获取、融合、储存和使用策略，需要作进一步的研究。

其次是需要对情景服务架构进行研究，探求高效便捷的情景信息服务模式。

大规模网络环境通常是一个动态的网络，网络系统的拓扑结构、系统部件、网络应用、用户及终端都随时会发生改变。情景感知计算系统应该能够支持这种改变，并且能够实现对用户移动性、终端移动性、业务移动性的支持。

近年来，云计算技术得到了迅速的发展，并已经在谷歌、亚马逊、百度等国内外知名 IT 公司进行了初步的推广和应用，收到了显著的经济和社会效益，已越来越受到各国政府、研究机构、信息公司以及各种商业机构的重视。与现有的互联网环境、分布式计算环境不同，云计算是一种新型的计算服务模式、新型的商业服务模式和新型的服务支撑平台。这种模式能很好地支持情景感知计算的应用。

相对于传统的数据处理模式，云计算的虚拟化技术将数据中心内的海量硬件、软件和网络等各类计算资源进行虚拟化，使用户可以按需调用服务资源，而无需关注计算资源的配置、调度与演化方式。通过把终端需要解决的问题转移到云端，解决了数据存储与计算能力不足的问题，也解决了一些企业在网络技术上存在的短板。尤其是对移动终端来说，云计算的出现，为大量用户数据的存储、调取、分析等找到了解决办法。

云计算同时也为情景感知服务提出了一种新的商业模式，能够实现平台提供商、服务提供商、网络提供商、基础设备提供商、内容提供商、商家之间的多种合作方式，通过研究基于云计算的情景服务的基础架构、服务模式，可以促进情景感知计算更广泛的应用。

此外，用户的隐私保护和安全问题也需得到进一步的研究。

大规模网络对系统安全和用户隐私保护有更为紧迫的需求，如何实现安全与隐私保护成为大规模情景感知服务本身能否得到广泛应用的关键问题。

情景感知服务的隐私，主要是与用户情景相关的数据。一个用户长时间的、多维度的情景信息可以准确地反映用户的身份、喜好及其他相关特征。这些信息既能为用户提供个性化的服务，也能用于判断用户的身份特征、追踪用户的行为等用户不愿看到的结果。如何保护这些信息，使之应用于合理、合规的服务，是情景感知计算能否获取广泛应用的前提。